智能制造领域应用型人才培养“十四五”规划精品教材

U0828942

工业机器人应用系统建模

主　编◎熊伟斌　郝秀萍　刘　杰

副主编◎高　迟　祁素雯　刘鸣威　章小红

華中科技大學出版社
http://press.hust.edu.cn
中国·武汉

内容简介

本书以 SolidWorks 为建模平台，将工业机器人应用系统建模分解为 6 个项目 23 个任务。6 个项目分别是：认识、安装三维建模软件；工业机器人零部件建模；工业机器人装配设计；工业机器人运动仿真；工程图；点焊工作站系统建模。相关案例均来源于工程实践场景，以工业机器人点焊系统为应用场景，采用由浅入深、由易到难、由局部到整体的设计思路。各项目和任务要素齐全、逻辑清晰、内容充实，同时配套学习视频、三维模型源文件、教学课件和教学设计等教学资源。

本书适合职业院校的机器人工程、智能制造工程、工业机器人技术、机电一体化技术与智能控制技术等专业师生使用，也可供相关领域的工程技术人员使用，以及从事工业机器人应用开发、调试与现场维护的工程师阅读参考。

图书在版编目(CIP)数据

工业机器人应用系统建模/熊伟斌，郝秀萍，刘杰主编．—武汉：华中科技大学出版社，2023.6

ISBN 978-7-5680-9573-0

Ⅰ.①工…　Ⅱ.①熊…　②郝…　③刘…　Ⅲ.①工业机器人-系统建模-教材　Ⅳ.①TP242.2

中国国家版本馆 CIP 数据核字(2023)第 110216 号

工业机器人应用系统建模

Gongye Jiqiren Yingyong Xitong Jianmo

熊伟斌　郝秀萍　刘　杰　主编

策划编辑：袁　冲
责任编辑：段亚萍
封面设计：孢　子
责任监印：朱　玢
出版发行：华中科技大学出版社(中国·武汉)　　电话：(027)81321913
　　　　　武汉市东湖新技术开发区华工科技园　　邮编：430223
录　　排：武汉创易图文工作室
印　　刷：武汉科源印刷设计有限公司
开　　本：787mm×1092mm　1/16
印　　张：12.25
字　　数：314 千字
版　　次：2023 年 6 月第 1 版第 1 次印刷
定　　价：49.00 元

“工课帮”简介

武汉金石兴机器人自动化工程有限公司（简称金石兴）是一家致力于工程项目与工程教育的高新技术企业，“工课帮”是金石兴旗下的高端工科教育品牌。

“工课帮”成立以来，教学产品研发团队一直致力于打造精品课程资源，充分发挥广泛连接校企的纽带作用，构建符合新时代新经济特征的产学融合培养模式，通过产学研教育资源共享，让教育从产业中来到产业中去；利用自身在产学融合方面的研发、对接、整合，以及运营等核心能力，打破校企合作壁垒，拓展多边协作，将产业的理念、技术、资源整合到高校的课程、实训和师资中，同时将高校培养的学生、科研成果和双创成果带给产业，满足其对人才和创新的需求。“工课帮”有针对性地出版了智能制造系列教材 20 多种，制作了教学视频数十套，发表了各类技术文章数百篇。

“工课帮”不仅斥资研发智能制造系列教材，还为高校师生提供配套学习资源与服务。

1. 为高校学生提供的配套服务

（1）针对高校学生在学习过程中存在的压力等问题，“工课帮”面向大学生量身打造了“金妞”，“金妞”推行快乐学习。同学们可添加 QQ2360363974 获取资源。

（2）高校学生也可扫描右方二维码，加入“金妞”粉丝团，获取最新的学习资源，与“金妞”一起快乐学习。

2. 为授课教师提供的配套服务

针对高校教学，“工课帮”为智能制造系列教材精心设计了“课件＋教案＋授课资源＋考试库＋题库＋教学辅助案例”的系列教学资源。高校老师可以关注大牛老师（QQ 为 289907659）获取教材配套资源，也可以扫描右方二维码，加入专为智能制造专业群教师打造的师资服务平台，获取“工课帮”最新教师教学辅助资源相关动态。

工课帮

2023 年 5 月

序言 XUYAN

中共中央、国务院颁布的《关于新时代推动中部地区高质量发展的意见》明确将“坚持创新发展，构建以先进制造业为支撑的现代产业体系”摆在首位。湖北作为制造业大省，在省委十一届九次全会上提出了构建“51020”现代产业体系，打造以先进制造业为主导的现代产业体系，赋能制造“主力集群”。

机器人是先进制造业的关键支撑装备和未来生活方式的重要切入点，对促进我国先进制造业的崛起，有着十分重要的意义。《“机器人+”应用行动实施方案》(后称《方案》)强调，到2025年制造业机器人密度较2020年实现翻番，服务机器人、特种机器人行业应用深度和广度显著提升。在人才培养方面，《方案》明确提出要强化机器人工程相关专业建设，加强人才培养，鼓励机器人企业、用人单位与普通高等院校、科研院所、职业院校等合作，共建人才实习实训基地，联合开展机器人应用人才培养，提供更多就业渠道。

工业机器人已在越来越多的领域得到了应用。在制造业中，工业机器人在装配、喷涂、焊接、码垛、搬运、抛光打磨等领域得到了广泛应用，机器人产业对熟练掌握机器人应用的高素质技术技能人才的需求也越来越迫切。为了满足岗位人才需求和产业升级、技术进步的要求，部分应用型本科院校相继开设了机器人相关课程。在教材方面，偏向理论研究的较多，不能满足工业机器人实际应用技术学习的需要，适合应用型本科机器人应用工程的教材更少。目前，企业的机器人应用人才培养主要依靠机器人生产企业的培训或产品手册，缺乏系统学习和相关理论指导，严重制约了我国机器人技术的推广和智能制造业的发展。武汉金石兴机器人自动化工程有限公司依托华中科技大学在机器人方向的研究实力，顺应时代需要，产、学、研、用相结合，组织企业专家和一线科研人员开展了一系列调研，面向企业需求，联合高校教师共同编写了“机器人工程专业规划教材”系列图书。

该系列图书具有以下特点：

(1)活页式。图书内容坚持以应用为主要目的，整个教学活动体现“以学生为中心”的教学理念，力求适应课程的综合化和模块化，突出职业岗位技能训练功能。

(2)信息化。教材内容的表达适合学生的心理特点和认知习惯，信息源丰富，图文并茂，有利于教学情景的创设。培养学生的信息获取、分析和加工能力，有利于个性化教学和因材施教。

(3)任务驱动。将传统课程的知识点和技能点进行解构和重构，打破了原有的教与学的逻辑顺序，形成了以工单任务为导向的符合学生认知规律的逻辑顺序，为实现有效教学构建了新的知识、技能体系和职业素养。

(4)实战实用。图书编写力求所有实训任务能满足企业生产实际需求。实训任务能体现工业机器人相关的实际工作经验和技能水平，顺应国内机器人产业人才发展需要，符合制造业人才发展规划。

(5)校企深度融合。学校和企业共同制订人才培养方案，共建实训基地，校企深度融合，充分利用企业先进设备和产业导师，在企业真实的工业场景下进行实践操作技能培训，有利于学生在培训结束后即顶岗工作，具有较强的职业岗位能力培养针对性。

智能制造系列图书集成工程实际应用，将产、学、研、用有机结合，有助于读者系统学习工业机器人技术和强化职业岗位能力提升。本系列图书的发行，有助于推进我国工业机器人技术人才的培养和发展，助力中国智造。

2023 年 5 月于天津

前言 QIANYAN

2023 年 1 月，工信部等 17 部门联合印发《"机器人＋"应用行动实施方案》，推动机器人应用向各行业纵深发展，智能化、数字化建设是主旋律。而高等职业教育是培养人才和创新的重要载体，本团队一直在探索将典型的工业机器人真实应用场景通过数字化教材呈现。本书以 SolidWorks 三维设计平台为载体，以工业机器人焊接系统为建模对象，培养工业机器人应用系统建模的综合应用型人才。同时，通过循序渐进的项目式案例设计，使学生清晰了解机器人零部件结构、工作流程和运动原理等内容。从"零件—装配体—工程图—运动仿真"的案例实施，使学习者准确了解 SolidWorks 软件，以适应现代化装备制造业生产和教育发展，满足实际应用的需求。本书将工业机器人系统应用设计和 SolidWorks 建模平台相结合，提供系统学习和相关理论的指导，是一本工业机器人职业教育和技能培训的教材。

本书是《职业教育提质培优行动计划（2020—2023 年）》工业机器人技术专业校企双元开发新型活页式教材建设项目，由武汉信息传播职业技术学院与武汉金石兴机器人自动化工程有限公司联合研发，从企业的生产实际触发，经过广泛的调研，选取目前典型的工业机器人焊接系统建模项目，以工业机器人为载体，通过项目式教学方法，将相关的原理和实践有机结合，使学生在实际操作中掌握相应知识和操作技能。

全书共 6 个项目 23 个任务，项目一和项目二介绍三维建模软件、工业机器人零部件建模，搭建整本书的基础理论储备，为项目三至项目六做铺垫。项目三至项目六的内容包括工业机器人装配设计、工业机器人运动仿真、工程图和点焊工作站系统建模。每个项目的安排由浅入深，循序渐进，均来自工程实践场景。工作任务的完成伴随工作过程，注重学生职业能力、职业素养、团队协作等综合素质的培养。

编写本书的宗旨是：

(1)通俗易懂。尽量介绍必需的知识，让读者以最少的精力实现工业机器人应用系统的建模。

(2)实战实用。本书以工程实践项目的运行需求来组织内容，通过实例循序渐进地教会读者使用 SolidWorks 设计平台，掌握工业机器人应用系统建模。

(3)逻辑清晰。讲解基础应用中用到的知识，通过可操作的任务实践来掌握各种软件应用技巧。文字阐述方面层次清楚、概念准确、通俗易懂、深入浅出。

(4)理实一体。侧重于基本原理和基本概念的阐述,并始终强调基本理论的实际应用。富于启发性,便于自学和创新设计。

(5)知行合一。在学习中以实际案例讲解做法,参照做法实例学习如何应用。

尽管编者主观上想努力使读者满意,但书中肯定还会有不尽如人意之处,书中疏漏和不足之处在所难免,我们热忱欢迎读者提出宝贵的意见和建议。

如有问题请给我们发邮件:2360363974@qq. com。

编者

2023 年 5 月

目录 MULU

项目一
认识、安装三维建模软件

本项目旨在介绍在工程应用领域应用广泛的三维设计软件，将其功能、特点和应用领域进行对比。以SolidWorks软件为使用对象，首先介绍它的下载、安装和授权流程，然后对其工作界面、特征功能进行讲解，以新建零件图、装配图为目标，对它的操作技巧和环境自定义功能进行学习并掌握，为后续机器人零部件建模、装配图输出、运动仿真和机器人集成设计做好知识和方法上的支撑。

知识目标

- 了解三维设计平台种类、功能、应用领域和特点；
- 掌握 SolidWorks 工作界面和功能；
- 掌握 SolidWorks 基本操作技巧和环境设置。

能力目标

- 具备安装 SolidWorks 三维设计平台的能力；
- 会建立和设置新的零件图和装配图文件；
- 具备自定义环境设置的能力。

任务1　三维设计软件概述

【任务学习】

1. SolidWorks

SolidWorks公司是一家开发出既易用，价格又适中的强大3D机械设计软件的公司。SolidWorks公司的宗旨就是让参与产品开发的每个人都能发挥3D的威力。今天，SolidWorks软件在实际用户数量、客户满意度和销售方面均是主流市场上排在世界前列的3D设计软件。

SolidWorks公司推出的SolidWorks 2020在创新性、便捷性以及界面的人性化等方面都得到了增强，也对性能和质量进行了大幅度的完善，同时开发了更多SolidWorks新设计功能，使产品开发流程发生了根本性的变革。另外，也支持全球性的协作和连接，大大缩短了产品设计的时间，提高了产品设计的效率。SolidWorks 2020在用户界面、草图绘制、特征、成本、零件、装配体、SolidWorks Enterprise PDM、Simulation、运动算例、工程图、出详图、钣金设计、输出和输入以及网络协同等方面都得到了增强，比原来的版本至少增强了250个用户功能，使用户可以更方便地使用该软件。

功能强大、易学易用和技术创新是SolidWorks的三大特点，使得SolidWorks成为领先的、主流的三维CAD解决方案。SolidWorks能够提供不同的设计方案，减少设计过程中的错误以及提高产品质量。SolidWorks不仅提供如此强大的功能，同时对每个工程师和设计者来说，操作简单方便、易学易用。本节将介绍SolidWorks 2020的一些基本知识。

2. SolidWorks 可实现的功能

1)3D绘图设计功能

零件设计、装配体设计、工程图设计是SolidWorks基本核心设计功能，其正版软件的Professional版本具有完备的CAD库以及CAD标准检查功能。具体来说，SolidWorks正版软件具有标准的零件库来供相关从业者使用软件拼装机器以及架设管道和电线。除此之外，SolidWorks正版软件的设计纠错功能可以找出设计的不合理之处。

2)数据分析与管理功能

在机器的设计以及管道电线的架设过程中，绘图数据的安全保存十分重要。SolidWorks正版软件可以为相关用户的数据的存储以及管理做安全上的保证。当然对数据的管理与索引也是十分重要的一环，SolidWorks正版软件在数据索引方面研发了一套科学方便的索引算法供用户使用。

3)基于物理学的仿真分析功能

当机械模型建成后，其可靠性与实用性评估亦为机械设计以及电气工程的重要一环。SolidWorks正版软件的仿真分析基于真实物理规律，包含跌落分析、热力结构分析以及振动结构分析等各类物理分析。由于软件公司对于真实物理规律的充分模拟，所以相关从业者可放心使用 SolidWorks 正版软件的仿真分析功能。

3. SolidWorks 应用场景

SolidWorks 主要用于机械设计、工业设计、航空航天、机器技术、制造技术和汽车系统设计等领域。

【任务实施】

➤根据上述对 SolidWorks 的了解与学习，请查找另一款三维设计软件 CATIA 的相关概述。

任务 2　下载、安装 SolidWorks

【任务学习】

（1）下载安装包并解压缩，以管理员身份运行“_SolidSQUAD_\SolidWorks_Flexnet_Server\server_remove. bat”，然后等到服务“SolidWorks Flexnet 服务器”被删除（见图 1-1）。（注：在安装前请断开网络连接。）

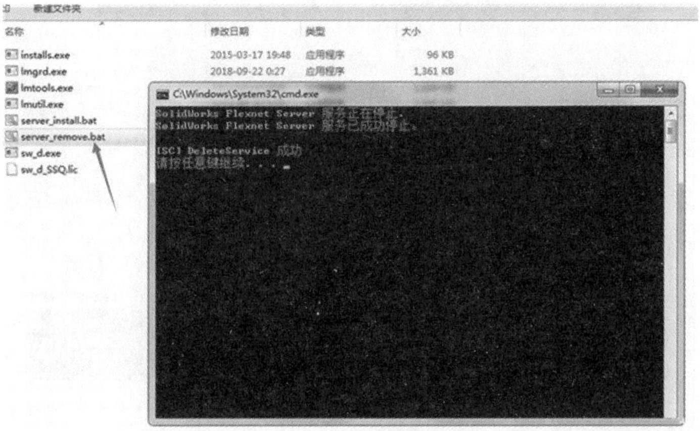

图 1-1　以管理员身份运行

（2）运行“_SolidSQUAD_”文件夹内的注册表文件“sw2020_network_serials_licensing.reg”并确认添加信息（见图 1-2）。

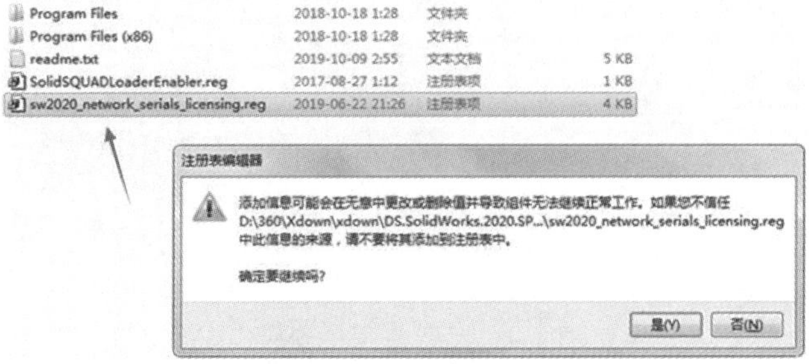

图 1-2　运行注册表文件

(3)将“_SolidSQUAD_”内的文件夹“SolidWorks_Flexnet_Server”复制到C盘(C:\Program Files)下(见图1-3)。

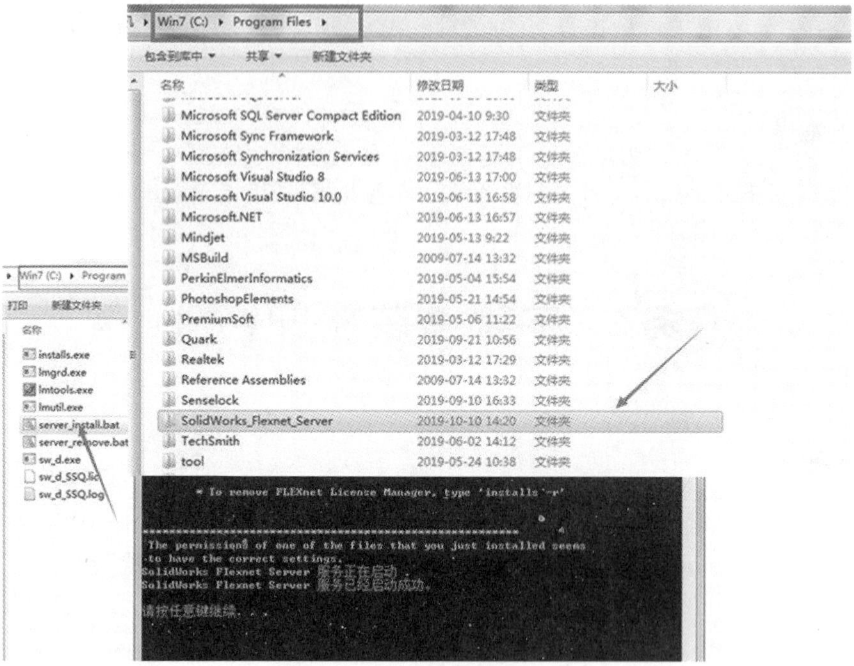

图1-3 复制文件夹

(4)以管理员身份运行“SolidWorks_Flexnet_Server \ server_install. bat”,然后等待直到新服务,将安装并启动“SolidWorks Flexnet 服务器”。

(5)运行主程序安装,单击“下一步”(见图1-4)。(注:如果出现无法连接网络,单击“取消”即可。)

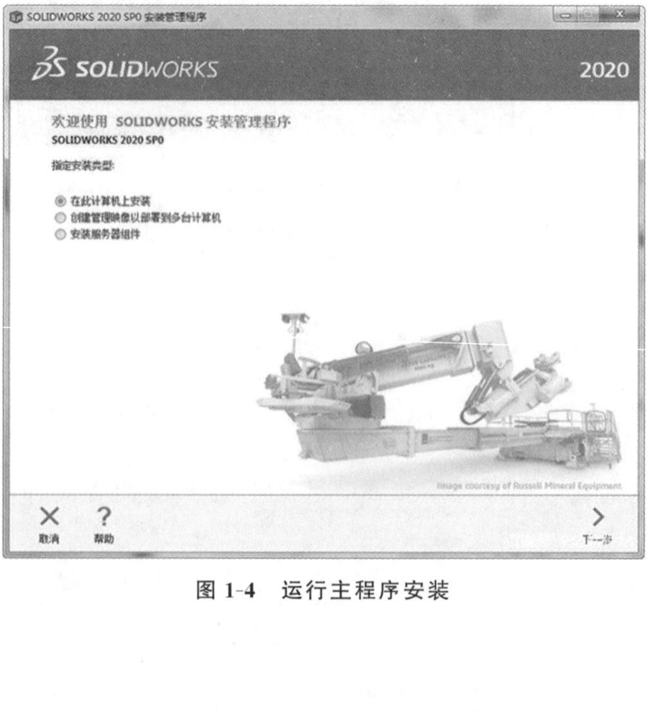

图1-4 运行主程序安装

(6)软件会自动输入序列号,单击“下一步”(见图 1-5)。

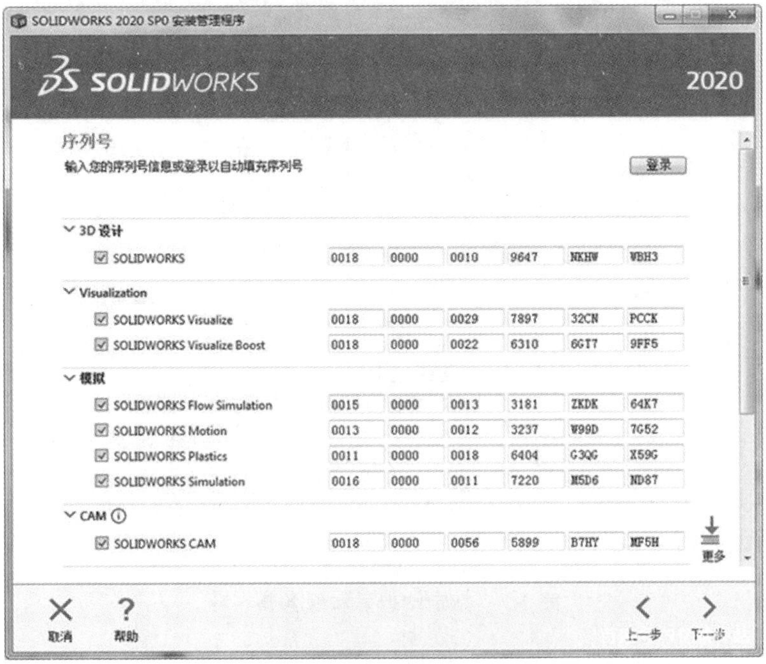

图 1-5 软件自动输入序列号

(7)自行设置软件语言及安装位置,勾选“我接受 SOLIDWORKS 条款”(见图 1-6)。

图 1-6 设置软件语言及安装位置

(8)在许可证服务配置界面,“端口@服务器”填写“25734@localhost”(见图 1-7)。

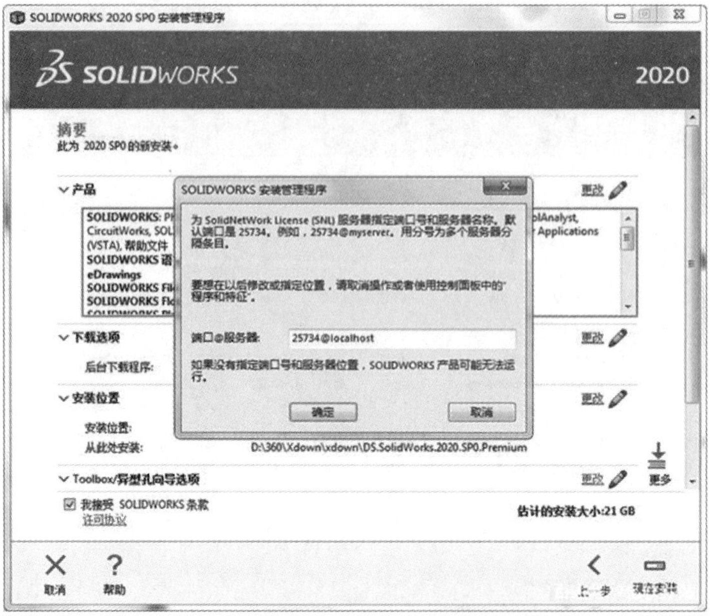

图 1-7　指定端口号和服务器名称

(9)安装时间会稍微长一点，请耐心等待(见图 1-8)。

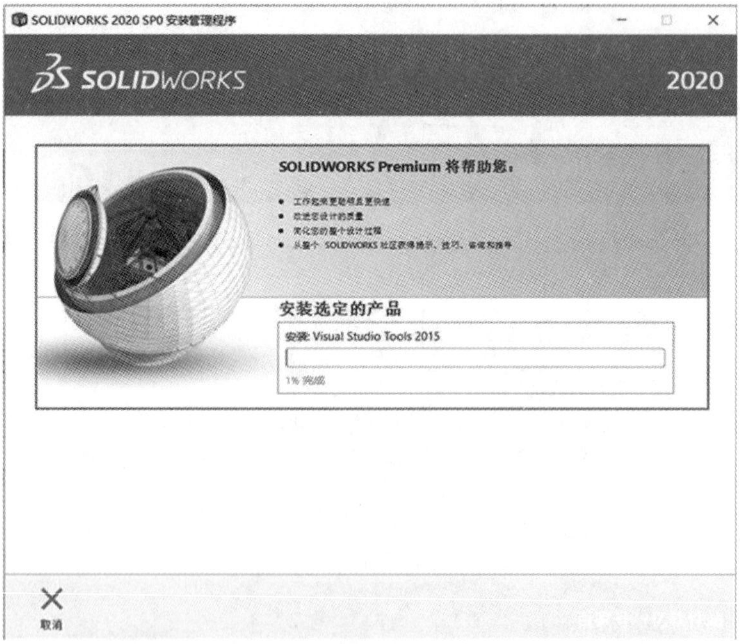

图 1-8　软件安装中

(10)如果中文语言包安装失败，运行语言包"chinese-simplified"里面的"setup. exe"完成中文安装，安装完成后退出即可(见图 1-9)。

(11)先不要运行软件，将"_SolidSQUAD_"文件夹内的补丁文件夹"Program Files"和"Program Files(x86)"替换到 C 盘根目录(见图 1-10)。

图 1-9　安装中文语言包

图 1-10　替换补丁文件夹

(12)运行注册表文件，双击“SolidSQUADLoaderEnabler. reg”添加注册表值(见图 1-11)。

图 1-11　添加注册表值

(13)重启电脑，然后运行软件即可使用(见图 1-12)。

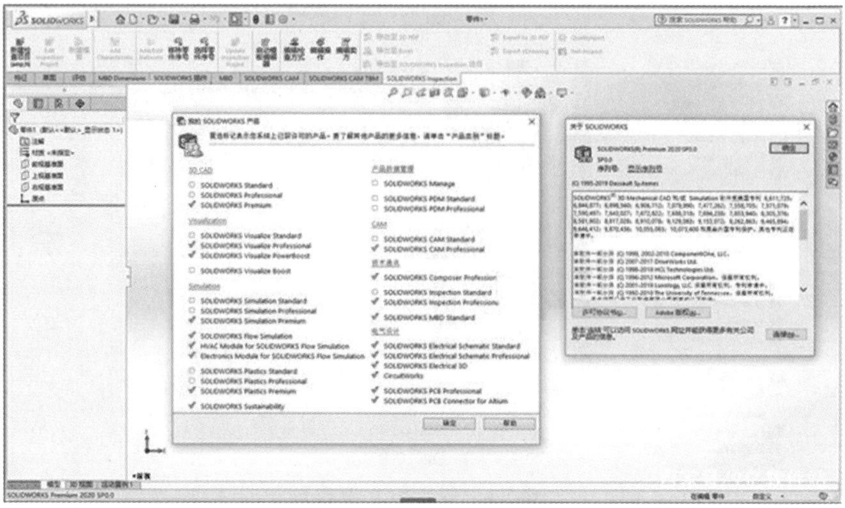

图 1-12　运行软件

【任务实施】

➢根据上述对 SolidWorks 下载和安装流程的学习，请完成对另一款三维设计软件 CATIA 的下载与安装。

任务 3　SolidWorks 用户界面

【任务学习】

1. SolidWorks 2020 工作界面

1）启动 SolidWorks 2020

SolidWorks 2020 安装完成后，即可启动该软件。在 Windows 操作环境下，选择“开始”→“所有程序”→“SolidWorks 2020”命令，或者双击桌面上 SolidWorks 2020 的快捷方式图标即可启动该软件。SolidWorks 2020 的启动界面如图 1-13 所示。

启动界面消失后，系统进入 SolidWorks 2020 的初始界面，初始界面中只有几个菜单栏和标准工具栏，如图 1-14 所示，用户可在设计过程中根据自己的需要打开其他工具栏。

2）创建文件

单击标准工具栏中的“新建”按钮，或者选择菜单栏中的“文件”→“新建”命令，根据个人习惯选择 SolidWorks 所使用的单位制和标准，单击“确定”按钮，弹出“新建 SOLIDWORKS 文件”对话框，如图 1-15 所示，各选项的功能如下。

- “零件”按钮 零件：双击该按钮，可以生成单一的三维零部件文件。
- “装配体”按钮 装配体：双击该按钮，可以生成零件或其他装配体的排列文件。

图 1-13 SolidWorks 2020 的启动界面

图 1-14 SolidWorks 2020 的初始界面

·“工程图”按钮 工程图：双击该按钮，可以生成属于零件或装配体的二维工程图文件。

单击“零件”按钮，再单击“确定”按钮，即进入完整的用户界面。

在 SolidWorks 2020 中，“新建 SOLIDWORKS 文件”对话框有两个版本可供选择，一个是高级版本，一个是新手版本。

在如图 1-15 所示的新手版本的“新建 SOLIDWORKS 文件”对话框中单击“高级”按钮 高级 ，即进入高级版本的“新建 SOLIDWORKS 文件”对话框，如图 1-16 所示。高级版本在各个标签上显示模板图标的对话框，当选择某一文件类型时，模板预览出现在预览框中。在该版本中，用户可以保存模板，添加自己的标签，也可以选择 MBD 标签来访问指导教程模板。

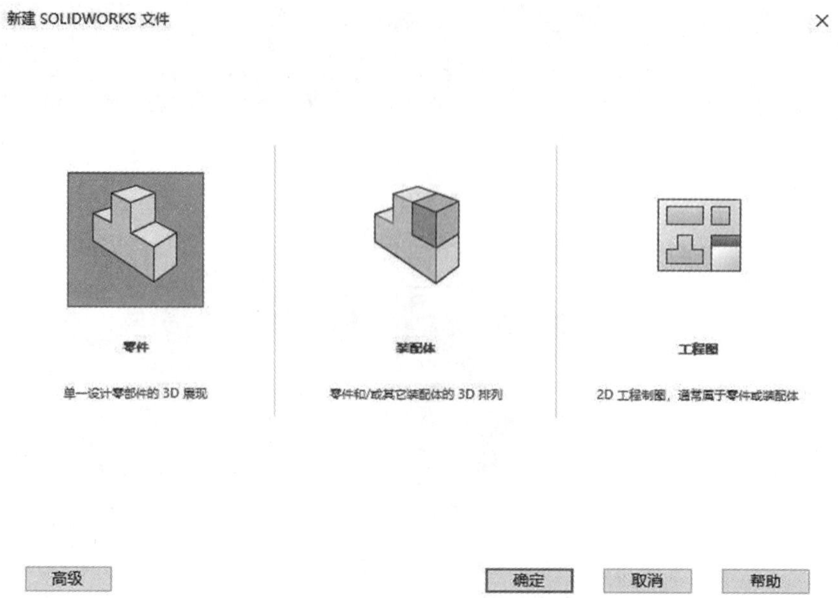

图 1-15 “新建 SOLIDWORKS 文件”对话框

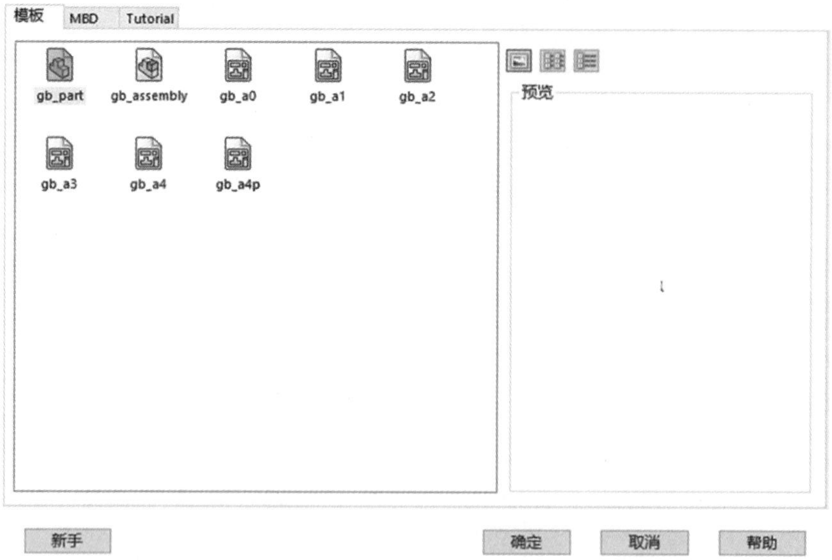

图 1-16 高级版本“新建 SOLIDWORKS 文件”对话框

2. SolidWorks 2020 功能概述

新建一个零件文件后，进入 SolidWorks 2020 用户界面，如图 1-17 所示，其中包括菜单栏、工具栏、特征管理栏、绘图区和状态栏等。

菜单栏包含了所有 SolidWorks 的命令，工具栏可根据文件类型（零件、装配体或者工程图）来调整和放置，并设定其显示状态。SolidWorks 用户界面底部的状态栏可以提供设计人员正在执行的功能的有关信息。接下来介绍用户的一些功能。

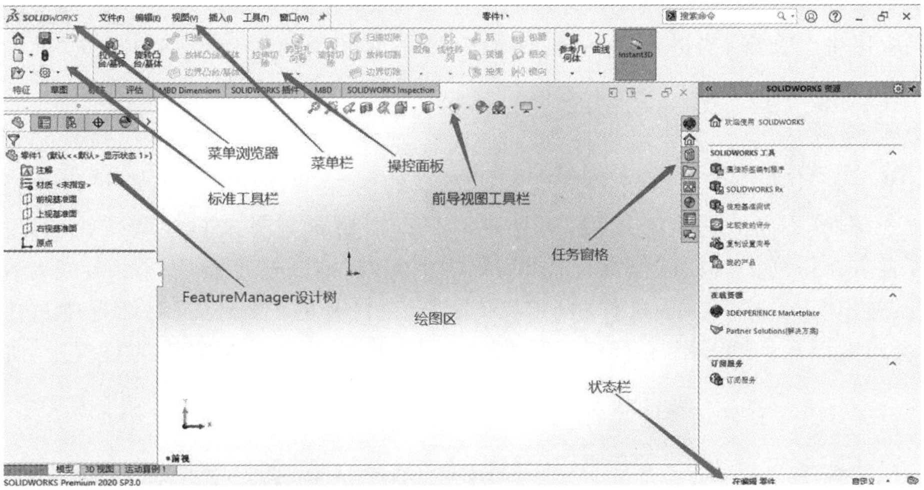

图 1-17　SolidWorks 2020 用户界面

1)菜单栏

通过菜单可以找到 SolidWorks 提供的许多命令，将光标移动到 SolidWorks 徽标 (也就是伸缩菜单栏)，就会将菜单栏弹出，如图 1-18 所示。若要始终保持菜单栏可见，需要将“图钉”图标更改为钉住状态，最关键的功能集中在“插入”菜单和“工具”菜单中。当一个菜单项带有一个指向右侧的箭头或者是向下的箭头时，说明该菜单项是有子菜单项的，也就是有下一级。

图 1-18　菜单栏

菜单栏显示在标题栏的下方，默认情况下菜单栏是隐藏的，只显示快速访问工具栏，如图 1-19 所示。在菜单栏中，同样也可以使用搜索功能，直接在搜索知识库，单击鼠标，输入要搜索的信息就可以了，如图 1-20 所示。

通过单击工具栏按钮旁边的下移方向键，可以打开带有附加功能的弹出菜单，这样可以通过工具栏访问更多的菜单命令。例如，“保存”按钮的下拉菜单包括“保存”“另存为”“发布到 eDrawings”等命令(见图 1-21)。单击“保存”，或者选择菜单栏中的“保存”命令，在弹出的对话框中输入要保存的文件名并设置文件保存的路径，便可以将当前文件保存。

图 1-19　快速访问工具栏

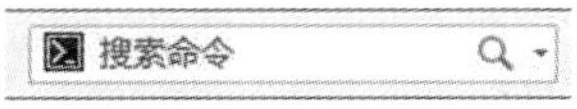

图 1-20　搜索知识库

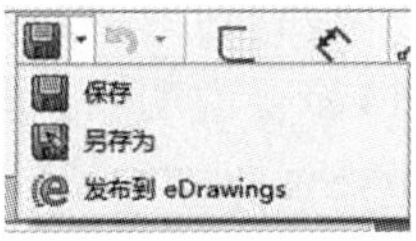

图 1-21　“保存”按钮下拉菜单

SolidWorks 的菜单项对应于不同的工作环境，其相应的菜单以及其中的命令也会有所不同。在应用中会发现，当进行某些任务操作时，不起作用的菜单会临时变灰，此时将无法应用该菜单。

2）工具栏

SolidWorks 中有很多可以按需要显示或隐藏的内置工具栏。工具栏可以快速找到最常用的命令，根据不同的功能来组织，而且可以根据需要自定义工具栏的按钮、移动工具栏的位置或者重新排列工具栏。例如，选择菜单栏中的“视图”→“工具栏”命令，或者在工具栏区域右击，弹出“工具栏”菜单，选择“自定义”命令，在打开的“自定义”对话框中选中“视图”复选框，会出现浮动的“视图”工具栏，可以将其自由拖动以放置在需要的位置上，如图 1-22 所示。

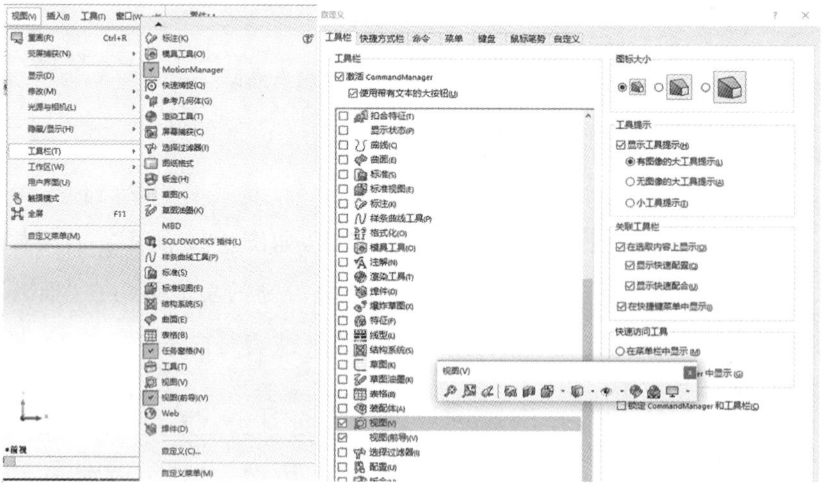

图 1-22　调用“视图”工具栏

此外，还可以设定其他工具栏在没有文件打开时可显示，或者根据文件类型（零件、装配体或工程图）来放置工具栏并设定其显示状态（自定义、显示或隐藏）。例如，保持“自定义”对话框的打开状态，在 SolidWorks 用户界面中，可对工具栏按钮进行如下操作。

（1）从工具栏上一个位置拖动到另一位置。

（2）从一个工具栏上拖动到另一个工具栏上。

（3）从工具栏拖动到图形区中，即从工具栏上将之移除。

在使用工具栏或工具栏中的命令时，将指针移动到工具栏图标附近，会弹出消息提示，显示该工具的名称及相应的功能，如图 1-23 所示，显示一段时间后，该提示会自动消失。

3）状态栏

状态栏位于 SolidWorks 用户界面底端的水平区域，提供了当前窗口中正在编辑的内容的状态以及指针位置坐标、草图状态等信息，信息如下。

（1）简要说明：将指针移到一个工具上时或单击一个菜单项目时的简要说明。

（2）“重建模型” ：在更改了草图或零件而需要重建模型时，“重建模型”图标会显示在状态栏中。

（3）草图状态：在编辑草图过程中，状态栏中会出现 5 种草图状态，即完全定义、过定

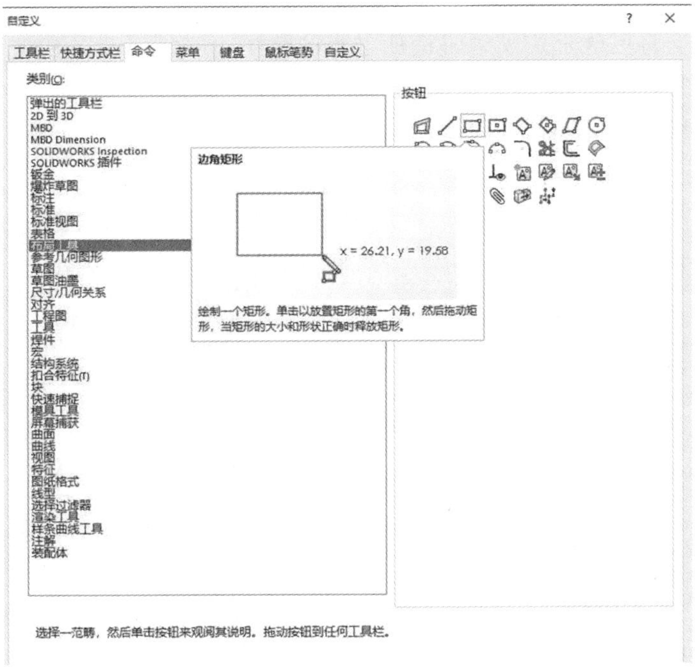

图 1-23　消息提示

义、欠定义、没有找到解、发现无效的解。在零件完成之前，最好完全定义草图。

(4)测量实体：为所选实体常用的测量，诸如边线长度。

(5)“重装”按钮：在使用协作选项时用于访问“重装”对话框的图标。

(6)显示或隐藏标签对话 ：该标签用来将关键词添加到特征和零件中以方便搜索。

(7)单位系统：可在状态栏中显示激活文档的单位系统，并可以更改或自定义单位系统。

4)FeatureManager 设计树

FeatureManager 设计树位于 SolidWorks 用户界面的左侧，是 SolidWorks 软件中一个独特的部分，它形象地显示出零件或装配体中的所有特征。当一个特征创建好后，就被添加到 FeatureManager 设计树中，因此，FeatureManager 设计树显示出建模操作的先后顺序。通过 FeatureManager 设计树，可以编辑零件中包含的特征是 SolidWorks 中比较常用的部分，提供了激活的零件、装配体或工程图的大纲视图，从而可以很方便地查看模型或装配体的构造情况，或者查看工程图中的不同图纸和视图。

FeatureManager 设计树和图形区是动态链接的。在使用时可以在任何窗格中选择特征、草图、工程视图和构造几何线。FeatureManager 设计树可以用来组织和记录模型中各个要素及要素之间的参数信息和相互关系，以及模型、特征和零件之间的约束关系等，几乎包含了所有设计信息。FeatureManager 设计树如图 1-24 所示。

FeatureManager 设计树的功能主要有以下几个方面。

(1)以名称来选择模型中的项目，即可通过在模型中选择其名称来选择特征、草图、基准面及基准轴。SolidWorks 在这一项中有很多功能与 Windows 操作界面类似，例如，在选择的同时按住 Shift 键，可以选取多个连续项目；在选择的同时按住 Ctrl 键，可以选取非连续项目。

(2)确认和更改特征的生成顺序。在 FeatureManager 设计树中拖动项目可以重新调整特征的生成顺序,这将更改重建模型时特征重建的顺序。

(3)通过双击特征的名称可以显示特征的尺寸。

(4)如要更改项目的名称,在名称上缓慢单击两次以选择该名称,然后输入新的名称即可,如图 1-25 所示。

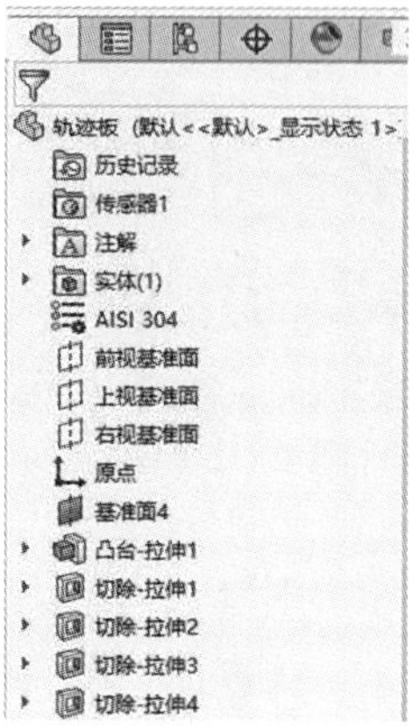

图 1-24 FeatureManager **设计树**

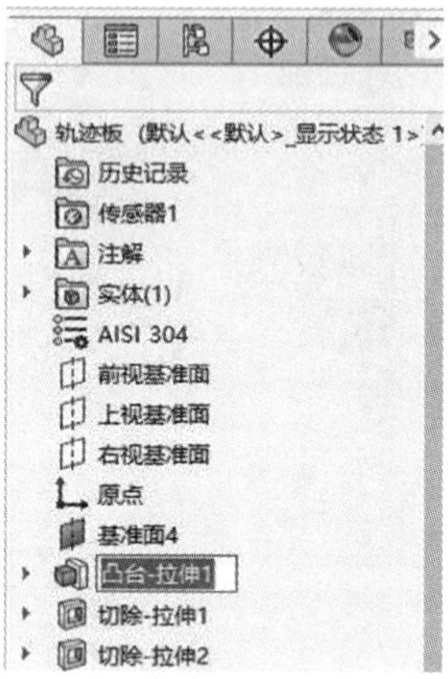

图 1-25 更改项目名称

(5)压缩和解除压缩零件特征和装配体零部件,在装配零件时是很常用的,同样,如要选择多个特征,在选择时按住 Ctrl 键。

(6)右击清单中的特征,然后选择父子关系,以便查看父子关系。

(7)右击,在设计树中还可显示如下项目:特征说明、零部件说明、零部件配置名称、零部件配置说明等。

(8)将文件夹添加到 FeatureManager 设计树中。

对 FeatureManager 设计树的熟练操作是应用 SolidWorks 的基础和重点,在学习的过程中熟练应用设计树的功能,能加快建模的速度,提高效率。

5)标题栏

PropertyManager 标题栏一般会在初始化时使用,PropertyManager 为其定义命令时自动出现。编辑草图并选择草图特征时,所选草图特征的 PropertyManager 将自动出现。激活 PropertyManager 时,FeatureManager 设计树会自动出现。欲扩展 FeatureManager 设计树,可以在其中单击文件名称左侧的"+"标签。FeatureManager 设计树是透明的,因此不影响对其下面模型的修改。

6)控制面板

控制面板显示在绘图区域的上方,将鼠标放置在菜单栏中任意位置,然后单击鼠标右键,如图 1-26 所示,在弹出的菜单中选择"启用 CommandManager"命令,则控制面板显示在窗口中;如果取消选择"启用 CommandManager"命令,则关闭控制面板。

在默认情况下,控制面板包括"特征"选项卡、"草图"选项卡、"评估"选项卡,每个选项卡集成了相关的操作工具,方便了用户的使用。

①设置控制面板。

将光标放在任意选项卡名称上,单击鼠标右键,打开快捷菜单,将鼠标移动到"选项卡"

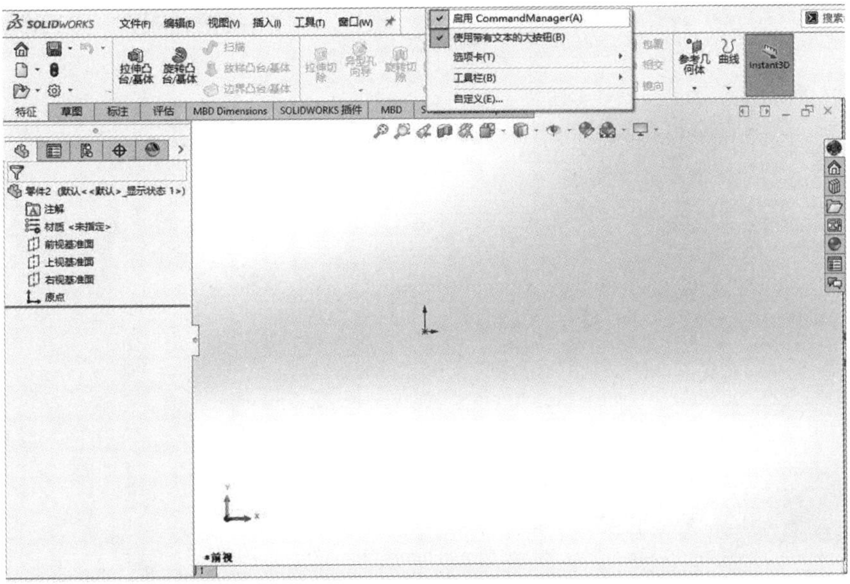

图 1-26　启用控制面板

处，打开如图 1-27 所示的列表。选择某一个未在功能区显示的选项卡名称，系统自动在功能区打开该选项卡。反之，关闭选项卡。选择快捷菜单上的所有选项，将显示所有选项卡的控制面板。

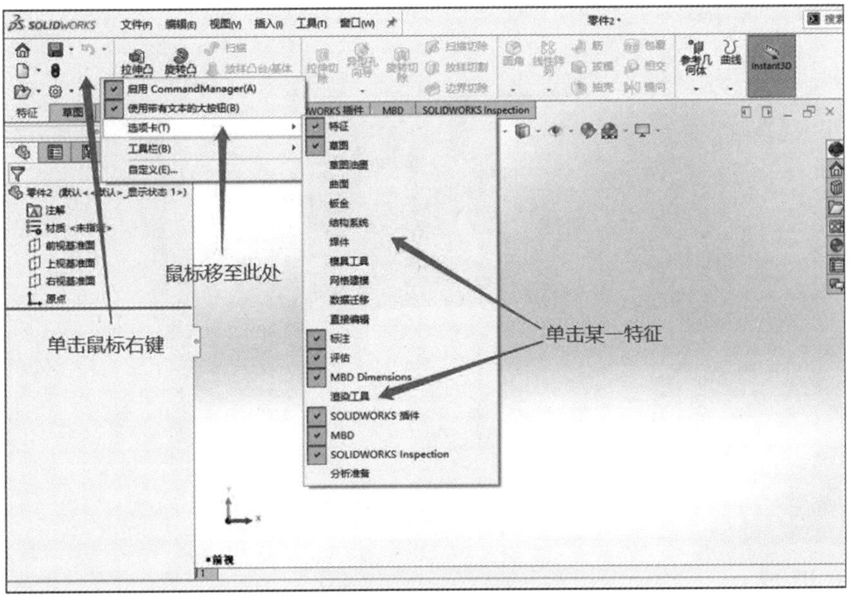

图 1-27　快捷菜单

②控制面板的移动。

控制面板可以在绘图区浮动。将鼠标放到任意选项卡名称的位置处，按住鼠标左键，然后拖动控制面板，如图 1-28 所示，使其在窗口中浮动；接下来继续拖动控制面板，将其放置在合适的位置，如图 1-29 所示，松开鼠标左键，使它变为固定控制面板。

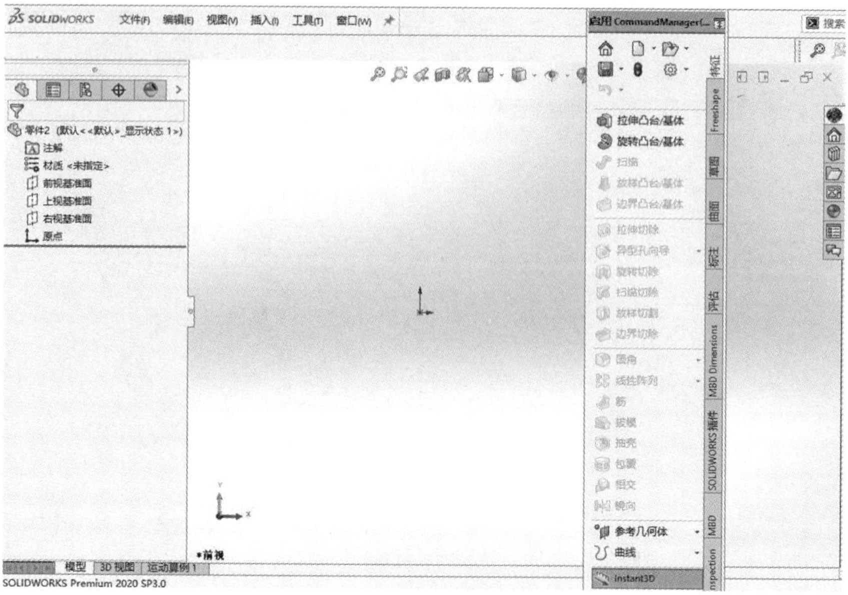

图 1-28　移动控制面板

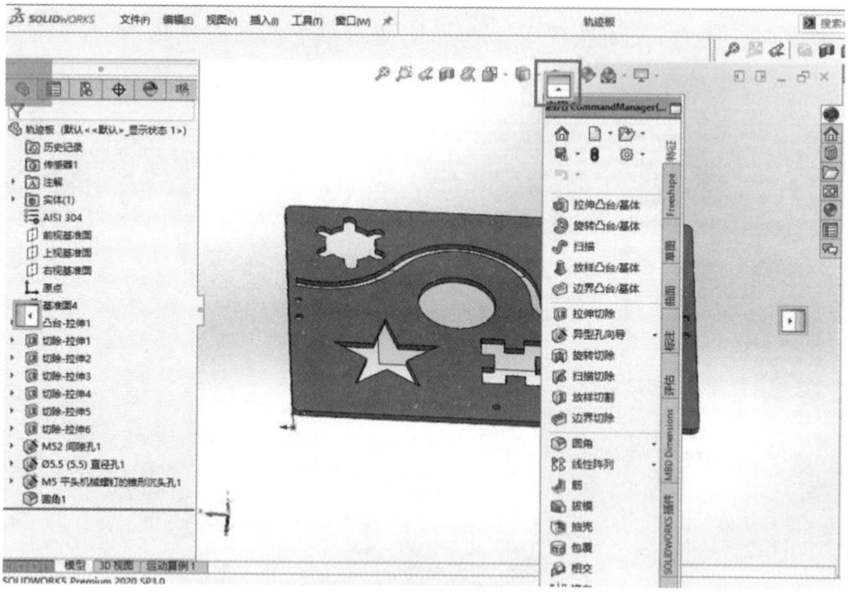

图 1-29　固定控制面板

3. 环境设置

在进行 SolidWorks 实体模型绘制过程中，视图操作是不可或缺的一部分，本节将讲解视图的缩放、旋转等命令。

常见的视图操作方式有视图定向、整屏显示全图、局部放大、动态放大/缩小、旋转、平移、滚转、上一视图，在“视图”→“修改”菜单栏下显示的视图操作命令如图 1-30 所示。接下来讲解这些常用命令。

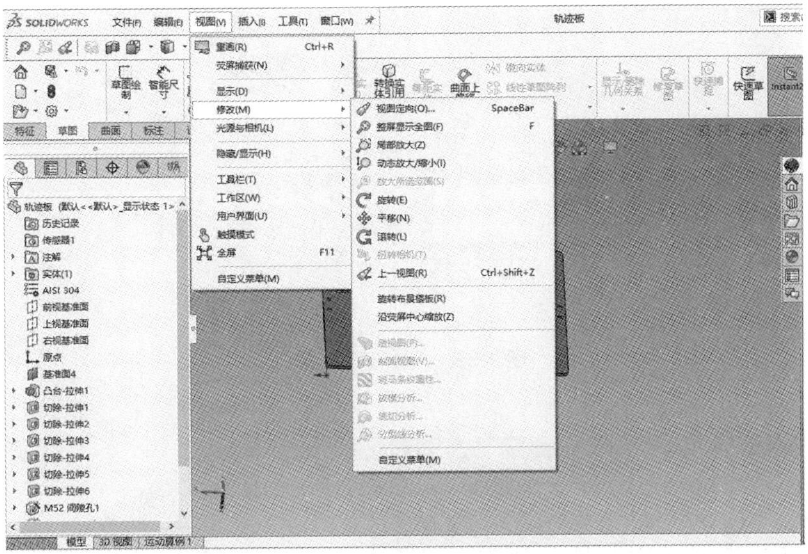

图 1-30 “视图”→“修改”菜单栏

1)视图定向

打开所需要的文件(本节以“轨迹板”为例),选择菜单栏中的“视图”→“修改”→“视图定向”命令;或右击,在弹出的快捷菜单中选择“视图定向”命令,如图 1-31 所示;或单击“视图”工具栏中的“视图定向”按钮,如图 1-32 所示,或按空格键。

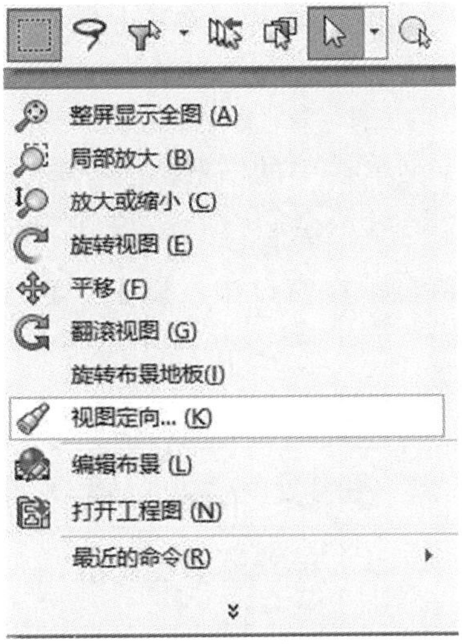

图 1-31 “视图”快捷菜单

图 1-32 “视图”工具栏

选择“视图定向”命令后,弹出“方向”对话框,如图 1-33 所示。

在弹出的对话框中单击所需视图方向,实体模型转换到视图方向,如图 1-34 所示。

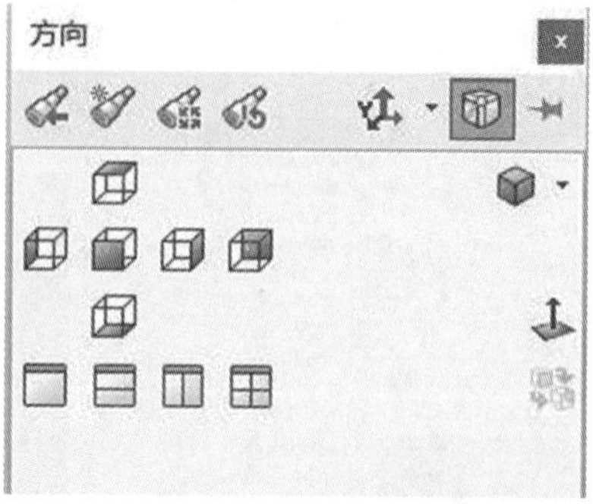

图 1-33 “方向”对话框

(a) 前视图　　(b) 等轴测视图

图 1-34 转换视图方向

2)显示全图

缩放模型以套合窗口。选择菜单栏中的“视图”→“修改”→“整屏显示全图”命令;或右击,在弹出的快捷菜单中选择“整屏显示全图”命令;或在“视图”工具栏中单击“整屏显示全图”按钮,此命令可将模型全部显示在窗口中。以上 3 种方法都可打开“视图”工具栏,如图 1-35 所示。

图 1-35 “视图”工具栏

3)局部放大

以边界框放大到选择的区域。

选择菜单栏中的“视图”→“修改”→“局部放大”命令;或在绘图区上方单击“局部放大”按钮,如图 1-36 所示;或者右击,在弹出的快捷菜单中选择“局部放大”命令;或者在“视图”工具栏中单击“局部放大”按钮,都可放大局部模型。

4)动态放大/缩小

动态地调整模型放大与缩小。

图 1-36 视图显示

选择菜单栏中的“视图”→“修改”→“动态放大/缩小”命令。将图标放置在模型上，按住鼠标左键，向下拖动可缩小模型，向上拖动可放大模型。

5)旋转

选择菜单栏中的“视图”→“修改”→“旋转”命令；或者右击，在弹出的快捷菜单中选择“旋转视图”命令。在绘图区出现“旋转”图标，将图标放置在模型上，向不同方向拖动鼠标，模型即可旋转。

6)平移

选择菜单栏中的“视图”→“修改”→“平移”命令；或者右击，在弹出的快捷菜单中选择“平移”。在绘图区出现“平移”图标，将图标放置在模型上，按住鼠标左键，模型随着鼠标向不同方向拖动而移动。

7)滚转

选择菜单栏中的“视图”→“修改”→“滚转”命令；或者右击，在弹出的快捷菜单中选择“翻滚视图”命令，可绕基点旋转模型。

8)上一视图

选择菜单栏中的“视图”→“修改”→“上一视图”命令；或在绘图区上方单击“上一视图”按钮；或在“视图”工具栏中单击“上一视图”按钮，可将视图返回到上一个视图的显示中。

4. 退出 SolidWorks 2020

在文件编辑并保存完成后，即可退出 SolidWorks 2020 系统。选择菜单栏中的“文件”→“退出”命令，或者单击系统操作界面右上角的“退出”按钮退出，SolidWorks 可直接退出。

如果对文件进行了编辑而没有保存，或者在操作过程中不小心执行了“退出”命令，会弹出系统提示框，如图 1-37 所示。如果要保存对文件的修改，则单击“保存所有”按钮，系统会保存修改后的文件，并退出 SolidWorks 系统；如果不保存对文件的修改，则单击“不保存”按钮，系统不保存修改后的文件，并退出 SolidWorks 系统；单击“取消”按钮，则取消退出操作，回到原来的操作界面。

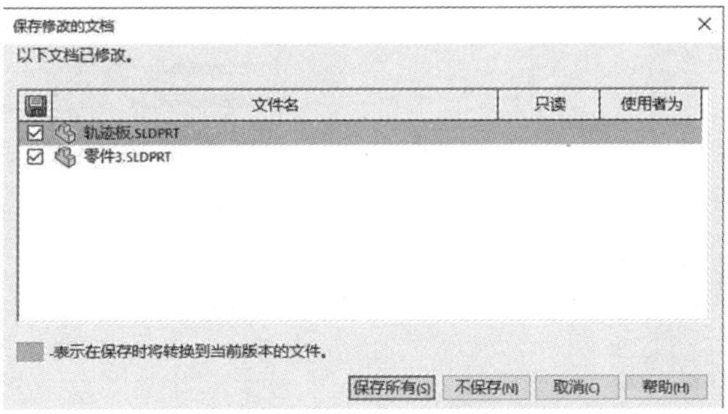

图 1-37 “退出”命令提示框

【任务实施】

➢根据上述对 SolidWorks 用户界面的学习，请完成对三维设计软件 CATIA 的界面学习。

任务 4　SolidWorks 设置与快速入门

【任务学习】

要熟练地使用软件，必须先快速入门，认识软件的工作环境，然后设置合适的使用环境，这样可以使设计更加便捷。SolidWorks 软件同其他软件一样，可以根据用户的需要显示或者隐藏工具栏、添加或者删除工具栏中的命令按钮，还可以根据需要设置零件、装配体和工程图的工作界面。

1. 设置工具栏

SolidWorks 系统默认的工具栏是比较常用的。SolidWorks 中有很多工具栏，由于图形区的限制，不能显示所有的工具栏。在建模过程中，用户可以根据需要显示或者隐藏部分工具栏，其设置方法有两种。

1）利用菜单命令设置工具栏

利用菜单命令添加或者隐藏工具栏的操作步骤如下。

(1)选择菜单栏中的“工具”→“自定义”命令，或者在工具栏区域右击，在弹出的快捷菜单中选择“自定义”命令，此时系统弹出“自定义”对话框，如图 1-38 所示。

图 1-38　“自定义”对话框

(2)选择对话框中的“工具栏”选项卡，此时会出现系统所有的工具栏，选中需要打开的工具栏复选框。

(3)确认设置。单击对话框中的“确定”按钮，在图形区中会显示选择的工具栏。

注意：如果要隐藏已经显示的工具栏，取消选中工具栏复选框，然后单击“确定”按钮，此时在图形区中将会隐藏取消选中的工具栏。

2)利用鼠标右键设置工具栏

利用鼠标右键添加或者隐藏工具栏的操作步骤如下。

(1)在工具栏区域右击，系统弹出快捷菜单，移动鼠标到“工具栏”处，系统会弹出“工具栏”下拉列表，如图 1-39 所示。

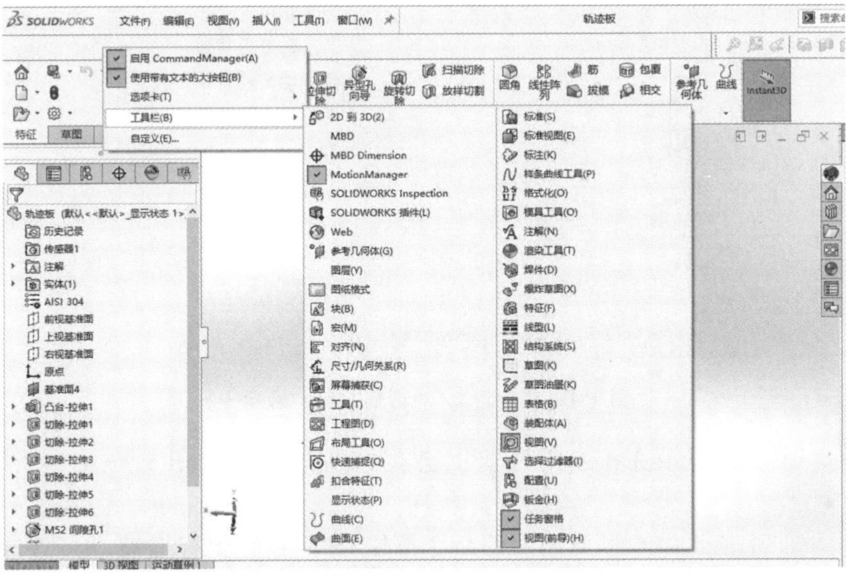

图 1-39 “工具栏”快捷菜单

(2)选择需要的工具栏，前面复选框的颜色会加深，则图形区中将显示选择的工具栏；如果选择已经显示的工具栏，前面复选框的颜色会变浅，则图形区中将隐藏选择的工具栏。

另外，隐藏工具栏还有一个简便的方法，即选择界面中不需要的工具栏，用鼠标将其拖到图形区中，此时工具栏上会出现标题栏，如图 1-40 所示是拖至图形区中的“标注”工具栏，单击“标注”工具栏右上角的“关闭”按钮 x ，则图形区将隐藏该工具栏。

图 1-40 “标注”工具栏

2. 设置工具栏命令按钮

系统默认工具栏中并没有包括平时所用的所有命令按钮，用户可以根据自己的需要添加或者删除命令按钮。

设置工具栏中命令按钮的操作步骤如下：

(1)选择菜单栏中的“工具”→“自定义”命令，或者在工具栏区域右击，在弹出的快捷菜单中选择“自定义”命令，此时系统弹出“自定义”对话框。

(2)选择该对话框中的“命令”选项卡，此时出现的“类别”选项组和“按钮”选项组如图 1-41 所示。

图 1-41　“自定义”对话框“命令”选项卡

(3)在“类别”选项组中选择工具栏，此时会在“按钮”选项组中出现该工具栏中所有的命令按钮。

(4)在“按钮”选项组中选择要增加的命令按钮，然后按住鼠标左键，拖动该按钮到要放置的工具栏上，松开鼠标左键。

(5)单击对话框中的“确定”按钮，则工具栏上会显示添加的命令按钮。

如果要删除无用的命令按钮，只要选择“自定义”对话框中的“命令”选项卡，然后用鼠标将要删除的按钮拖动到图形区，即可删除该工具栏中的命令按钮。

例如，在“草图”工具栏中添加“中心矩形”命令按钮。先选择菜单栏中的“工具”→“自定义”命令，打开“自定义”对话框，然后选择“命令”选项卡，在“类别”选项组中选择“草图”工具栏。在“按钮”选项组中单击“中心矩形”按钮，按住鼠标左键，将其拖动到“草图”工具栏中合适的位置，松开鼠标左键，该命令按钮即可添加到工具栏中。如图 1-42 所示为添加命令按钮前后“草图”工具栏的变化情况。

注意：在工具栏中添加或者删除命令按钮时，对工具栏的设置会应用到当前激活的 SolidWorks 文件类型中。

3. 设置快捷键

除了可以使用菜单栏和工具栏执行命令外，SolidWorks 软件还允许用户通过自行设置快捷键的方式来执行命令，其操作步骤如下。

(1)选择菜单栏中的“工具”→“自定义”命令，或者在工具栏区域右击，在弹出的快捷菜

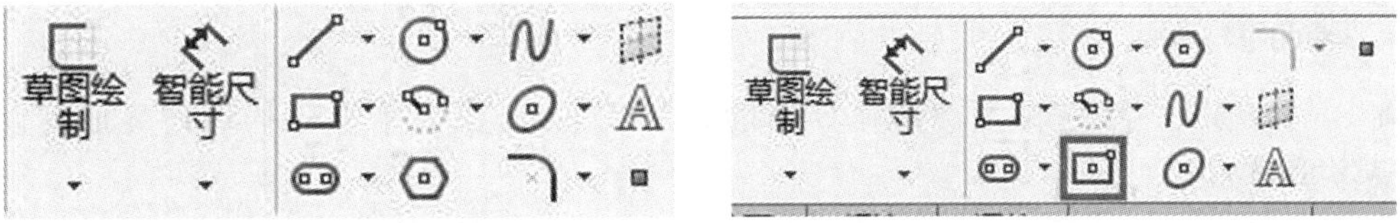

(a) 添加“中心矩形”按钮前　　(b) 添加“中心矩形”按钮后

图 1-42　添加命令按钮

单中选择“自定义”命令，此时系统弹出“自定义”对话框。

(2)选择对话框中的“键盘”选项卡，如图 1-43 所示。

图 1-43　“自定义”对话框中的“键盘”选项卡

(3)在“类别”下拉列表框中选择“文件”选项，然后在下面的“显示”下拉列表框中选择要设置快捷键的命令“带键盘快捷键的命令”。

(4)在“搜索”文本框中输入要搜索的快捷键，输入的快捷键就出现在“当前快捷键”选项中。

(5)单击对话框中的“确定”按钮，快捷键设置成功。

注意：

a. 如果设置的快捷键已经使用过，则系统会提示该快捷键已被使用，必须更改要设置的快捷键。

b. 如果要取消设置的快捷键，在“键盘”选项卡中选择“快捷键”选项中设置的快捷键，然后单击对话框中的“移除快捷键”按钮，则该快捷键就会被取消。

4. 设置背景

在 SolidWorks 中，可以更改操作界面的背景及颜色，设置个性化的用户界面。设置背景的操作步骤如下。

(1)选择菜单栏中的“工具”→“选项”命令，此时系统弹出“系统选项-颜色”对话框。

(2)在对话框的“系统选项”选项卡的左侧列表框中选择“颜色”选项，如图 1-44 所示。

图 1-44 “系统选项-颜色”对话框

(3)在“颜色方案设置”列表框中选择“视区背景”选项，然后单击“编辑”按钮，此时系统弹出如图 1-45 所示的“颜色”对话框，在其中选择设置的颜色，然后单击“确定”按钮。可以使用该方式设置其他选项的颜色。

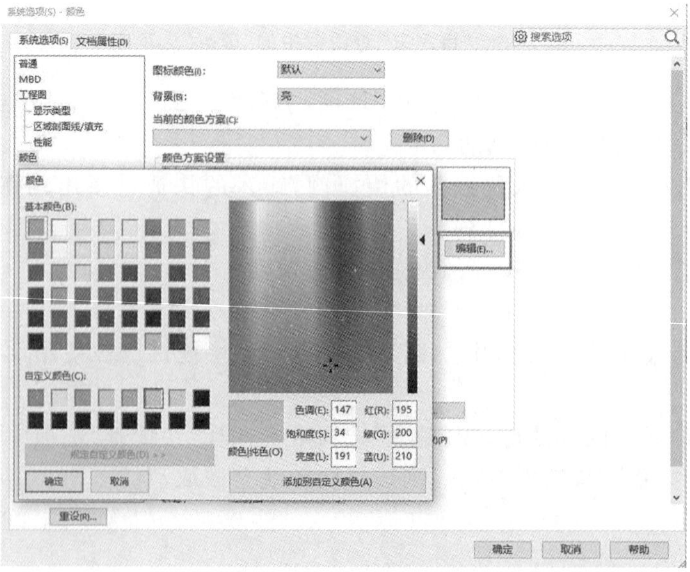

图 1-45 “颜色”对话框

(4)单击“系统选项-颜色”对话框中的“确定”按钮，系统背景颜色设置成功。

在如图 1-44 所示对话框的“背景外观”选项组中，选中下面 4 个不同的单选按钮，可以得到不同的背景效果，用户可以自行设置。如图 1-46 所示为一个设置好背景颜色的零件图。

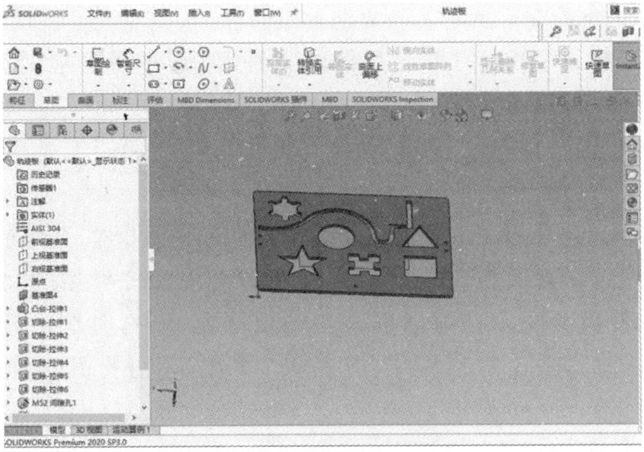

图 1-46　设置好背景颜色的零件图

5. 设置单位

在三维实体建模前，需要设置好系统的单位，系统默认的单位为 MMGS（毫米、克、秒），可以使用自定义的方式设置长度单位以及其他类型的单位等。

下面以修改长度单位的小数位数为例，说明设置单位的操作步骤。

(1)选择菜单栏中的“工具”→“选项”命令。

(2)系统弹出“文档属性-单位”对话框，选择“文档属性”选项卡，然后在左侧列表框中选择“单位”选项，如图 1-47 所示。

(3)将“基本单位”选项组中“长度”选项的“小数”设置为无，然后单击“确定”按钮。

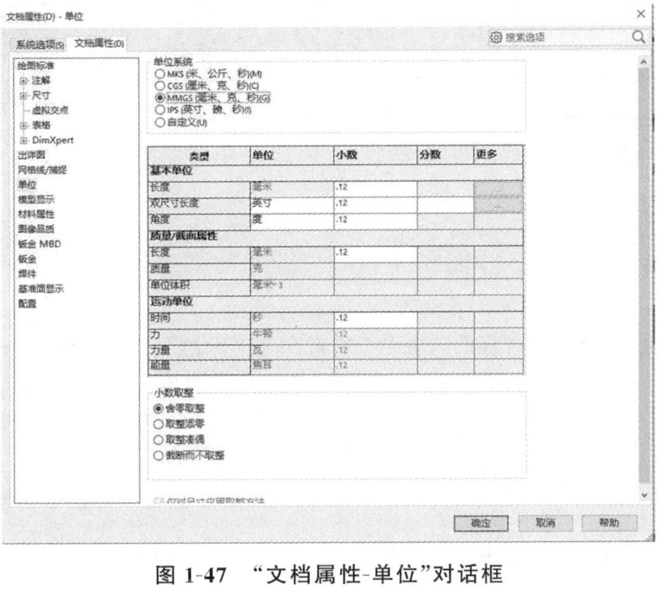

图 1-47　“文档属性-单位”对话框

6. 文件管理

除了前面讲述的新建文件外，常见的文件管理工作还有打开文件、保存文件等，下面简要介绍。

1)打开文件

在 SolidWorks 2020 中，可以打开已存储的文件，对其进行相应的编辑和操作。打开文件的操作步骤如下。

(1)选择菜单栏中的“文件”→“打开”命令，或者单击“标准”工具栏中的“打开”按钮，执行打开文件命令。

(2)系统弹出如图 1-48 所示的“打开”对话框，在该对话框右下角的“文件类型”下拉列表框中选择文件的类型，在对话框中会显示文件夹中对应文件类型的文件。单击“显示预览窗格”按钮，选择的文件就会显示在对话框右侧的预览窗口中，但是并不打开该文件。

选取了需要的文件后，单击对话框中的“打开”按钮，即可打开选择的文件，然后可对其进行相应的编辑和操作。

在“文件类型”下拉列表框中，并不限于 SolidWorks 类型的文件，还可以调用其他软件(如 ProE、CATIA、UG 等)所形成的图形并对其进行编辑。如图 1-49 所示是“文件类型”下拉列表。

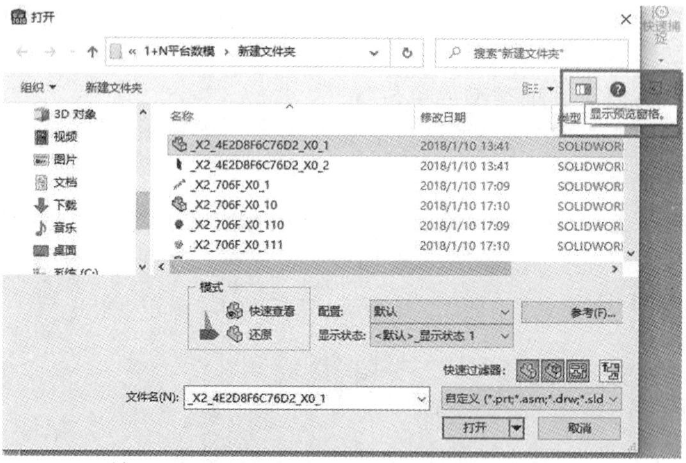

图 1-48 “打开”对话框

图 1-49 “文件类型”下拉列表

2)保存文件

已编辑的图形只有保存后，才能在需要时打开并对其进行相应的编辑和操作。保存文件的操作步骤如下：

选择菜单栏中的“文件”→“保存”命令，或者单击“标准”工具栏中的“保存”按钮，执行保存文件命令，此时系统弹出如图 1-50 所示的“另存为”对话框。在“保存在”下拉列表框中选择文件存放的文件夹，在“文件名”文本框中输入要保存的文件名称，在“保存类型”下拉列表框中选择所保存文件的类型。通常情况下，在不同的工作模式下系统会自动设置文件的保存类型。

在“保存类型”下拉列表框中，并不限于 SolidWorks 类型的文件，如“ * . sldprt”“ * .

sldasm”“＊ slddrw”。也就是说，SolidWorks 不但可以把文件保存为自身的类型，还可以保存为其他类型的文件，方便其他软件对其调用并进行编辑。

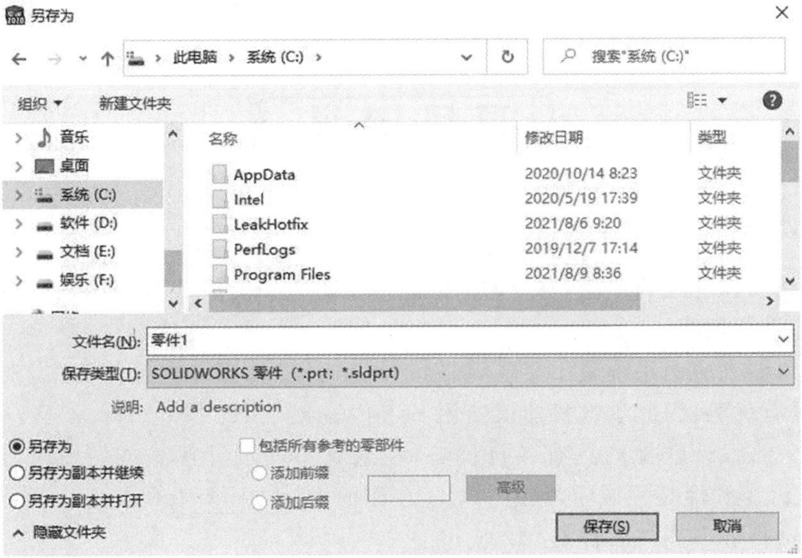

图 1-50 “另存为”对话框

在如图 1-50 所示的“另存为”对话框中，可以在文件保存的同时备份一份。保存备份文件需要预先设置保存的文件目录。设置备份文件保存目录的步骤如下：

选择菜单栏中的“工具”→“选项”命令，系统弹出如图 1-51 所示的“系统选项-备份/恢复”对话框，选择“系统选项”选项卡中的“备份/恢复”选项，在“备份文件夹”文本框中可以修改保存备份文件的目录。

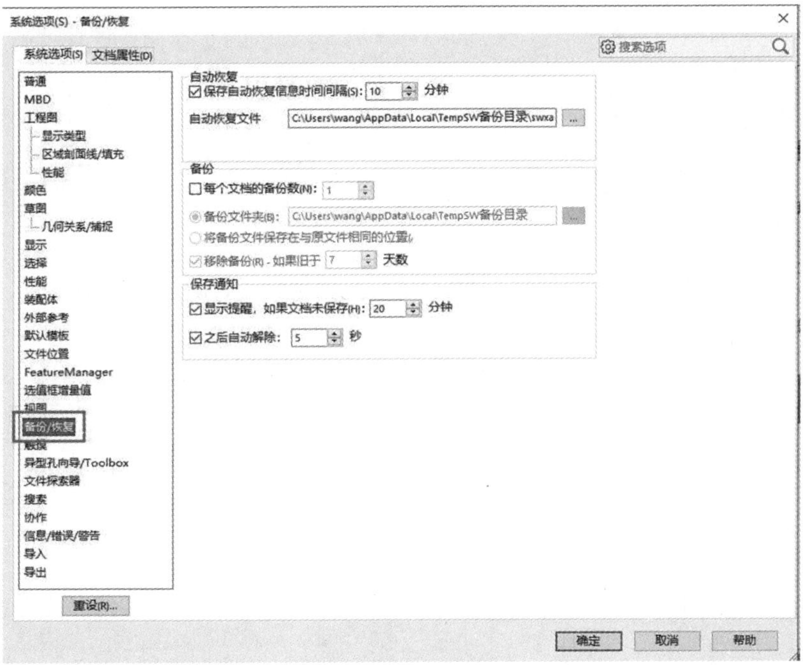

图 1-51 “系统选项-备份/恢复”对话框

【任务实施】

➢根据上述对 SolidWorks 界面设置与快速入门的学习，请完成对三维设计软件 CATIA 界面设置和入门的学习，新建零件和装配图文件并保存。

项目总结

【拓展提升】

(1)三维建模软件较为广泛，从下载、安装到界面的功能组成和使用，具有相似性，学习者可举一反三进行学习。

(2)工业机器人应用系统属于集成机械设计范畴，且外围以非标件为主，SolidWorks 在非标设计上具有优势，因此本教材建议使用 SolidWorks 三维设计软件。

(3)其他三维设计软件均具有各自优势，在遇到不同设计场景或领域时，可选择使用。如 CATIA 在汽车和焊装领域应用较广，UG 在曲面设计方面具有优势等。学习者要学会举一反三，合理选择效率高的软件。

【思考练习】

通过线上查阅资料，分别从功能和应用场景上对比三款三维设计软件 SolidWorks、CATIA 和 UG 的异同点。

项目二
工业机器人零部件建模

2

本项目旨在介绍在工业机器人应用领域应用的三维设计建模，对其平面草绘要求、使用方法、应用特点及性能进行描述。以工业机器人零部件草绘为介绍对象，首先介绍它平面的设计环境、绘制、标注和约束，然后对其文件库的调用进行讲解，以工业机器人三维建模为目标，对它的设计特征和材料选择进行举例学习并掌握，为后续熟练高效地创建正确的工业机器人零部件三维模型做好知识和方法上的支撑。

知识目标

- 掌握工业机器人零部件二维草图绘制环境设置、绘制、标注和约束；
- 掌握文件库本体创建及调用的方法；
- 运用工业机器人三维建模举例讲解特征及材质选择。

能力目标

- 具有按要求熟练绘制二维零部件草图的能力；
- 会创建和调用标准件库及补充非标准件；
- 具备绘制正确三维模型的能力，并且会根据其特点选择合适的材料。

任务1 二维设计环境设置

【任务学习】

二维设计环境设置

1. 进入草图绘制

绘制2D草图，必须进入草图绘制状态。草图必须在平面上绘制，这个平面可以是基准面，也可以是三维模型上的平面。由于开始进入草图绘制状态时，没有三维模型，因此必须指定基准面。绘制草图必须认识草图绘制的工具，图2-1所示为常用的草图面板和“草图”工具栏。绘制草图可以先选择绘制的平面，也可以先选择草图绘制实体。

图 2-1 “草图”工具栏

1)选择草图绘制实体

以选择草图绘制实体的方式进入草图绘制状态的操作步骤如下。

(1)选择菜单栏中的“插入”→“草图绘制”命令，或者单击“草图”工具栏中的“草图绘制”按钮，或者单击“草图”控制面板中的“草图绘制”按钮，或者直接单击“草图”工具栏中要绘制的草图实体，此时图形区显示的系统默认基准面如图2-2所示。

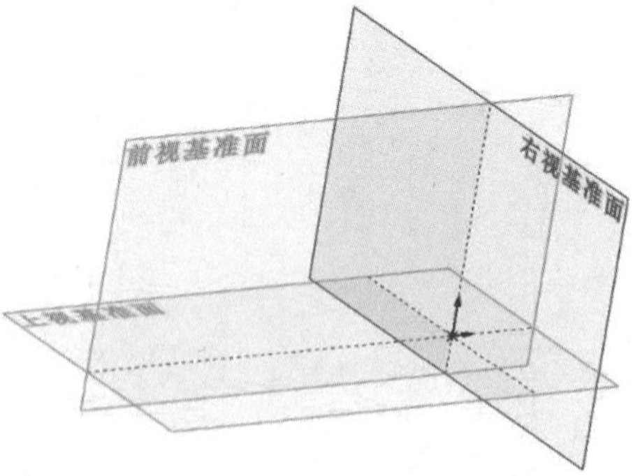

图 2-2 系统默认基准面

(2)单击选择图形区3个基准面中的一个，确定要在哪个平面上绘制草图实体。

(3)单击“标准视图”工具栏中的“正视于”按钮，旋转基准面，以方便绘图。

2)选择草图绘制基准面

以选择草图绘制基准面的方式进入草图绘制状态的操作步骤如下。

(1)先在左侧 FeatureManager 设计树中选择要绘制的基准面，即前视基准面、右视基准面和上视基准面中的一个面。

(2)单击“标准视图”工具栏中的“正视于”按钮，旋转基准面。

(3)单击“草图”工具栏中的“草图绘制”按钮，或者单击“草图”面板中的“草图绘制”按钮，进入草图绘制状态。

2. 退出草图绘制

草图绘制完毕后，可立即建立特征，也可以退出草图绘制再建立特征。因此需要了解退出草图绘制的方法。退出草图绘制的方法主要有如下四种，分别介绍如下。

(1)使用菜单方式：选择菜单栏中的“插入”→“退出草图”命令 退出草图，退出草图绘制状态。

(2)利用工具栏图标按钮方式：单击“标准”工具栏中的“重建模型”按钮，或者单击“草图”工具栏中的“退出草图”按钮，退出草图绘制状态。

(3)利用快捷菜单方式：在图形区右击，弹出图 2-3 所示的快捷菜单，单击“退出草图”按钮，退出草图绘制状态。

(4)利用图形区确认角落的图标：在绘制草图的过程中，图形区右上角会显示图 2-4 所示的确认提示图标，单击上面的图标，退出草图绘制状态。

单击确认角落下面的图标，弹出系统提示框，提示用户是否保存对草图的修改，如图 2-5 所示，然后根据需要单击其中的按钮，退出草图绘制状态。

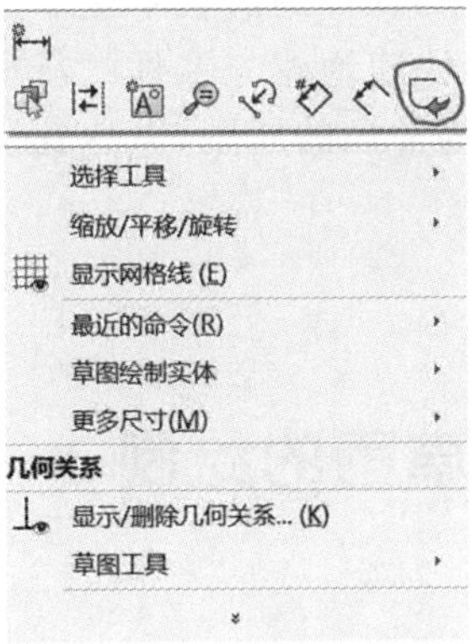

图 2-3 快捷菜单

图 2-4 确认提示图标

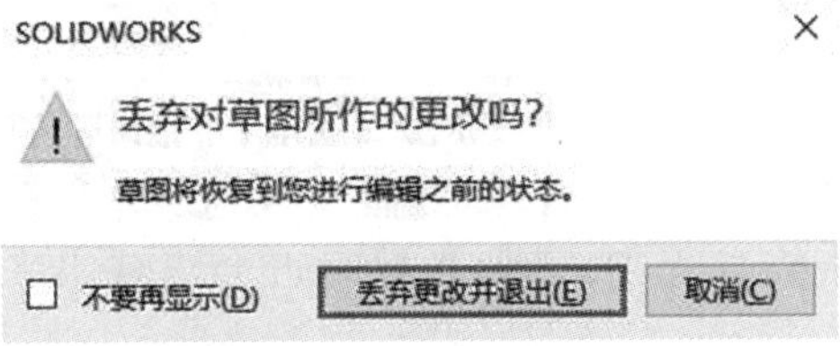

图 2-5 系统提示框

3. 草图设计的国标要求

(1)根据建立特征的不同以及特征间的相互关系,确定草图的绘图平面和基本形状。

(2)零件的第一幅草图应该和原点定位,以确定特征在空间的位置。

(3)每一幅草图应尽量简单,单闭环最好,不要包含复杂的嵌套,有利于草图的管理和特征的修改。

(4)自己要非常清楚草图平面的位置,一般情况下可使用"正视于"命令,使草图平面和屏幕平行。

(5)复杂的草图轮廓一般应用于二维工程图到三维模型的转化操作,正规的建模过程中最好不要用复杂的草图。

(6)尽管 SolidWorks 不要求完全定义草图,但在绘制草图的过程中最好使用完全定义的草图。合理标注尺寸以及添加几何关系,反映了设计者的思维方式以及机械设计的能力。

(7)任何草图在绘制时只需要绘制大概形状以及位置关系,要利用尺寸标注和几何关系来确定几何体的大小和位置,这有利于提高工作效率。

(8)绘制实体的时候要注意 SolidWorks 的系统反馈和推理线,可以在绘制的过程中确定实体间的关系。在特定的反馈状态下,系统会自动添加草图元素间的几何关系。

(9)先确定草图各元素间的几何关系,其次是位置关系和定位尺寸,最后标注草图的形状尺寸。

(10)中心线(构造线)不参与特征的生成,只起到辅助作用。因此,必要的时候可以使用构造线定位或标注尺寸。

(11)小尺寸几何体应使用夸张画法,标注完尺寸后改成正确的尺寸。

需要说明的是,所有这些绘图的原则是在使用软件的过程中逐步建立并积累起来的,并非必需。草图服务于零件的各个特征,如何合理快速地建立零件的特征,与绘制草图的过程有很大的关系。有些时候又有可能故意违背某些常规的原则,以达到快速建模的目的。

【任务实施】

➢ 完成二维设计环境的设置。

任务 2　二维草图的绘制

【任务学习】

1. 绘制中心线和直线

二维草图的绘制

绘制直线和中心线的方法相同,执行不同的命令,运用相似的步骤,即可进行绘制。直线分为 3 种类型,即水平直线、竖直直线和任意角度直线。

(1)水平直线:在绘制直线过程中,笔形光标附近会出现水平直线图标符号 –,如图 2-6 所示。

(2)竖直直线:在绘制直线过程中,笔形光标附近会出现竖直直线图标符号 |,如图 2-7 所示。

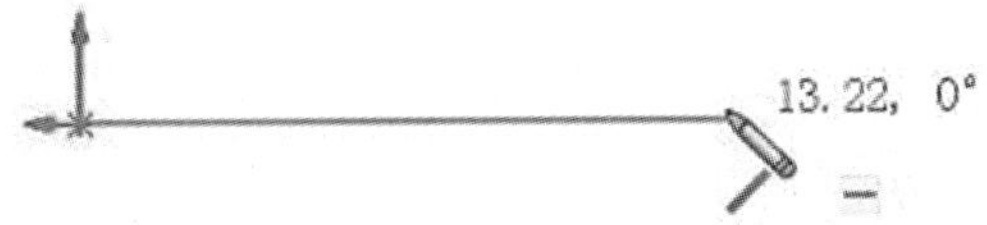

图 2-6 水平直线

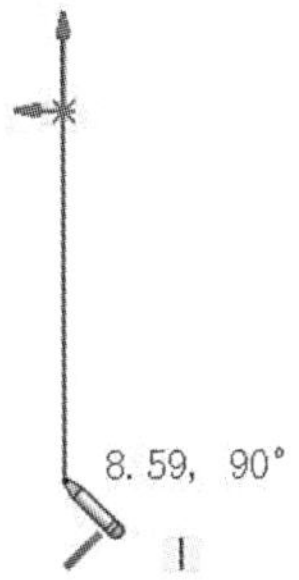

图 2-7 竖直直线

(3)任意角度直线：在绘制直线过程中，笔形光标附近会出现任意角度直线图标符号 ，如图 2-8 所示。

45°角直线：在绘制直线过程中，笔形光标附近会出现 45°角直线图标符号 ，如图 2-9 所示。

SolidWorks 实操

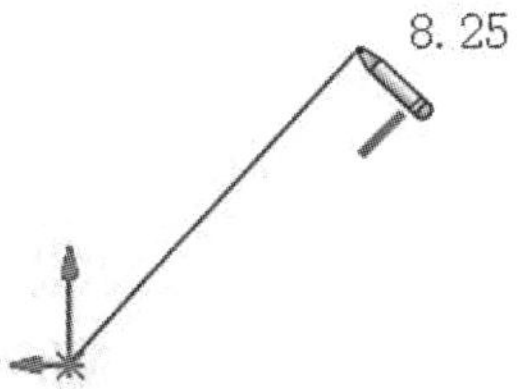

图 2-8 任意角度直线

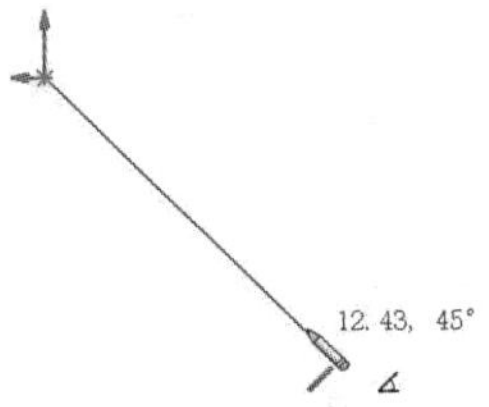

图 2-9 45°角直线

下面以绘制轨迹板中三角形的中心线和直线为例，介绍中心线和直线的绘制步骤。

(1)在草图绘制状态下，选择菜单栏中的“工具”→“草图绘制实体”→“中心线”命令，或者单击“草图”工具栏中的“中心线”按钮 ，开始绘制中心线。

(2)在图形区单击确定中心线的起点 1，然后移动光标到图中合适的位置，由于图中的中心线为竖直直线，所以当光标附近出现符号时，单击确定中心线的终点 2。

(3)按 Esc 键，或者在图形区右击，在弹出的快捷菜单中单击“选择” 命令，退出中心线的绘制。

(4)选择菜单栏中的“工具”→“草图绘制实体”→“直线”命令，或者单击“草图”工具栏中的“直线”按钮 ，开始绘制直线。

(5)在图形区单击确定直线的起点 3，然后移动光标到图中合适的位置，由于直线 3—4 为水平直线，所以当光标附近出现符号时，单击确定直线 3—4 的终点 4。

(6)重复以上绘制直线的步骤，绘制其他直线段。

(7)按 Esc 键，或者在图形区右击，在快捷菜单中单击“选择”命令，退出直线的绘制。绘制的中心线和直线如图 2-10 所示。

在执行绘制直线命令时，系统弹出的“插入线条”属性管理器如图 2-11 所示，在“方向”选项组中有 4 个单选按钮，默认是选中“按绘制原样”单选按钮。选中不同的单选按钮，绘制直线的类型不一样。选中“按绘制原样”单选按钮以外的任意一项，均会要求输入直线的参数。如选中“水平”单选按钮，弹出的“插入线条”属性管理器如图 2-12 所示，要求输入直线的参数。设置好参数以后，单击直线的起点即可绘制所需要的直线。

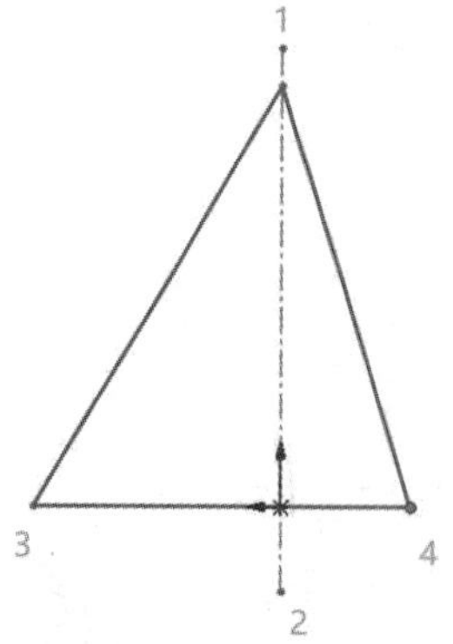

图 2-10　绘制中心线和直线

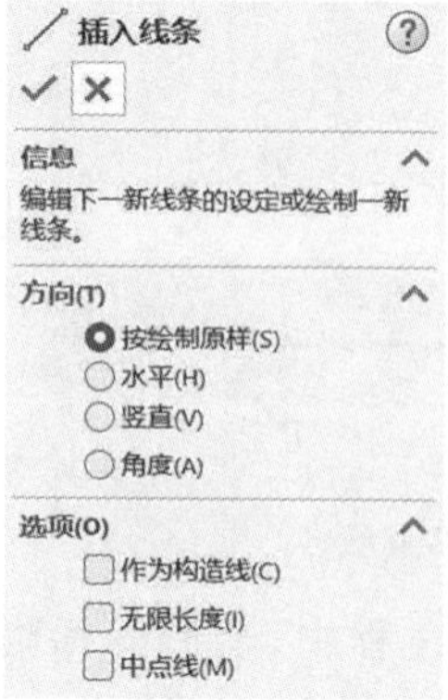

图 2-11　“插入线条”属性管理器

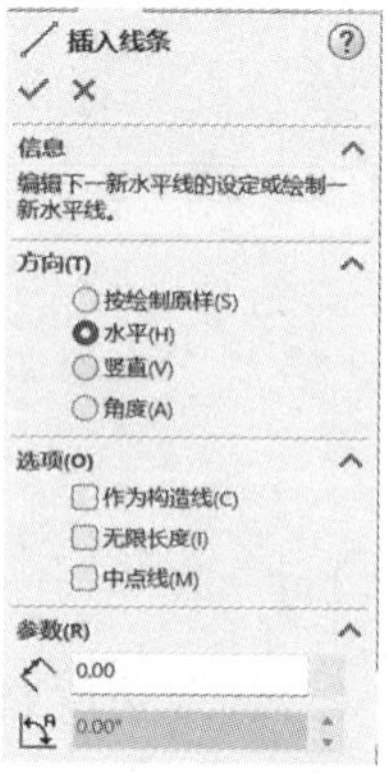

图 2-12　“插入线条”属性管理器

在“插入线条”属性管理器的“选项”选项组中有 4 个复选框，选中不同的复选框，可以分别绘制构造线、无限长直线、中点线和带尺寸的直线。在“插入线条”属性管理器的“参数”选项组中有两个文本框，分别是“长度”文本框和“角度”文本框，通过设置这两个参数可以绘制一条直线。

2. 绘制矩形

绘制矩形的方法有 5 种：边角矩形、中心矩形、三点边角矩形、三点中心矩形、平行四边形命令，如图 2-13 所示。下面介绍绘制矩形的方法。

(1)“边角矩形”命令绘制矩形：指定矩形的左上与右下的端点确定矩形的长度和宽度。轨迹板中的矩形可以用边角矩形方法绘制。

①在草图绘制状态下，选择菜单栏中的“工具”→“草图绘制实体”→“边角矩形”命令，或者单击“草图”工具栏中的“边角矩形”按钮；

②在图形区单击，确定矩形的一个角点 1；

③移动光标，单击确定矩形的另一个角点 2，矩形绘制完毕。

(2)“中心矩形”命令绘制矩形：指定矩形的中心与右上的端点确定矩形的中心和 4 条边线。

在草图绘制状态下，选择菜单栏中的“工具”→“草图绘制实体”→“中心矩形”命令，或者单击“草图”工具栏中的“中心矩形”按钮。按照“边角矩形”命令绘制矩形的步骤②和③，确定中心点 1 和角点 2，绘制完毕。

(3)“三点边角矩形”命令绘制矩形：通过指定 3 个点来确定矩形，前面两个点来定义角度和一条边，第 3 点来确定另一条边。

在草图绘制状态下，选择菜单栏中的“工具”→“草图绘制实体”→“3 点边角矩形”命令，或者单击“草图”工具栏中的“3 点边角矩形”按钮。按照“边角矩形”命令绘制矩形的步骤②和③，确定边角点 1、边角点 2 和边角点 3，绘制完毕。

(4)“三点中心矩形”命令绘制矩形：“三点中心矩形”命令是通过指定 3 个点来确定矩形。

在草图绘制状态下，选择菜单栏中的“工具”→“草图绘制实体”→“3 点中心矩形”命令，或者单击“草图”工具栏中的“3 点中心矩形”按钮。先确定矩形的中心点 1，移动光标，单击确定矩形一条边线的一半长度的一个点 2，再确定矩形的一个角点 3，绘制完毕。

(5)“平行四边形”命令绘制矩形。

在草图绘制状态下，选择菜单栏中的“工具”→“草图绘制实体”→“平行四边形”命令，或者单击“草图”工具栏中的“平行四边形”按钮。在图形区单击，确定矩形的第一个点 1，移动光标，在合适的位置单击，确定矩形的第二个点 2，再确定矩形的第三个点 3，完成绘制。

矩形绘制完毕后，按住鼠标左键拖动矩形的一个角点，可以动态地改变矩形的尺寸。“矩形”属性管理器如图 2-14 所示。

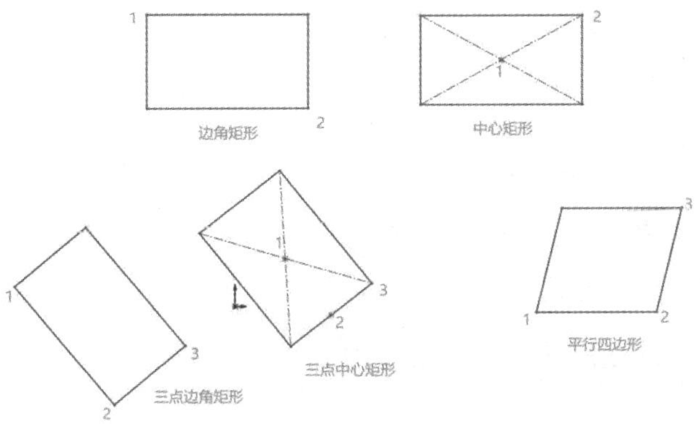

图 2-13　矩形绘制

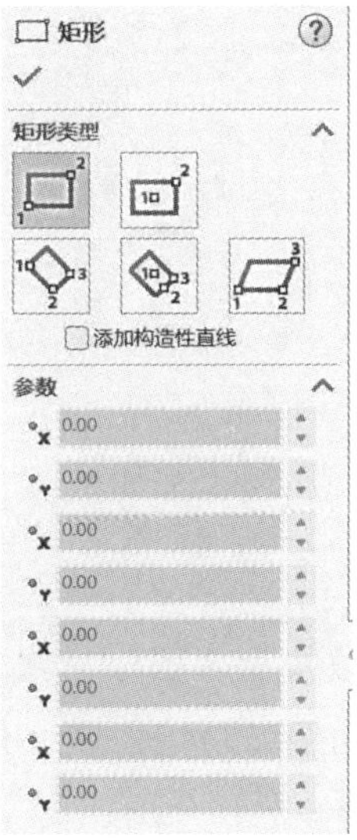

图 2-14　“矩形”属性管理器

3. 绘制圆

绘制圆，有两种方式，一是中心圆，二是周边圆。以中心圆为例，步骤如下：单击工具栏中“圆”按钮，光标变成笔状，移动光标至圆心位置处，单击鼠标左键并移动光标，这时在绘图区域中会显示出将要绘制的圆预览，光标旁提示圆的半径，光标移至适当处再次单击鼠标左键，便可完成圆的绘制。画圆步骤如图 2-15 所示。绘制完成后可用“圆”属性管理器修改参数。

4. 绘制圆弧

绘制圆弧的方法主要有 4 种：圆/起/终点画弧、切线弧、三点圆弧与直线命令绘制圆弧。本节只介绍圆/起/终点画弧、切线弧的步骤。

1)圆/起/终点画弧

在草图绘制状态下，选择菜单栏中的“工具”→“草图绘制实体”→“圆/起/终点画弧”命令；在图形区单击确定圆弧的圆心；在图形区合适的位置单击，确定圆弧的起点；拖动光标确定圆弧的角度和半径，并单击确认；单击“圆弧”属性管理器中的“确定”按钮。过程如图 2-16 所示。

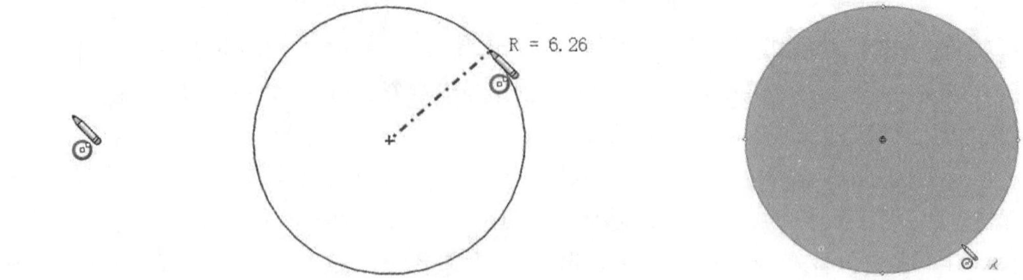

(a) 确定圆心　　(b) 拖动绘制圆　　(c) 确定圆的半径

图 2-15　中心圆绘制

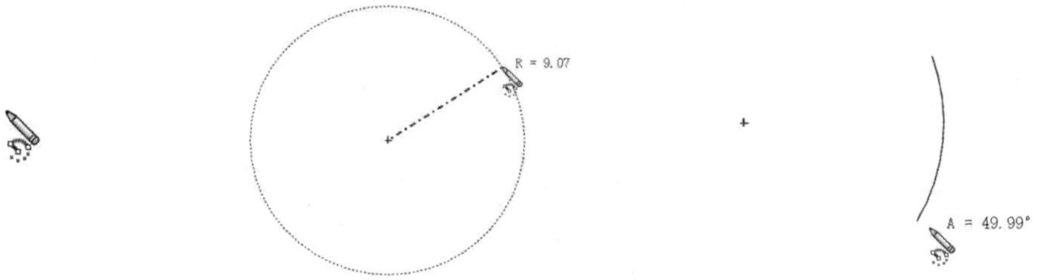

(a) 确定圆弧的圆心　　(b) 确定圆弧起点　　(c) 确定终点

图 2-16　圆/起/终点画弧

2）切线弧

切线弧是指生成一条与草图实体相切的弧线。草图实体可以是直线、圆弧、椭圆和样条曲线等。

在草图绘制状态下，选择菜单栏中的“工具”→“草图绘制实体”→“切线弧”命令。在已经存在的草图实体的端点处单击，此时系统弹出“圆弧”属性管理器。拖动光标，确定绘制圆弧的形状，并单击确认。单击“圆弧”属性管理器中的“确定”按钮。过程如图 2-17 所示。

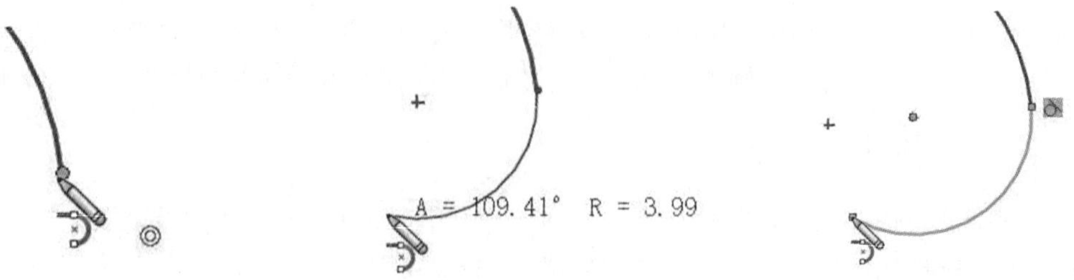

(a) 确定起点　　(b) 确定圆弧终点　　(c) 绘制完成

图 2-17　切线弧绘制

5. 等距实体

等距实体工具是按特定的距离等距一个或者多个草图实体或所选模型边线、模型面。操作步骤如下：

在草图绘制状态下，选择菜单栏中的“工具”→“草图工具”→“等距实体”命令，或者单击“草图”工具栏中的“等距实体”按钮。系统弹出“等距实体”属性管理器，按照实际需要进行设置。单击选择要等距的实体对象，单击“等距实体”属性管理器中的“确定”按钮，完成等距实体的绘制，如图 2-18 所示。

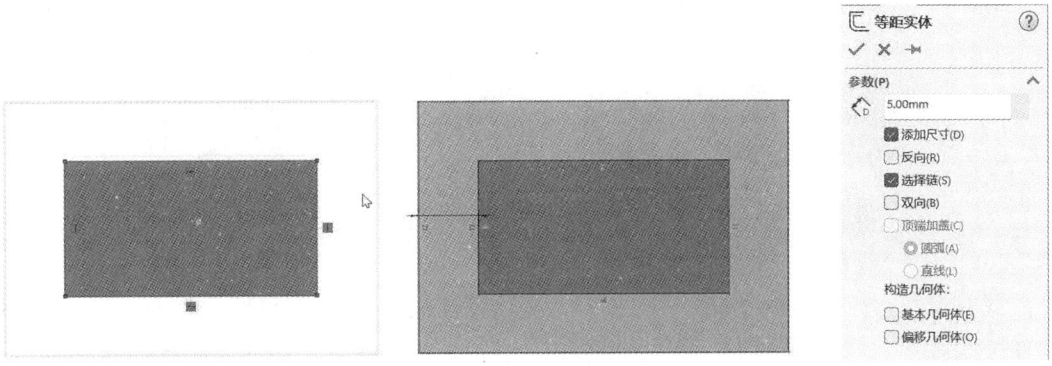

(a) 向外等距　　(b) 向内等距　　(c) 属性管理器

图 2-18　等距实体工具

“等距实体”属性管理器中各选项的含义如下。

- “等距距离”文本框：设定数值，以特定距离来等距草图实体。
- “添加尺寸”复选框：勾选该复选框，将在草图中添加等距距离的尺寸标注，这不会影响到包括在原有草图实体中的任何尺寸。
- “反向”复选框：勾选该复选框，将更改单向等距实体的方向。
- “选择链”复选框：勾选该复选框，将生成所有连续草图实体的等距。
- “双向”复选框：勾选该复选框，将在草图中双向生成等距实体。
- “制作基体结构”复选框：勾选该复选框，将原有草图实体转换到构造性直线。
- “顶端加盖”复选框：勾选该复选框，将通过选择双向并添加一顶盖来延伸原有非相交草图实体。

6. 草图阵列

草图阵列的功能是对草图中的局部结构进行复制，并将这些复制的结构按一定的排列方式进行布置。草图阵列又分为线性草图阵列和圆周草图阵列。

线性草图阵列是将草图实体沿一个或者两个轴复制生成多个排列图形。以图 2-19 所示为例说明线性草图阵列的过程，图 2-19(a)为阵列前的图形，图 2-19(b)为阵列后的图形，其操作步骤如下：

打开源文件“线性草图阵列”，在草图编辑状态下，选择菜单栏中的“工具”→“草图工具”→“线性阵列”命令，或者单击“草图”控制面板中的“线性草图阵列”按钮。此时系统弹出“线性阵列”属性管理器(见图 2-20),单击“要阵列的实体”列表框,然后在图形区中选取如图 2-19(a)所示的直径为任意的圆弧,其他设置如图 2-20 所示。单击“线性阵列”属性管理器中的“确定”按钮,阵列后的图形如图 2-19(b)所示。

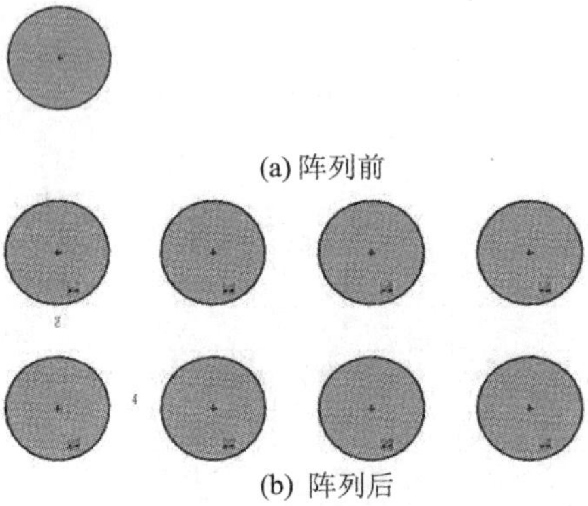

(a) 阵列前

(b) 阵列后

图 2-19　线性草图阵列

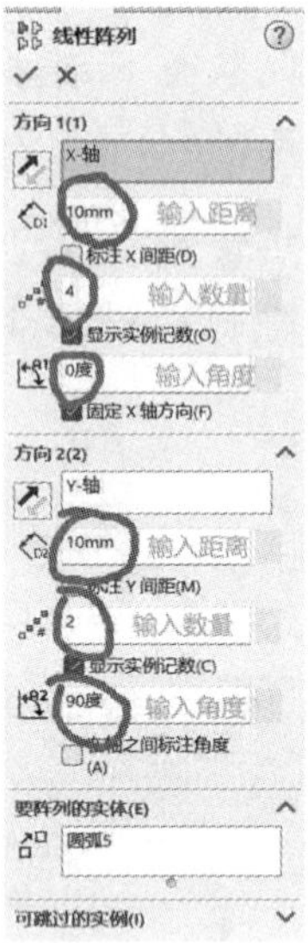

图 2-20　“线性阵列”属性管理器

圆周草图阵列是指将草图实体沿一个指定大小的圆弧进行环状阵列。

在草图编辑状态下,选择菜单栏中的“工具”→“草图工具”→“圆周阵列”命令,或者单击“草图”工具栏中的“圆周草图阵列”按钮,完成如图 2-21 所示图案。单击“圆周阵列”属性管理器的“要阵列的实体”列表框,在“参数”选项组的列表框中选择圆弧的圆心,在“实例数”文本框中输入“6”,如图 2-22 所示。单击“圆周阵列”属性管理器中的“确定”按钮。

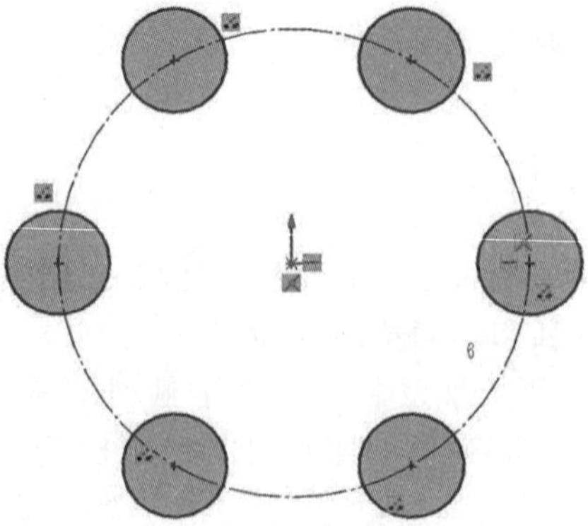

图 2-21　圆周草图阵列

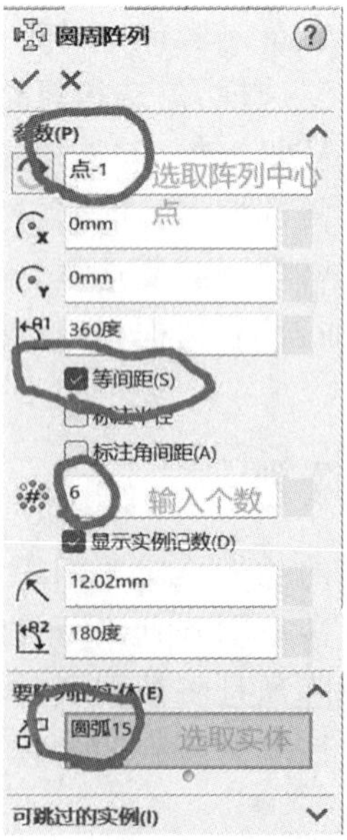

图 2-22　“圆周阵列”属性管理器

7. 草图裁剪

通过单击“草图”工具栏中的“剪裁实体”按钮，弹出“剪裁”属性管理器，如图 2-23 所示，分别有 5 种选项，它们是强劲剪裁、边角、在内剪除、在外剪除、剪裁到最近端。

强劲剪裁：通过将光标拖过每个草图实体来剪裁草图实体。

边角：剪裁两个草图实体，直到它们在虚拟边角处相交。

在内剪除：选择两个边界实体，然后选择要裁剪的实体，剪裁位于两个边界实体外的草图实体。

在外剪除：剪裁位于两个边界实体内的草图实体。

剪裁到最近端：将一草图实体裁剪到最近端交叉实体。

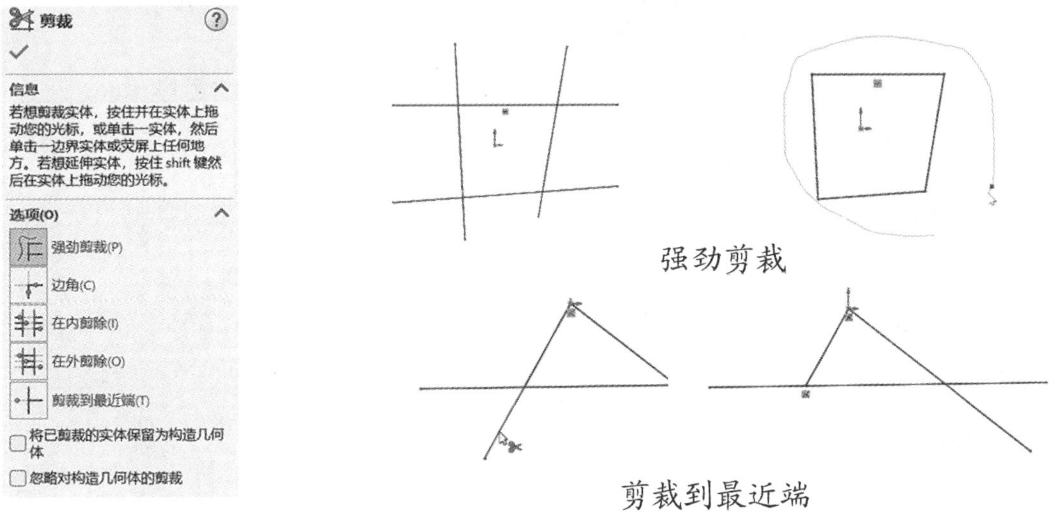

图 2-23 “剪裁”属性管理器

8. 绘制圆角

绘制圆角工具是将两个草图实体的交叉处剪裁掉角部，生成一个与两个草图实体都相切的圆弧，此工具在 2D 和 3D 草图中均可使用。操作步骤如图 2-24 所示。

在草图编辑状态下，选择菜单栏中的“工具”→“草图工具”→“圆角”命令，或者单击“草图”工具栏中的“绘制圆角”按钮 。在“绘制圆角”属性管理器中，设置圆角的半径。如果顶点具有尺寸或几何关系，勾选“保持拐角处约束条件”复选框，将保留虚拟交点。如果不勾选该复选框，且顶点具有尺寸或几何关系，将会询问是否想在生成圆角时删除这些几何关系。设置好“绘制圆角”属性管理器参数后，单击选择如图 2-24(a)所示的直线 1 和 2、直线 2 和 3、直线 3 和 4。勾选“标注每个圆角的尺寸”复选框，单击“绘制圆角”属性管理器中的“确定”按钮，完成圆角的绘制，如图 2-24(b)所示。

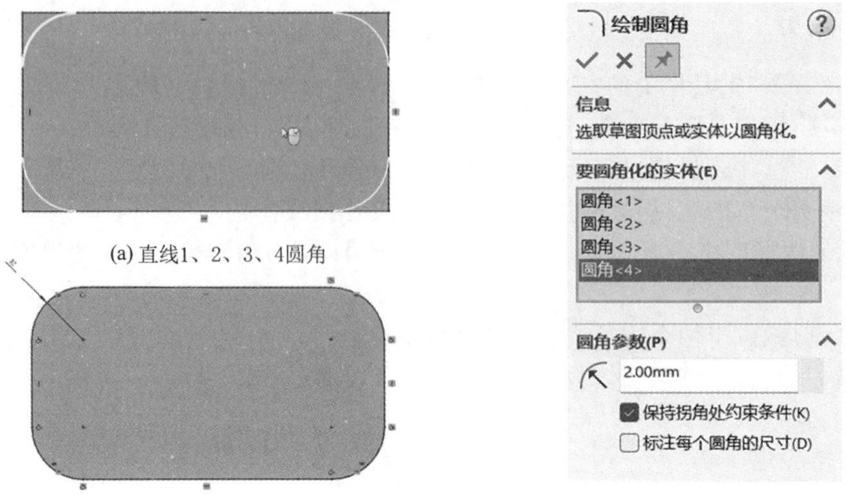

(a) 直线1、2、3、4圆角

(b) 圆角绘制完成

(c) “绘制圆角” 属性管理器

图 2-24　绘制圆角

9. 特征编辑

扳手的绘制：

(1)右键选择前视图基准面，单击“草图绘制”且正视于(见图 2-25)。

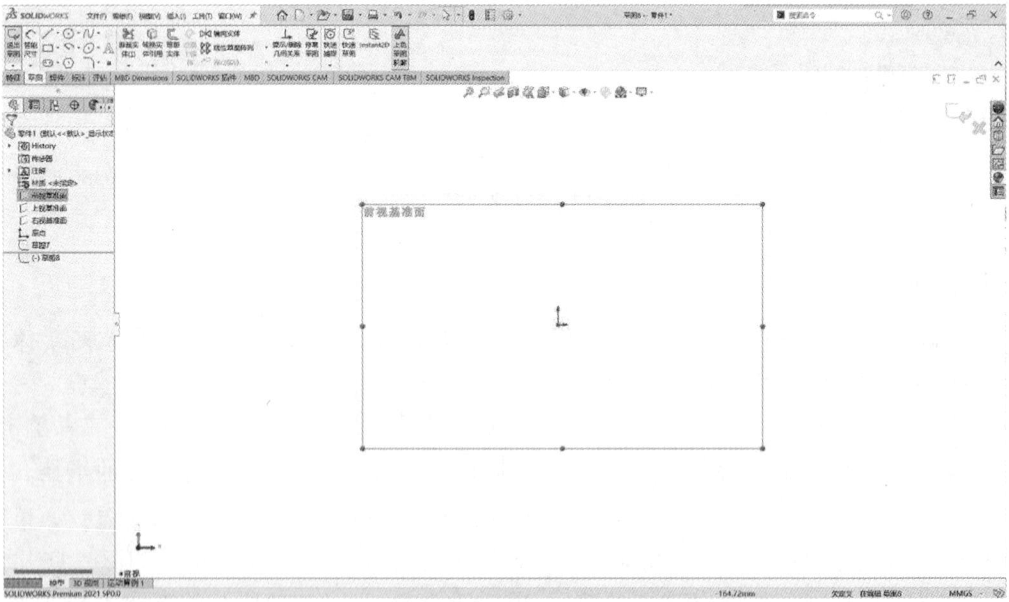

图 2-25　选择基准面

(2)单击“直线”命令的下拉三角，选择“中心线”命令，绘制如图 2-26 所示的中心线。

(3)利用圆形命令绘制如图 2-27 所示图形。

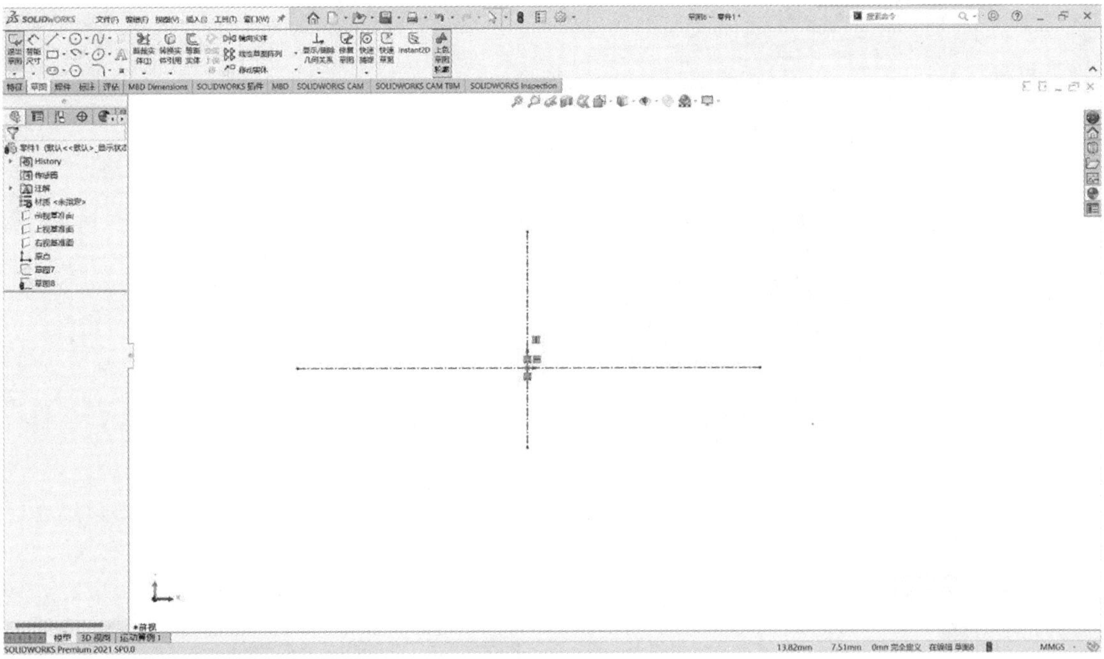

图 2-26　绘制中心线

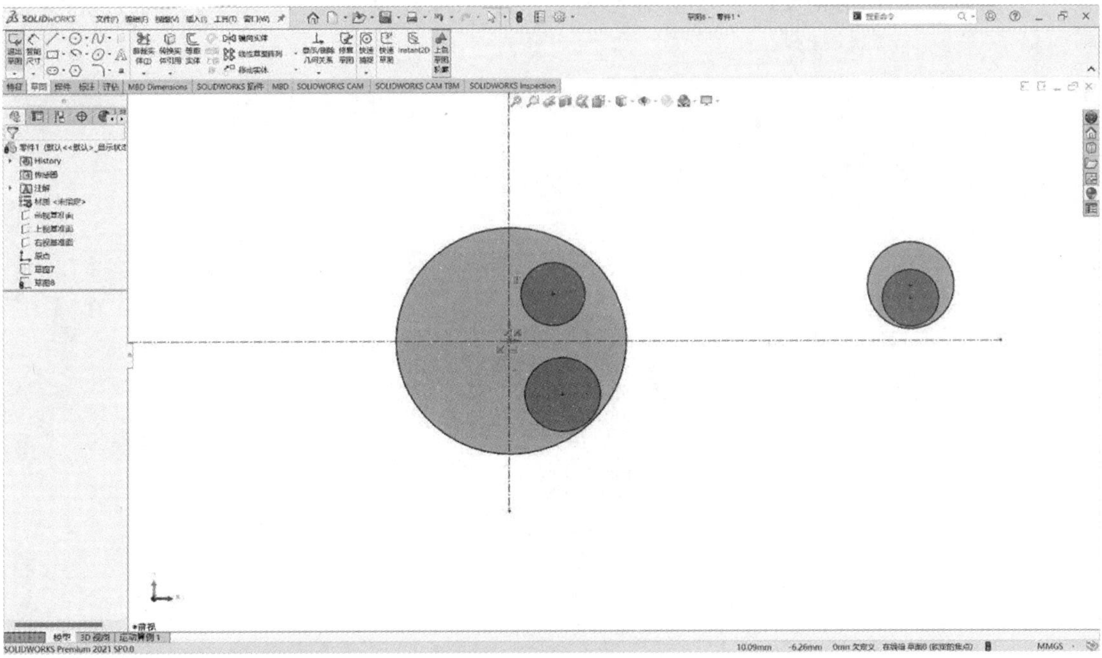

图 2-27　绘制圆形

(4)利用草图同心、相切、重合和尺寸约束约束图形(见图 2-28)。

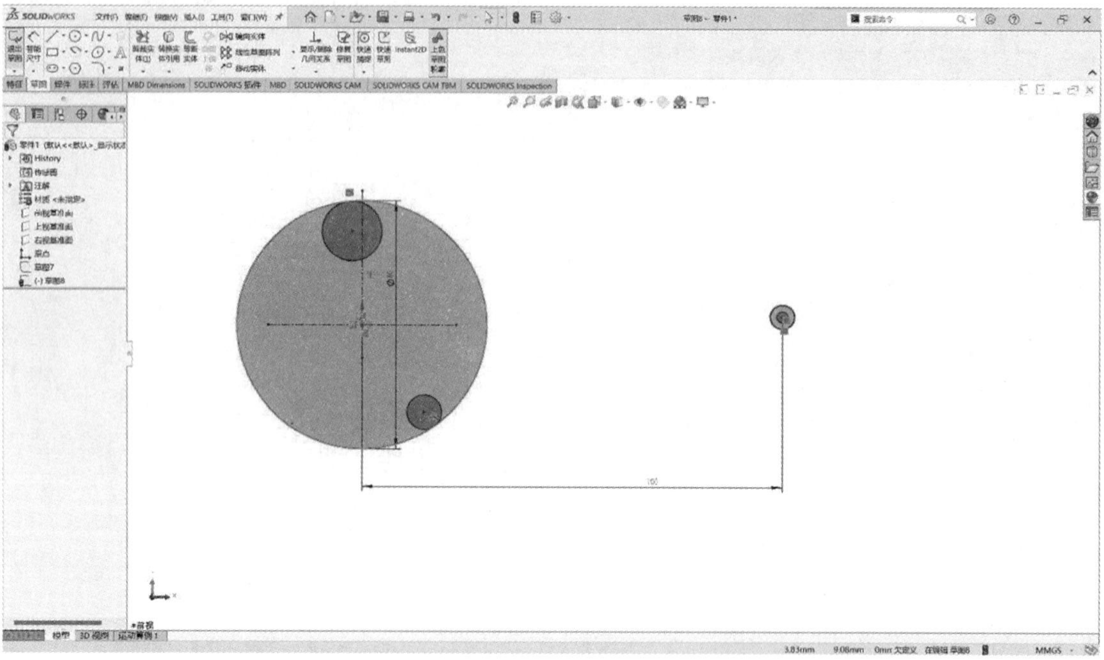

图 2-28　约束图形

（5）以原点为中心，使用"多边形"命令绘制一个外接正六边形，外接圆半径为15 mm，如图 2-29 所示。

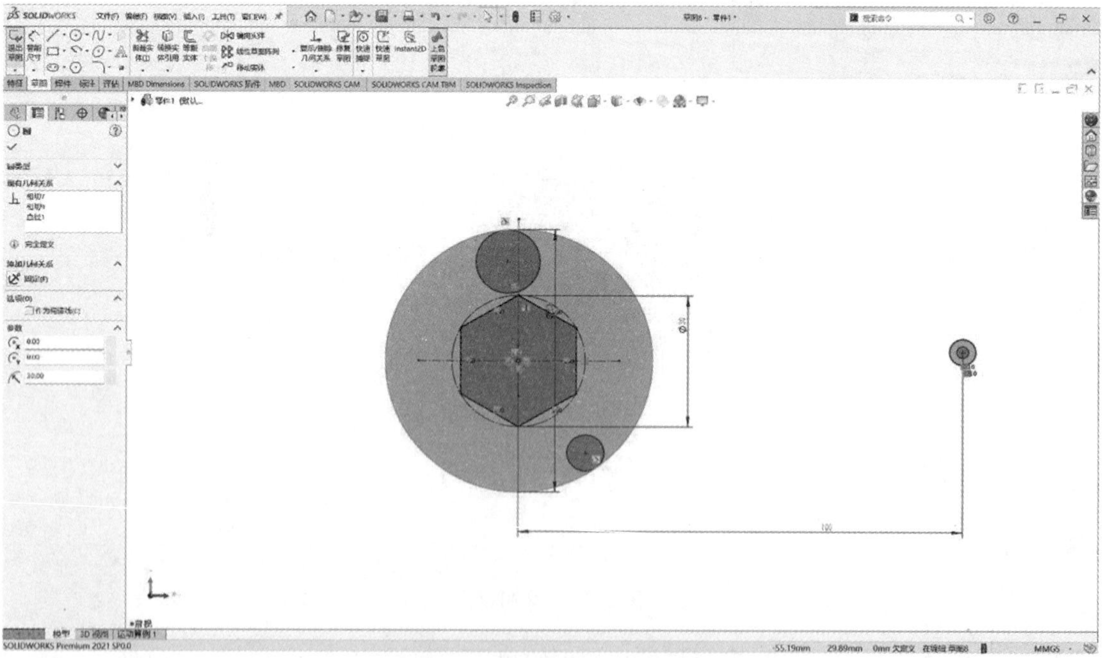

图 2-29　绘制外接正六边形

（6）利用"重合"命令绘制如图 2-30 所示草图。

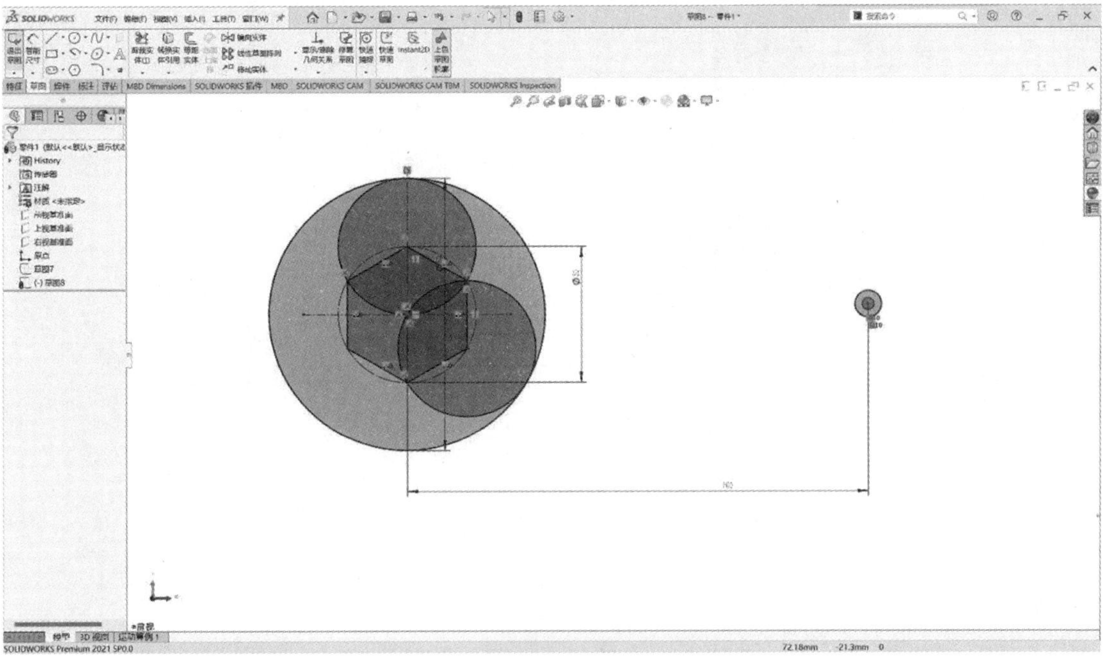

图 2-30　利用“重合”命令绘图

(7)利用水平约束和尺寸约束绘制如图 2-31 所示草图。

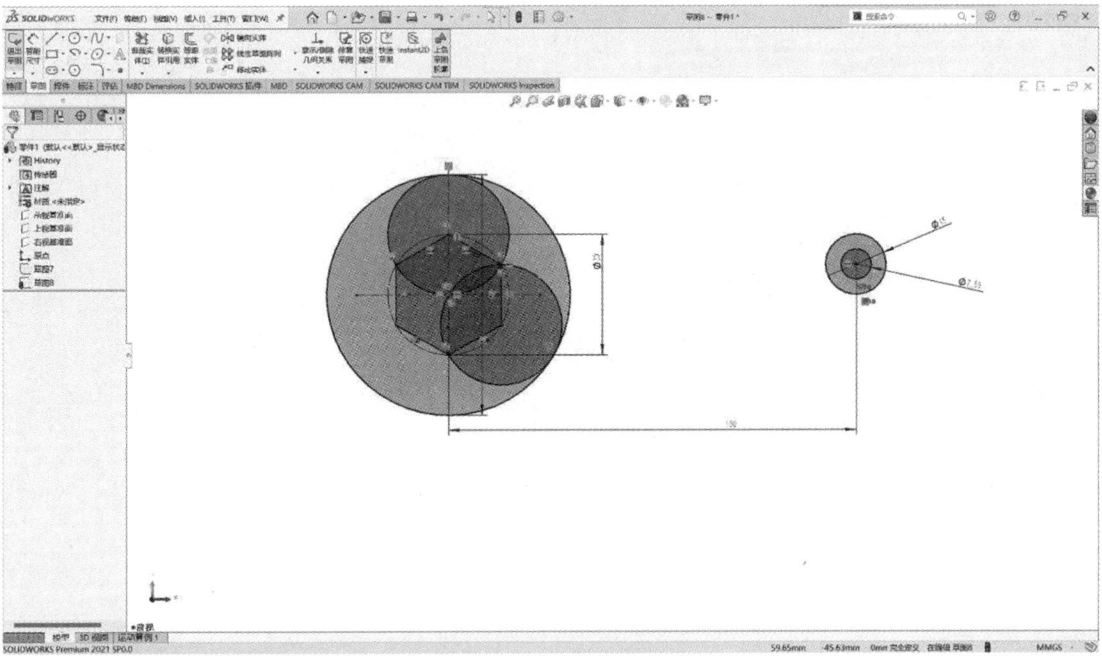

图 2-31　利用约束绘图

(8)利用直线、平行、竖直、相切和裁剪命令绘制如图 2-32 所示图形。

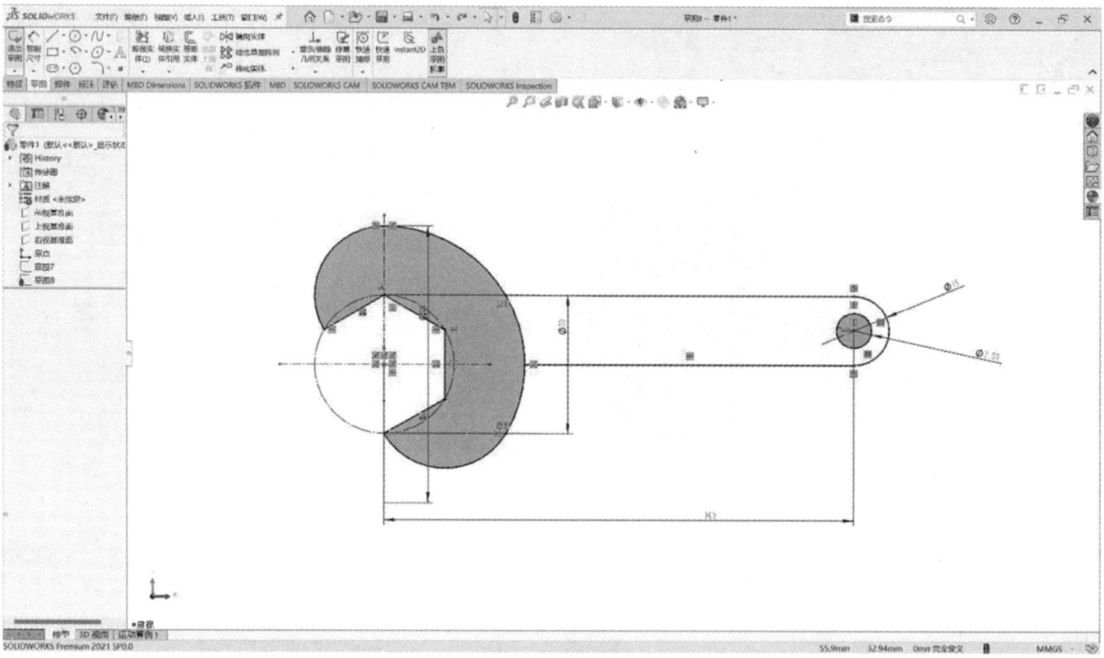

图 2-32　裁剪图形

(9)利用“直槽口”命令绘制如图 2-33 所示草图。

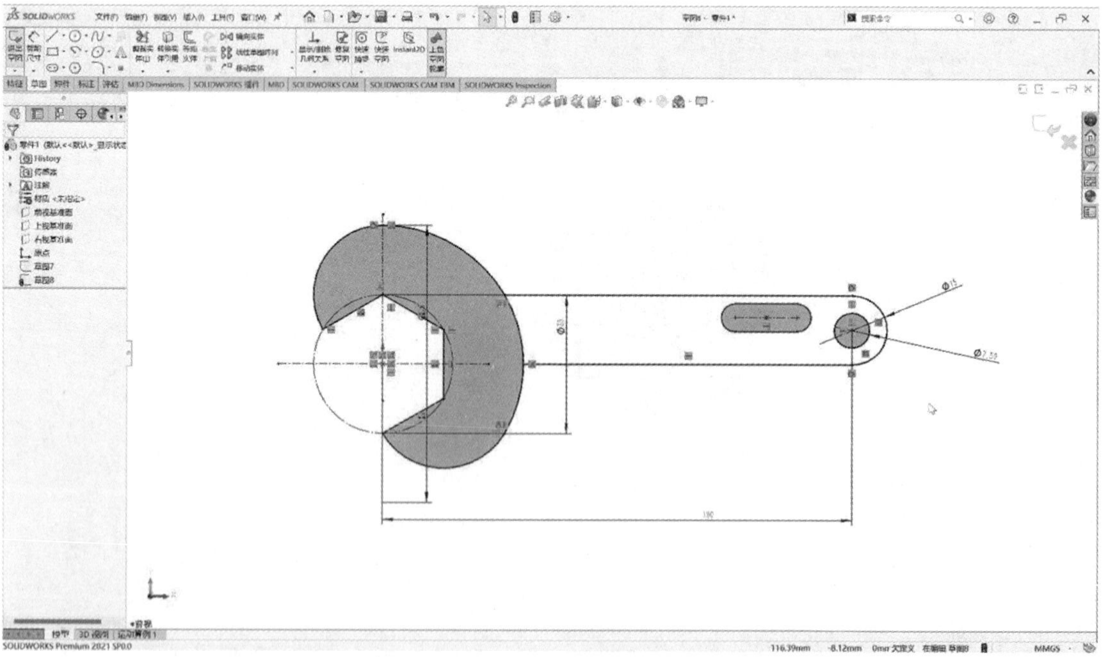

图 2-33　绘制直槽口

(10)利用水平和尺寸约束约束图形。

(11)利用阵列命令和尺寸约束绘制如图 2-34 所示草图。

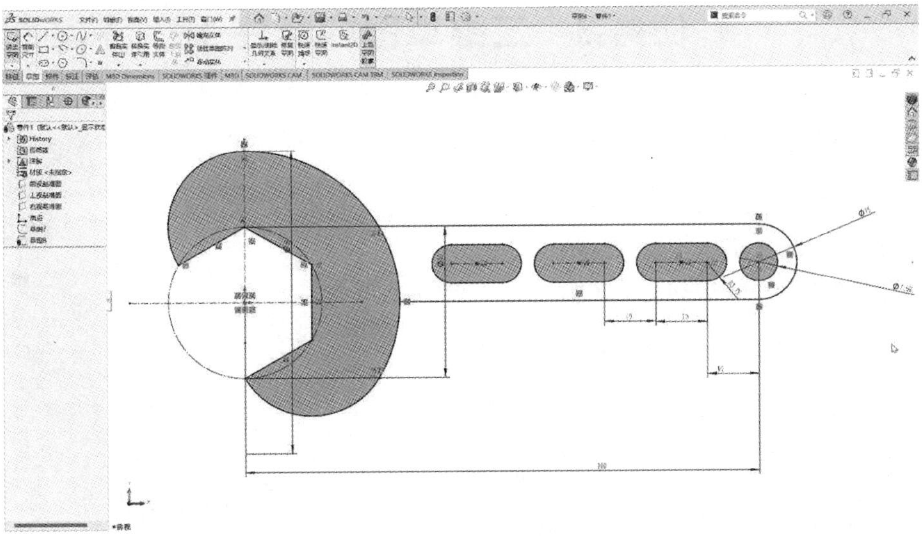

图 2-34 阵列和约束图形

【任务实施】

➢ 完成图 2-35 所示的二维草图的绘制。

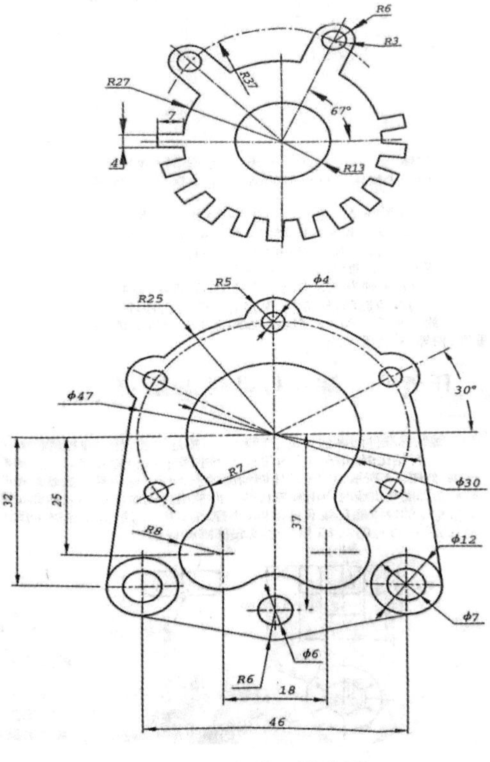

图 2-35 绘制二维草图

任务3　二维草图的标注

【任务学习】

二维草图的标注

尺寸链的标注和修改：

(1)选择“草图”选项卡(见图 2-36)。

(2)单击“智能尺寸”按钮,选择“尺寸链”选项(见图 2-37)。

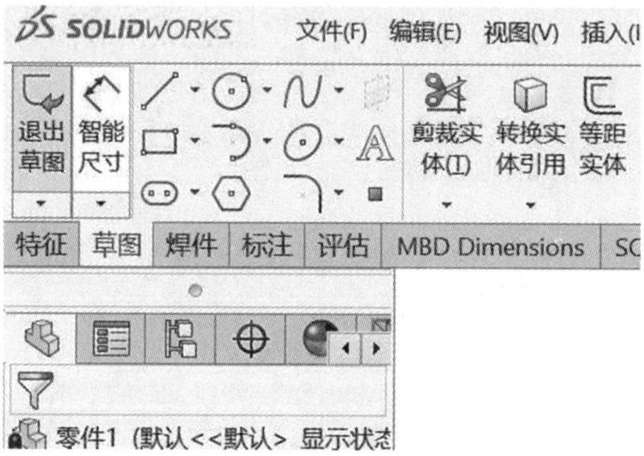

图 2-36　“草图”选项卡

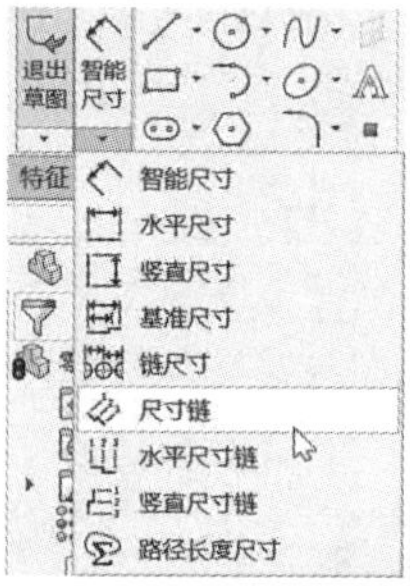

图 2-37　“尺寸链”选项

(3)确定好尺寸链的基准线后,依次单击需要标注尺寸的地方即可连续完成尺寸的标注(见图 2-38)。

(4)尺寸修改在左侧的属性栏中,如图 2-39 所示。

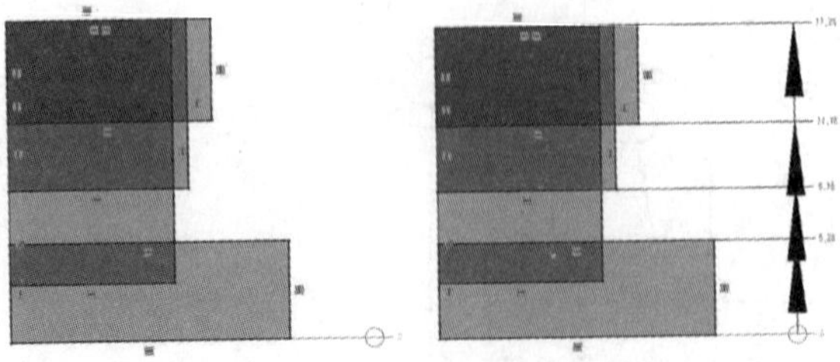

图 2-38　连续尺寸标注

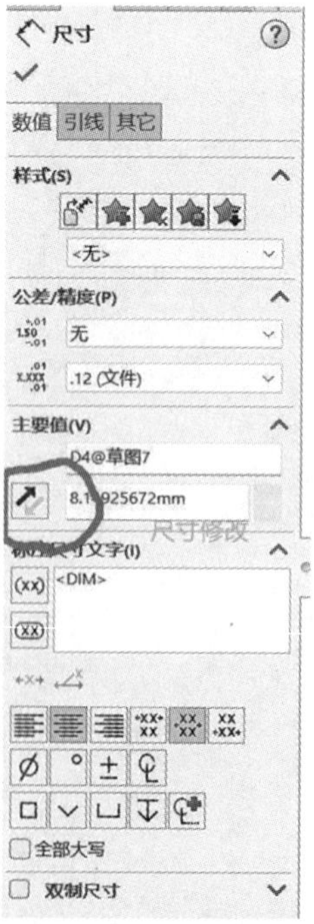

图 2-39　“尺寸”属性管理器

【任务实施】

➢ 完成图 2-35 所示草图中的尺寸标注。

任务 4　二维草图的约束

【任务学习】

1. 尺寸约束

SolidWorks 尺寸约束是一个最基础、最常用、最需要掌握的命令，尺寸约束就是创建草图的尺寸标注，使草图满足设计者的要求并让草图固定。SolidWorks 的尺寸约束共有 9 种，在“草图”工具栏的“智能尺寸”工具下拉菜单中就包含了这 9 种尺寸（智能尺寸、水平尺寸、竖直尺寸、基准尺寸、链尺寸、尺寸链、水平尺寸链、竖直尺寸链、路径长度尺寸）约束类型，如图 2-40 所示。

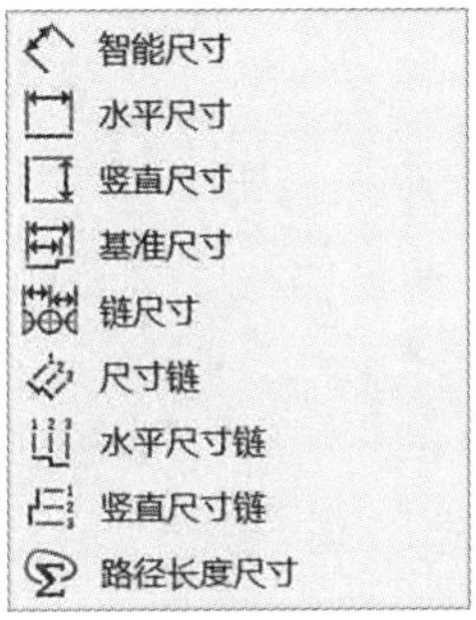

图 2-40　9 种尺寸约束类型

2. 几何约束

（1）直线之间的关系（见图 2-41）。

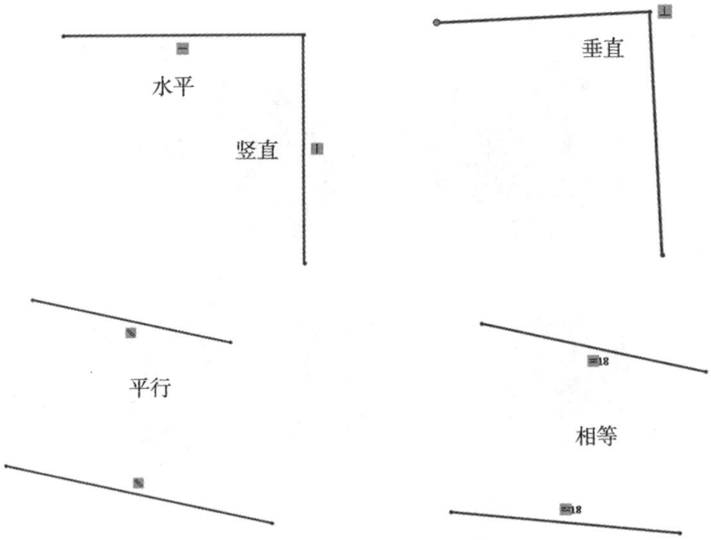

图 2-41　直线之间的关系

（2）点与直线之间的关系（见图 2-42）。

（3）圆与直线之间的关系（见图 2-43）。

（4）圆与圆弧、圆之间的关系（见图 2-44）。

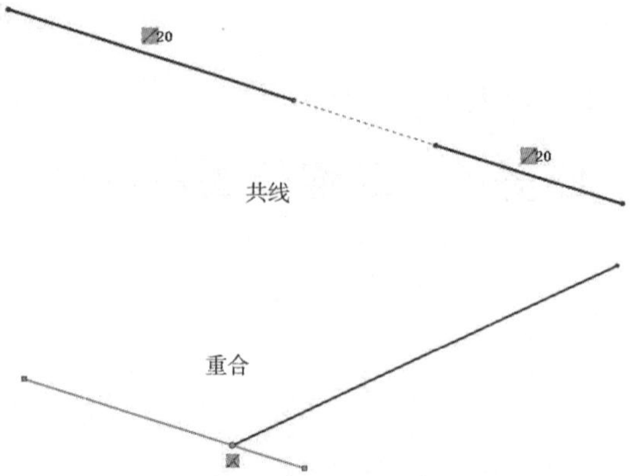

图 2-42　点与直线之间的关系

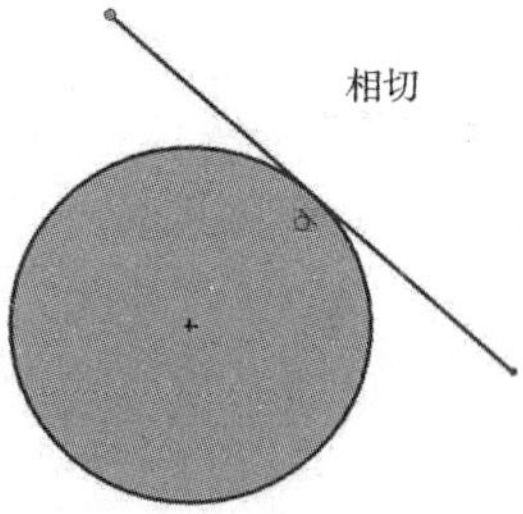

图 2-43　圆与直线之间的关系

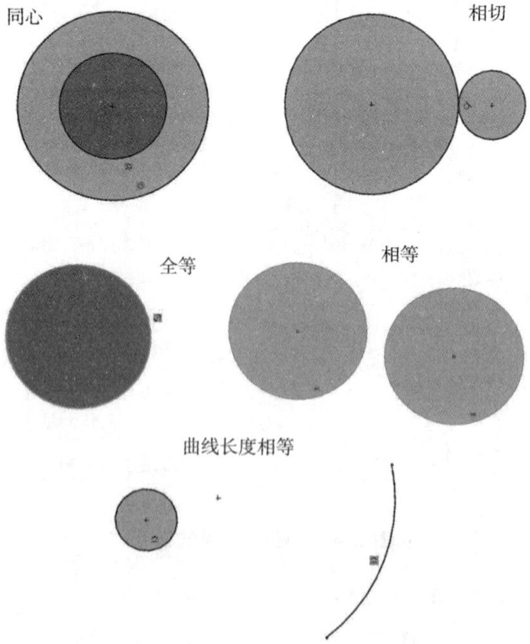

图 2-44　圆与圆弧、圆之间的关系

【任务实施】

➢ 完成图 2-35 所示草图中的全部约束。

任务 5 文件库调用

【任务学习】

文件库调用

1. 标准件库的创建

标准件是指结构、尺寸、画法、标记等各个方面已经完全标准化，并由专业厂生产的常用的零部件，如键、销、滚动轴承等。广义包括标准化的紧固件、连接件、传动件、轴承等。

(1)首先，在桌面新建一个命名为设计库的文件夹，并在文件夹中新建零件，例如键、销(见图 2-45)。

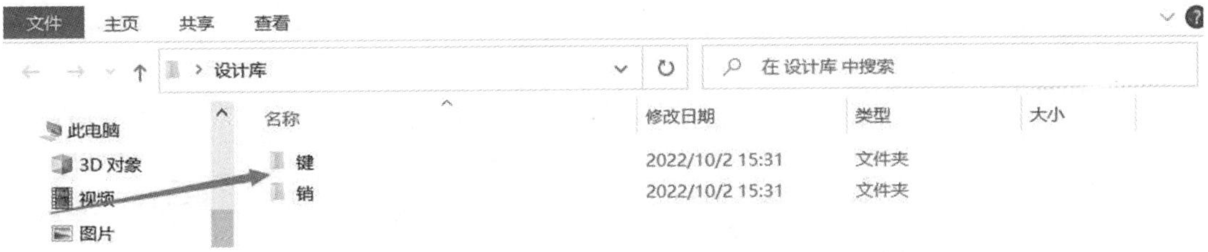

图 2-45 新建文件夹和零件

(2)打开 SolidWorks，单击页面右侧，然后在出现的页面中找到添加符号，单击进去(见图 2-46)。

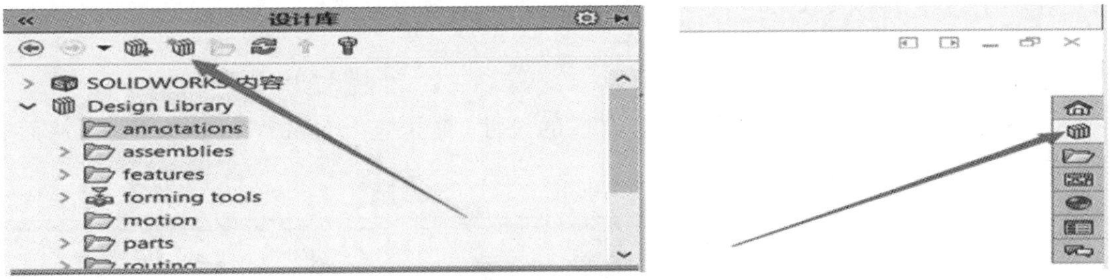

图 2-46 添加符号

(3)在桌面找到名为设计库的文件夹，单击确定，完成添加(见图 2-47)。

(4)最后，在页面找到自己创建的设计库和零件(见图 2-48)。

2. 标准件库的调用

当我们使用标准件时，可以极大地提高我们的工作效率。而在生产过程中不仅降低了制造成本，而且能让我们的设计更加合理，从而加快了制造业的标准化进程。

(1)单击上述添加按钮，找到 Toolbox(见图 2-49)。

(2)单击“Toolbox”,这里选择国标 GB 为例(见图 2-50)。

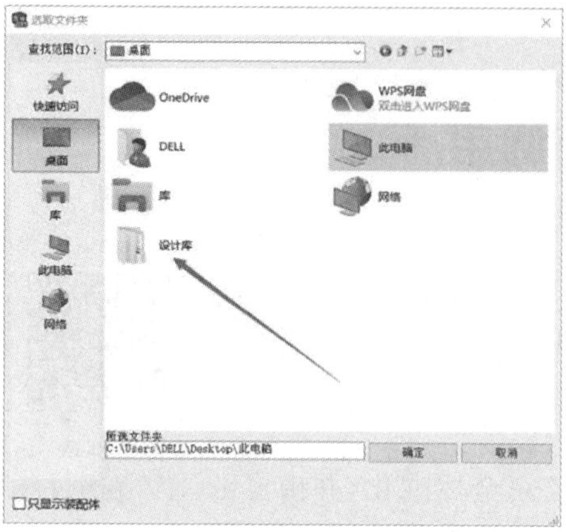

图 2-47　完成添加

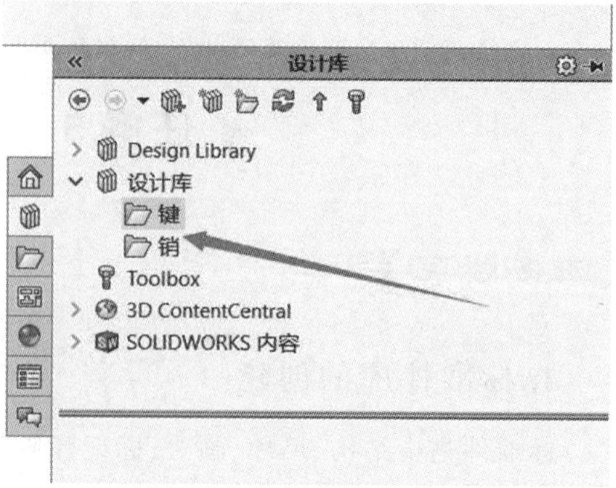

图 2-48　已创建的设计库和零件

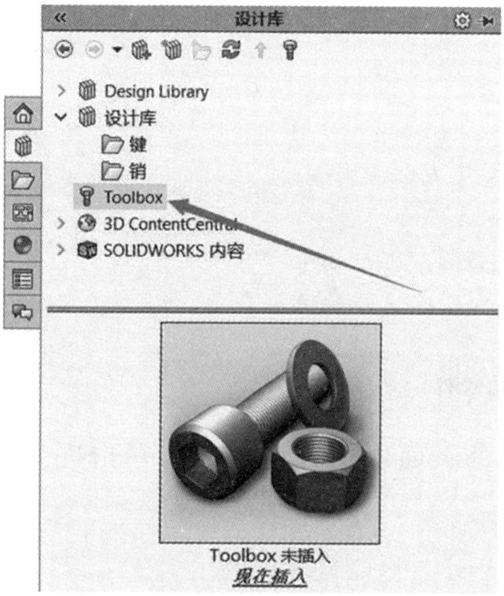

图 2-49　Toolbox

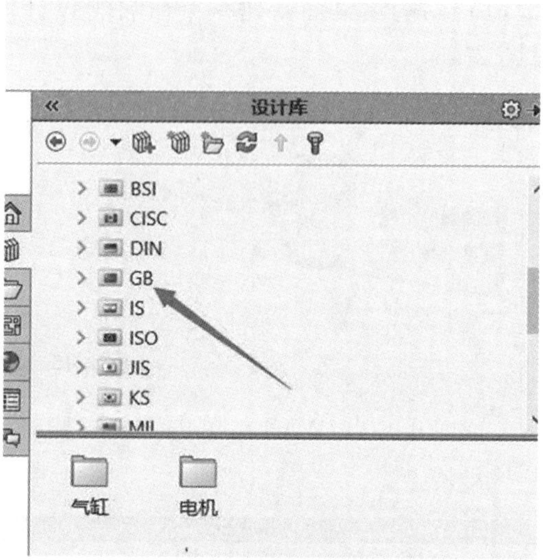

图 2-50　选择国标

(3)选择图 2-51 所示的标准件,找到合适的尺寸,将其拖入 SolidWorks 页面中,从而实现标准件库的调用。

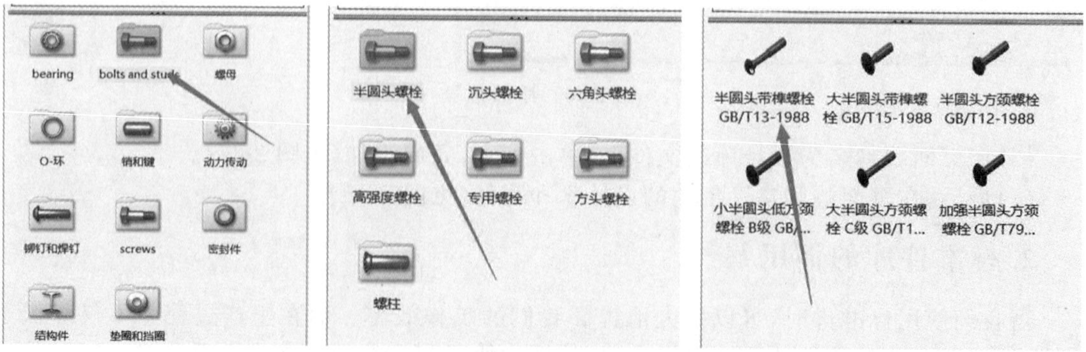

图 2-51　选择标准件

3. 非标件的补充

非标件主要是国家没有制定严格的标准规格，没有相关的参数规定，由企业自由控制的其他配件，SolidWorks 的设计库中没有这些非标件。此时，就需要我们将非标件补充到我们所创建的设计库文件中，以方便我们后续的零件部装配。

(1)首先，选择一个非标焊枪零件，将其打开(见图 2-52)。

图 2-52 非标焊枪零件

(2)找到上述所创建的“设计库”文件夹(见图 2-53)。

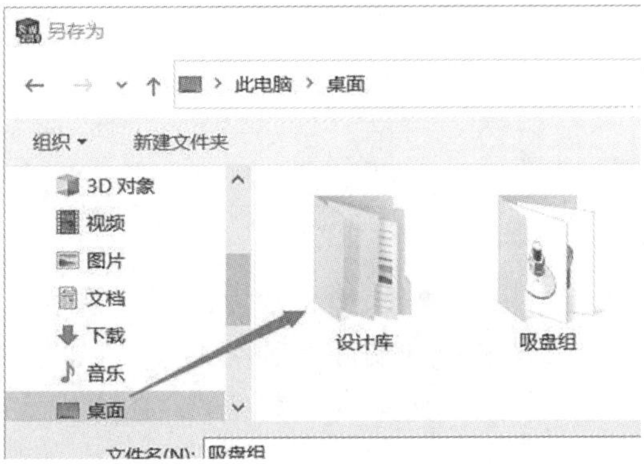

图 2-53 找到“设计库”文件夹

(3)找到创建的“焊枪”文件夹(见图 2-54)，并将非标焊枪零件保存到里面。

图 2-54 找到“焊枪”文件夹

(4)在 SolidWorks 右侧设计库中找到创建的“设计库”文件夹。此时，我们单击“焊枪”(见图 2-55)就可以在其下方看到我们所补充的焊枪零件，当我们想使用时只需要将其拖入 SolidWorks 中就可以了。

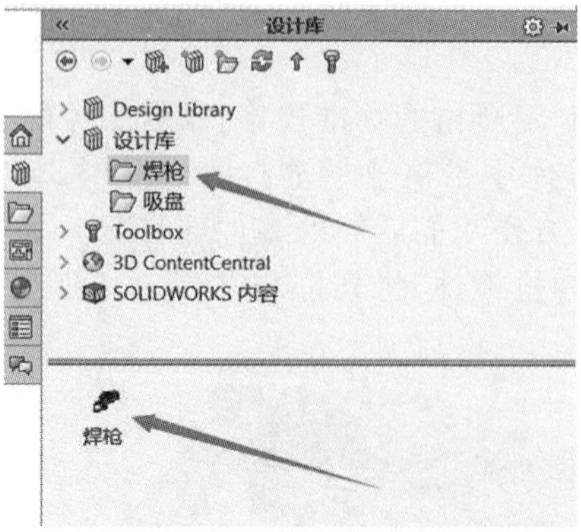

图 2-55　已创建的焊枪零件

【任务实施】

➤根据上述对 SolidWorks 文件库调用的学习，请完成以自己命名的标准件库的创建，并通过调用标准件库找到 GB/T 91—2000 的开口销，最后将非标件添加到自己所创建的设计库中。

任务 6　工业机器人三维建模

【任务学习】

工业机器人三维建模

1. 拉伸特征

拉伸就是把一个草图沿垂直方向伸长，伸长的方向可以是单向或双向的。拉伸特征主要分为拉伸凸台/基体和拉伸切除 2 种类型。

建立拉伸特征的主要条件：①必须有一个草绘；②必须指定拉伸的类型以及相关的参数。

(1)拉伸凸台/基体的操作方法：

选择下拉菜单“插入”→“凸台/基体”→“拉伸”命令，或者在“特征”工具栏中单击“拉伸凸台/基体”按钮 。设置对话框：选择拉伸的终止类型，设置所需的拉伸总深度(见图 2-56)。

(2)拉伸切除的操作方法：

选择下拉菜单“插入”→“切除”→“拉伸”命令，或者在“特征”工具栏中单击“拉伸切除”按钮 。设置对话框：选择拉伸的终止类型；设置所需的拉伸总深度；如要加上拔模角度，请单击拉伸拔模角(见图 2-57)。

2. 旋转特征

旋转就是把一个草图沿旋转轴旋转，旋转的方向可以是顺时针或逆时针的。旋转特征主要分为旋转凸台/基体、旋转切除 2 种类型。

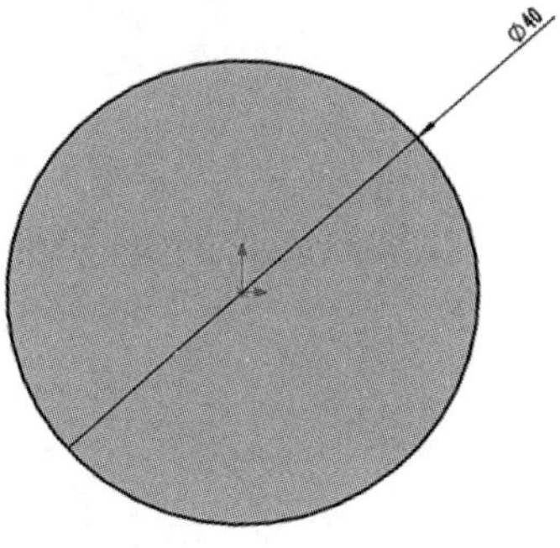

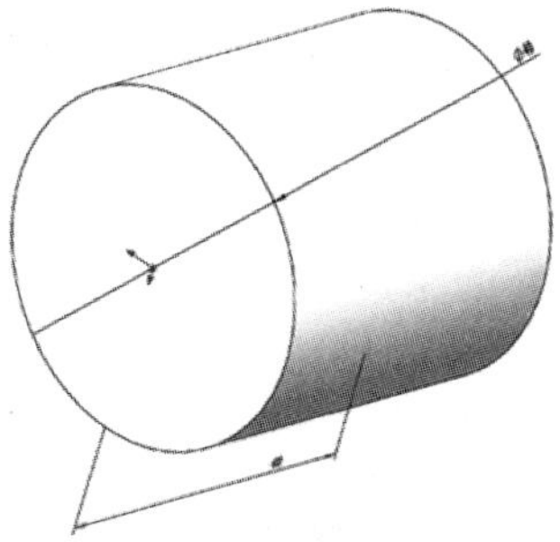

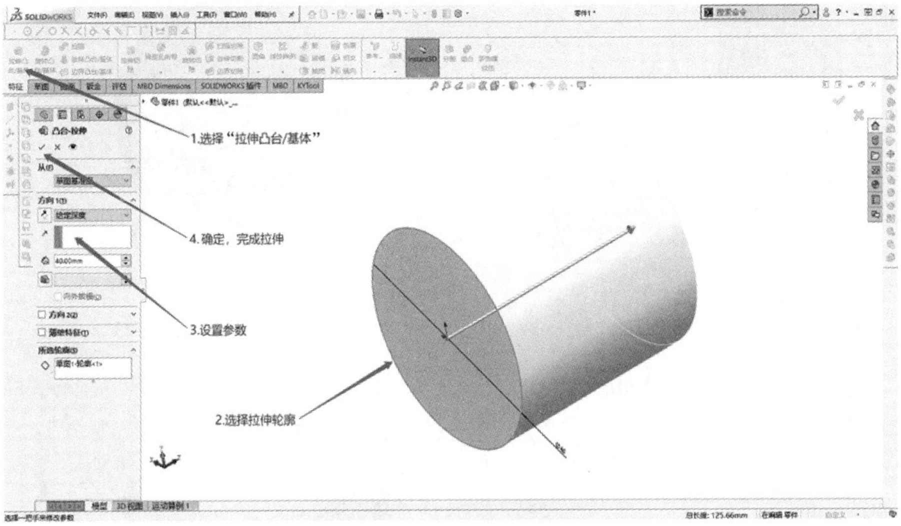

图 2-56　拉伸凸台/基体

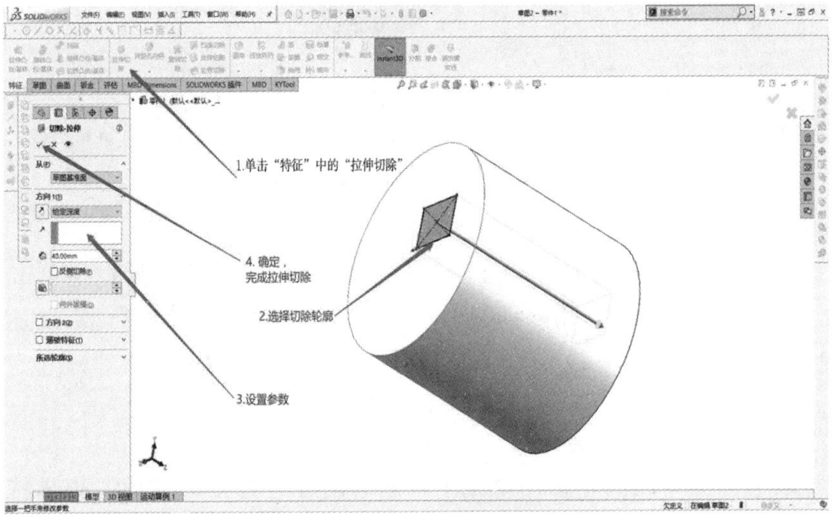

图 2-57　拉伸切除

建立旋转特征的主要条件：①必须有一个草绘；②必须有旋转中心轴；③必须指定旋转的类型以及相关的参数。

(1)旋转凸台/基体的操作方法：

选择下拉菜单“插入”→“凸台/基体”→“旋转”命令，或者在“特征”工具栏中单击“旋转凸台/基体”按钮。设置对话框：选择旋转的旋转轴，选择旋转的终止类型，设置所需的旋转角度(见图 2-58)。

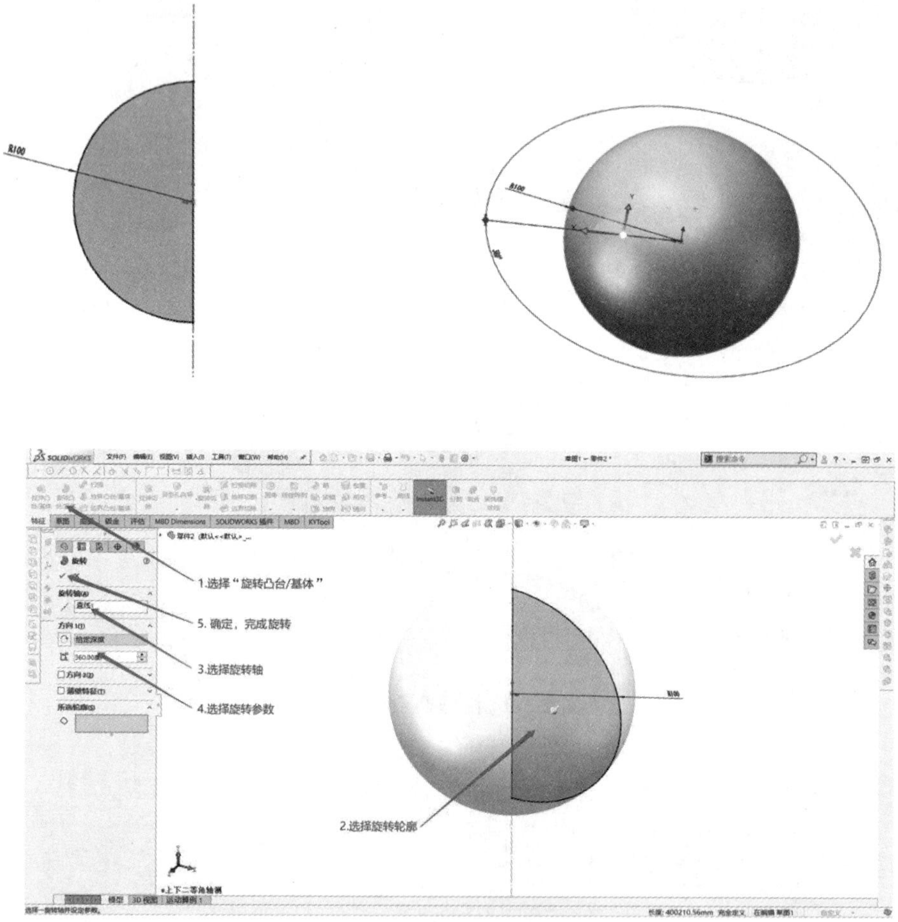

图 2-58　旋转凸台/基体

(2)旋转切除的操作方法：

选择下拉菜单“插入”→“切除”→“旋转”命令，或者在“特征”工具栏中单击“旋转切除”按钮。设置对话框：选择旋转切除的旋转轴，选择旋转切除的终止类型，设置所需的旋转切除角度(见图 2-59)。

3. 扫描特征

扫描就是以第一个草图的轮廓用第二个草图的路径进行三维建模。扫描特征主要分为扫描、扫描切除 2 种类型。

建立扫描特征的主要条件：①必须有 2 个草绘；②必须指定扫描的类型以及相关的

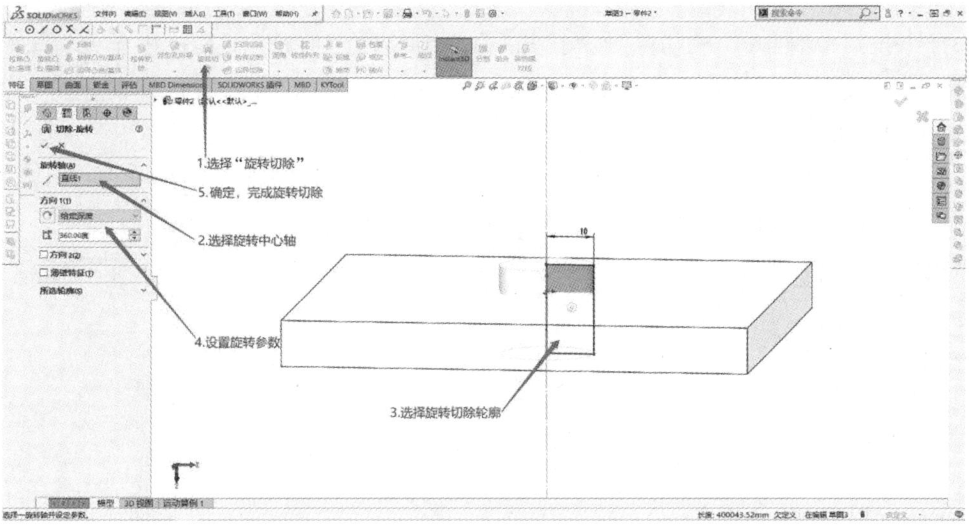

图 2-59 旋转切除

参数。

(1)扫描的操作方法：

选择下拉菜单"插入"→"凸台/基体"→"扫描"命令，或者在"特征"工具栏中单击"扫描"按钮。设置对话框：选择草图轮廓，选择需进行扫描图形的草图，再选择需进行扫描路径的草图(见图 2-60)。

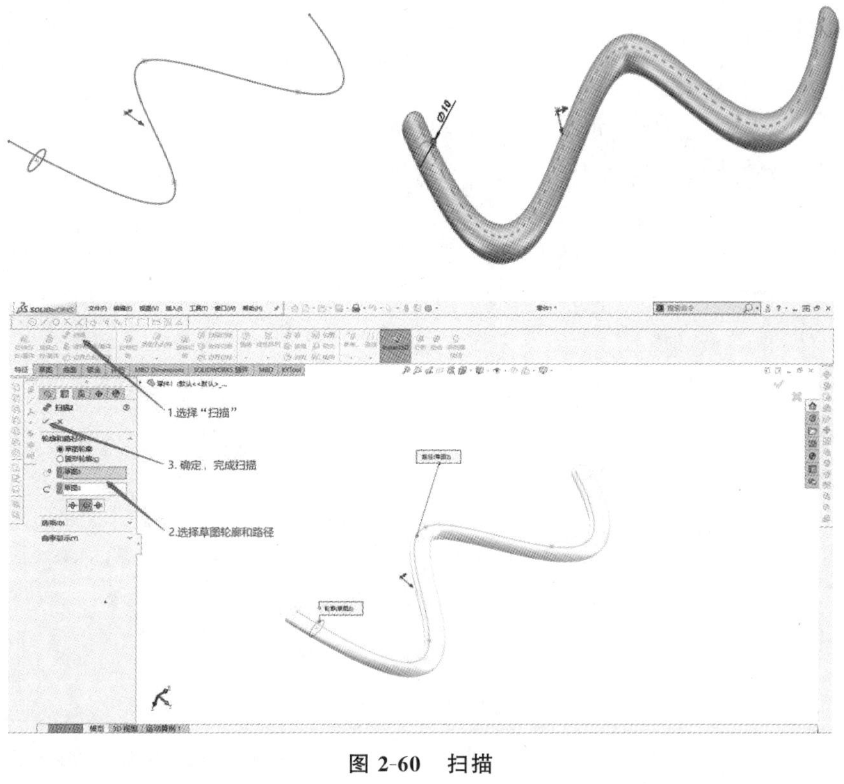

图 2-60 扫描

（2）扫描切除的操作方法：

选择下拉菜单“插入”→“切除”→“扫描”命令，或者在“特征”工具栏中单击“扫描切除”按钮。设置对话框：选择草图轮廓，选择需进行扫描切除的草图，再选择需进行扫描路径的草图（见图 2-61）。

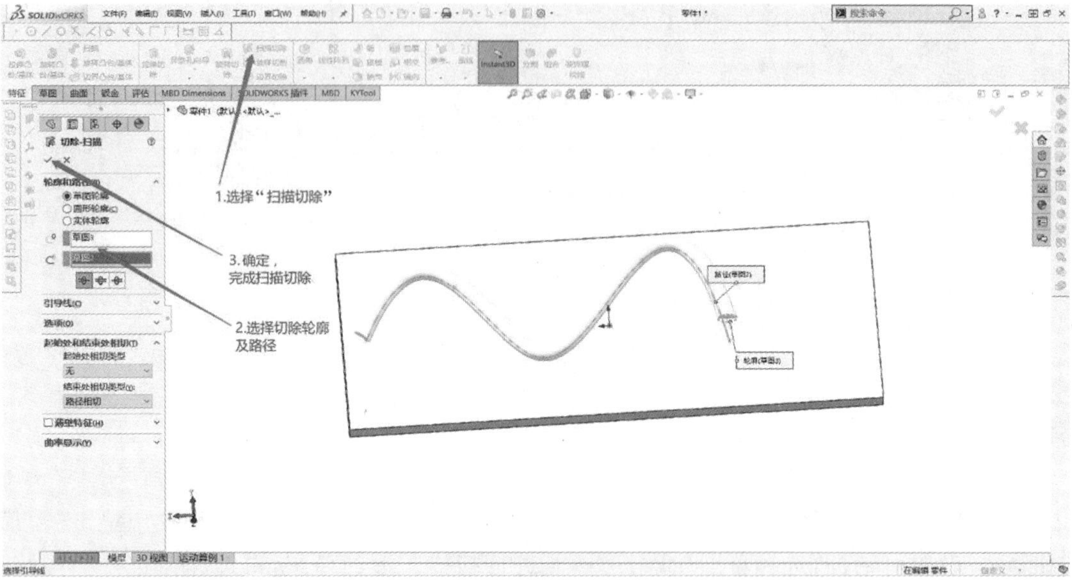

图 2-61　扫描切除

【任务实施】

➢ 加强筋底板的建模。

（1）新建一个零件，选择上视基准面为绘图面，绘制长 90 mm、宽为 80 mm 的长方形，拉伸高度为 16 mm（见图 2-62）。

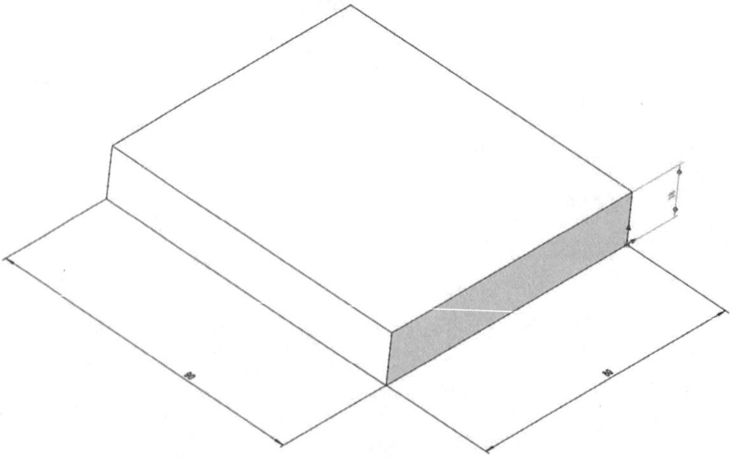

图 2-62　绘制凸台

（2）选择凸台的上表面为绘图面，绘制长 90 mm、宽为 16 mm 的长方形，右边缘长度距

90 mm 边 5 mm，拉伸高度为 175 mm(见图 2-63)。

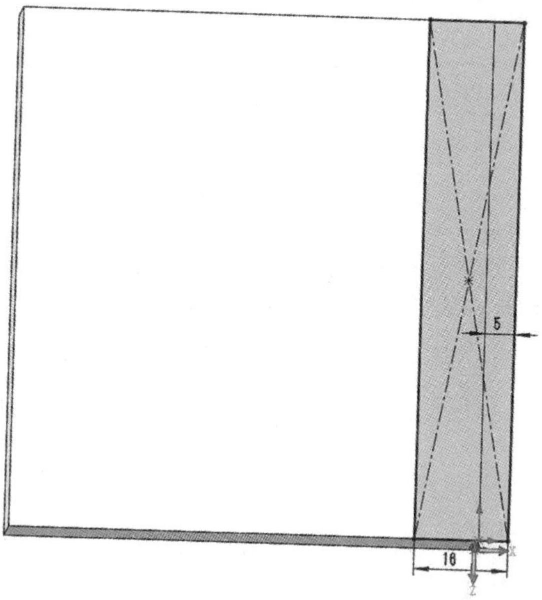

图 2-63 在凸台上绘制长方形并拉伸

(3)选择前视基准面为绘图面，绘制如图 2-64 所示图形，使用加强筋功能，宽度为 10 mm。

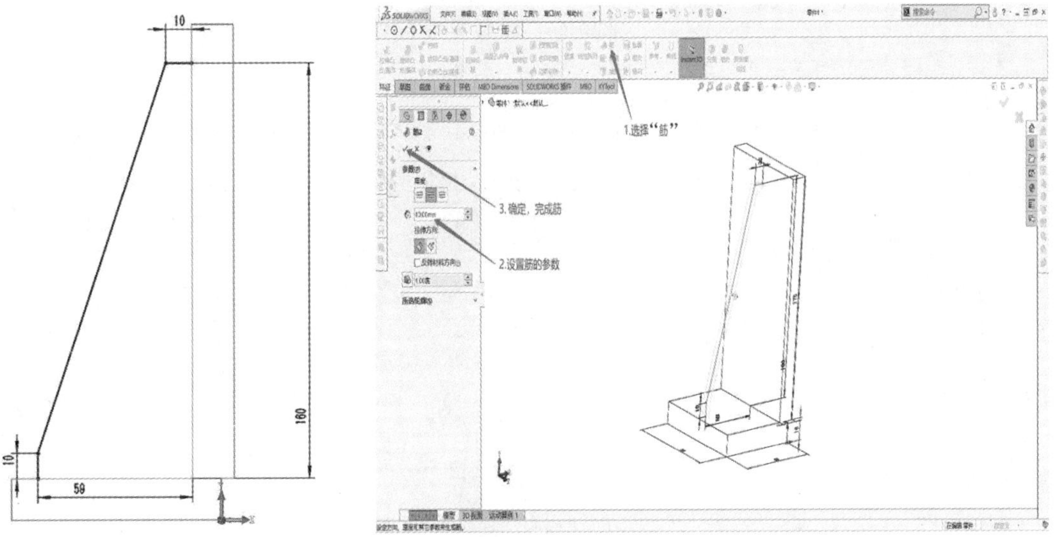

图 2-64 绘制加强筋

(4)完成图形绘制。保存文件并命名为加强筋底板。

➢ 导管的建模。

(1)新建一个零件，选择上视基准面为绘图面，绘制如图 2-65 所示路径草图。

(2)选择扫描命令，用圆形轮廓，直径为 5 mm。绘制出如图 2-66 所示的导管。

(3)完成图形绘制。保存文件并命名为导管。

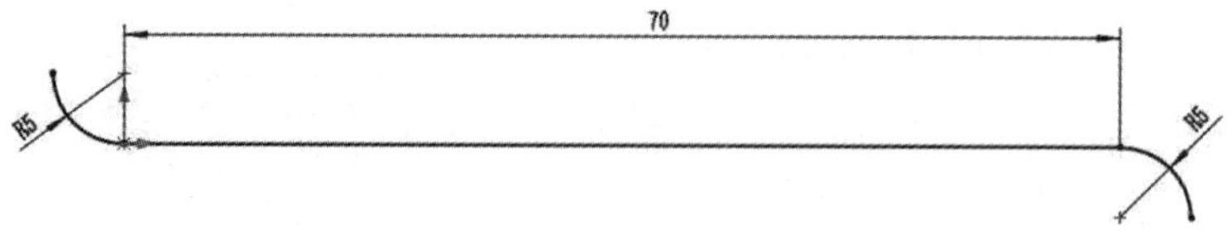

图 2-65　绘制路径草图

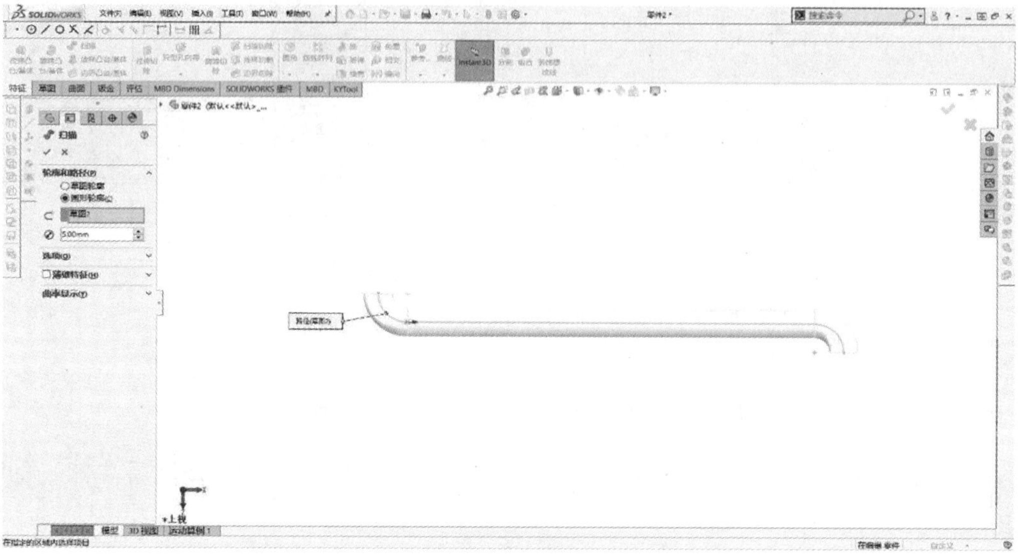

图 2-66　绘制导管

➢机器人底座的建模。

(1)新建一个零件,选择上视基准面为绘图面,绘制图 2-67 所示的图形,并拉伸 25 mm。

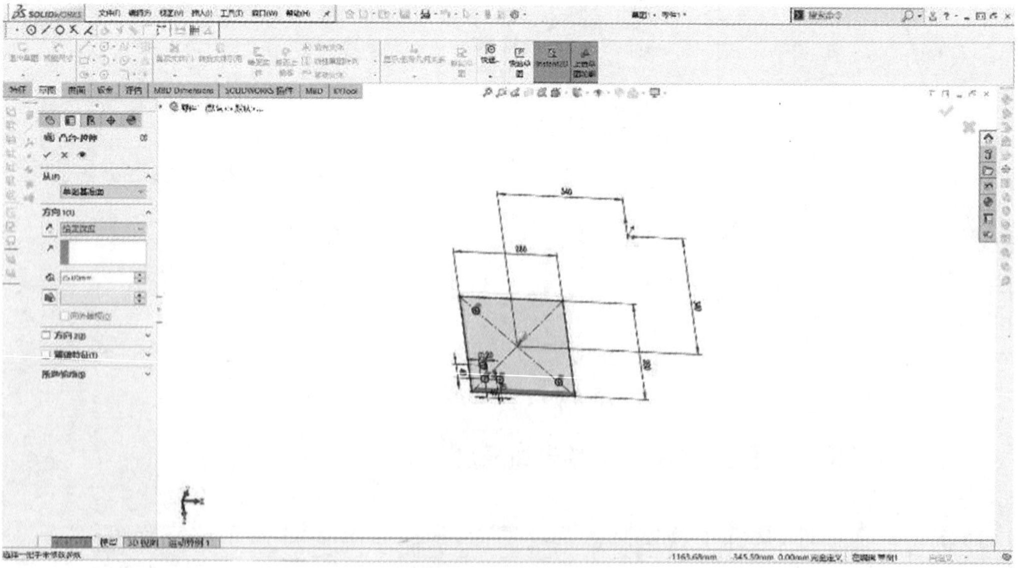

图 2-67　绘制草图

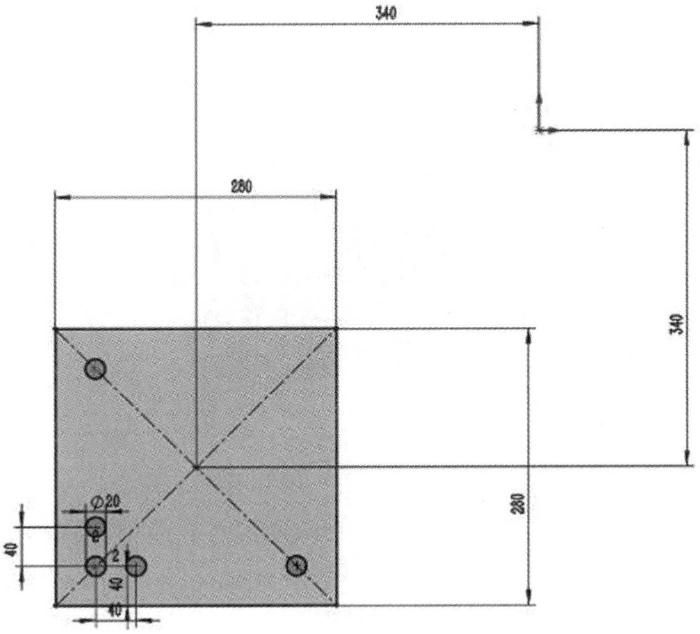

续图 2-67

(2)使用镜向命令，选择前视基准面为镜向面，镜向两次，绘制出 4 个实体(见图 2-68)。

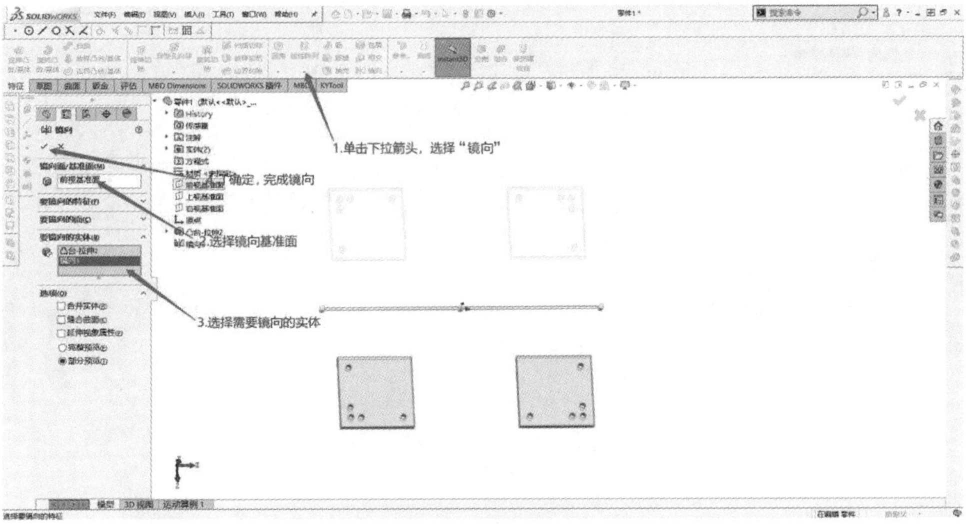

图 2-68 镜向实体

(3)使用拉伸命令，选择底板上表面为绘图面，绘制出如图 2-69 所示的草图，并拉伸 355 mm。

(4)选择“特征”中的基准面，创建一个新的基准面，如图 2-70 所示。

(5)选择新创建的基准面，进行如图 2-71 所示的草绘。

(6)使用加强筋功能，宽度为 12 mm，如图 2-72 所示。同理绘制另一方向的加强筋。

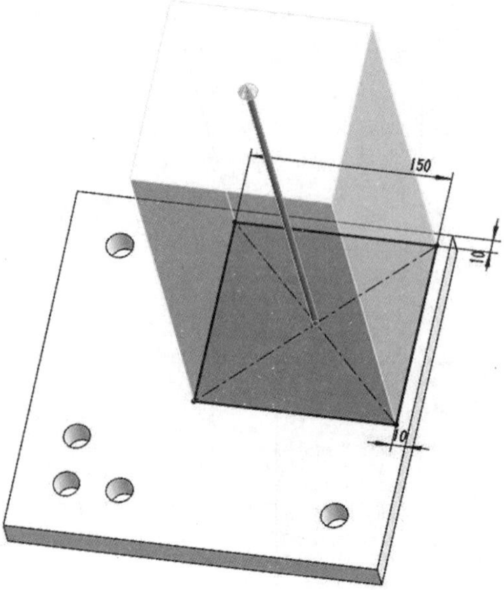

图 2-69　绘制草图并拉伸

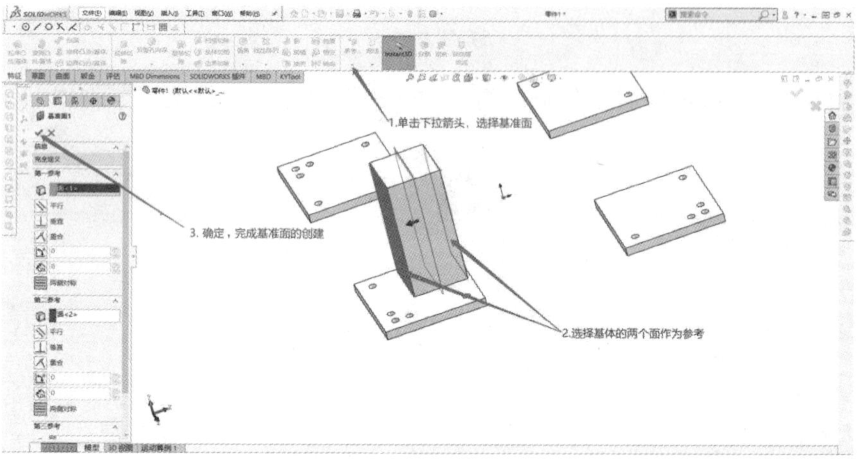

图 2-70　创建新的基准面

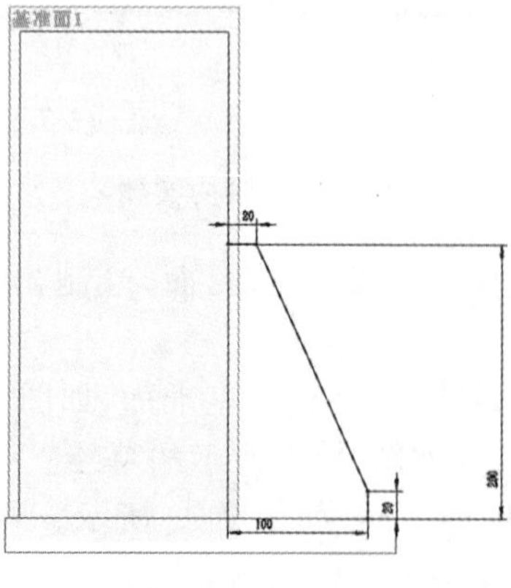

图 2-71　绘制草图

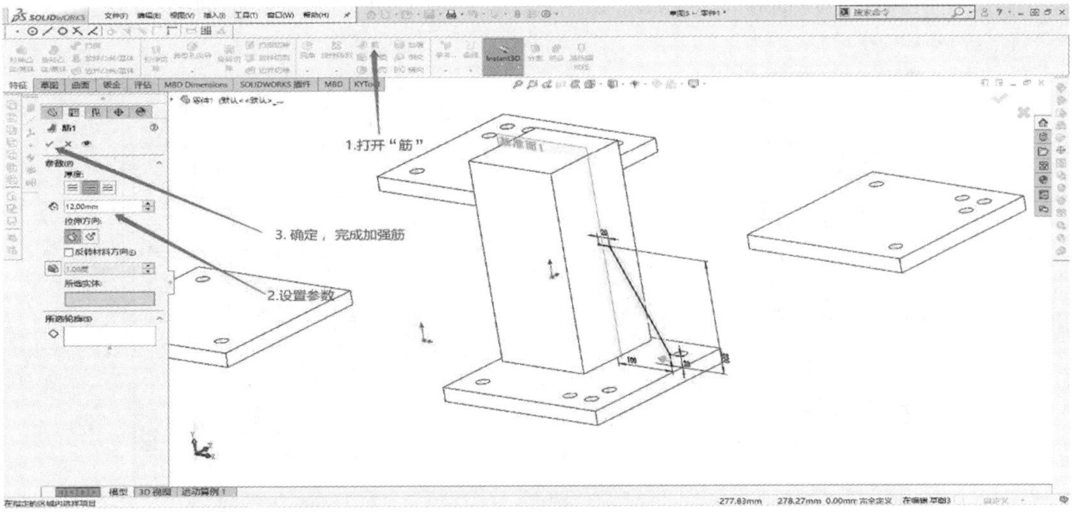

图 2-72 绘制加强筋

(7)使用镜向功能。镜向出如图 2-73 所示的多个实体。

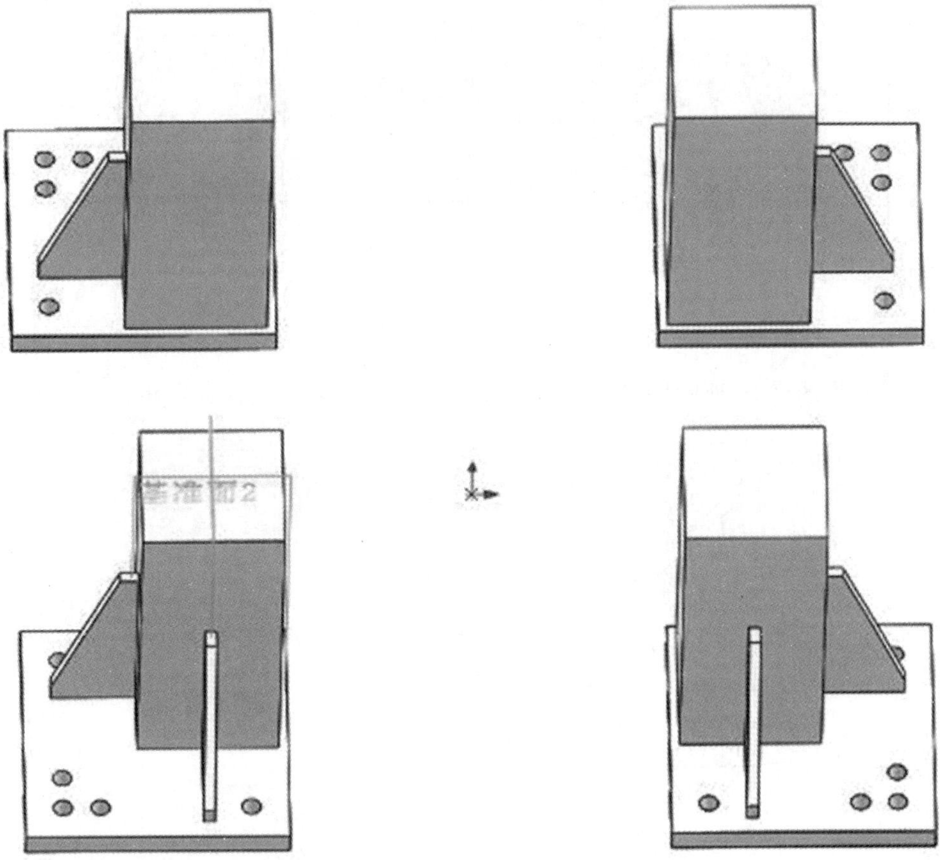

图 2-73 镜向实体

(8)采用实体的上顶面作为绘图面，绘制如图 2-74 所示的草图，并拉伸 20 mm。

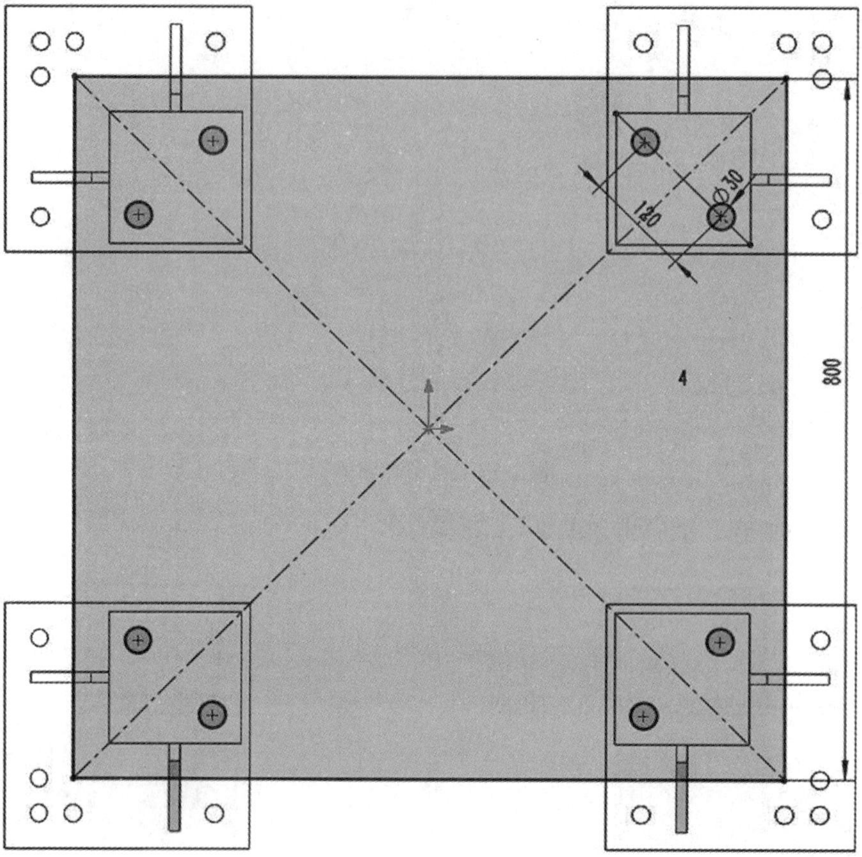

图 2-74 绘制草图

(9)完成如图 2-75 所示图形的绘制。保存文件并命名为机器人底板。

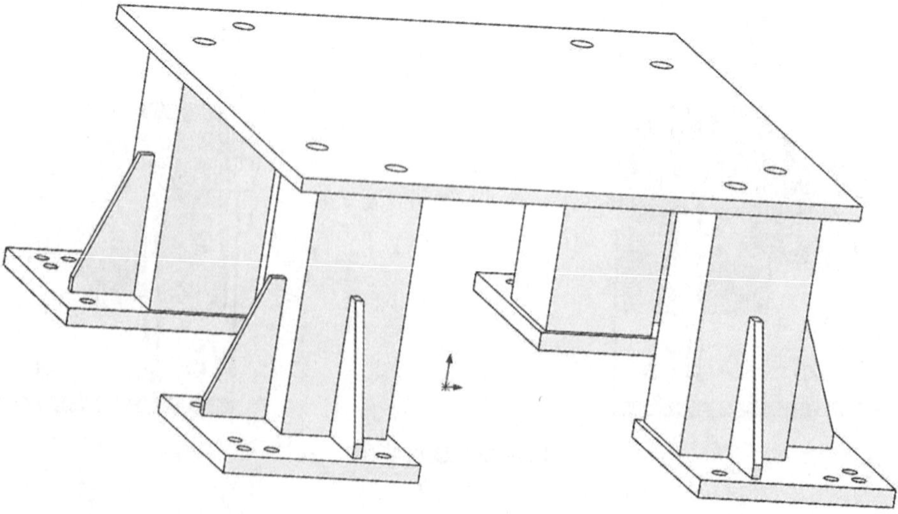

图 2-75 完成机器人底板的绘制

【课后练习】

绘制出如图 2-76 所示的机器人工作站的围栏。熟练运用拉伸、拉伸切除、加强筋、扫描、线性阵列等功能。尺寸自选。

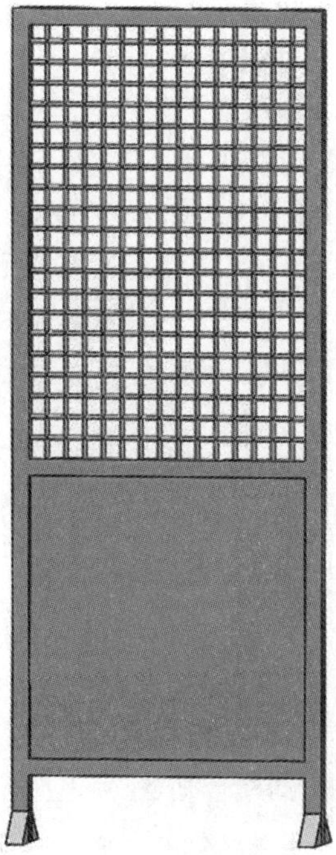

图 2-76 机器人工作站围栏

项目三
工业机器人装配设计

3

一个完整的产品往往是由多个零部件，通过不同的“配合方式”装配起来的。本项目旨在介绍各种装配配合方式，以机器人本体与末端的装配为例，详细讲解装配的一般流程。装配完成后需对装配体进行验证，包括碰撞验证和干涉验证。在装配过程中，若发现错误，可对装配体进行修改。装配完成后，可通过爆炸视图功能展示零部件的装配位置和组装过程。

知识目标

- 掌握各种装配配合方式及其应用；
- 掌握装配设计的一般流程；
- 掌握装配设计的验证方法；
- 掌握装配体的修改方法和爆炸图的生成。

能力目标

- 具备机器人本体与末端装配的能力；
- 能够对装配体进行碰撞和干涉检查；
- 具备装配体中零部件修改的能力；
- 具备生成装配体爆炸视图的能力。

任务1　装配设计要素和流程

【任务学习】

装配设计要素和流程

1. 装配要素

装配是将各种零件导入装配体环境中，利用配合方式将其安装到正确的位置，使其构成一个部件或完整的产品。装配配合方式主要有标准配合、高级配合、机械配合，如图3-1所示。

1）标准配合

标准配合方式主要有重合、同轴心、平行、垂直、相切、距离、角度等，类型丰富，常用于简单的配合，如图3-2所示。

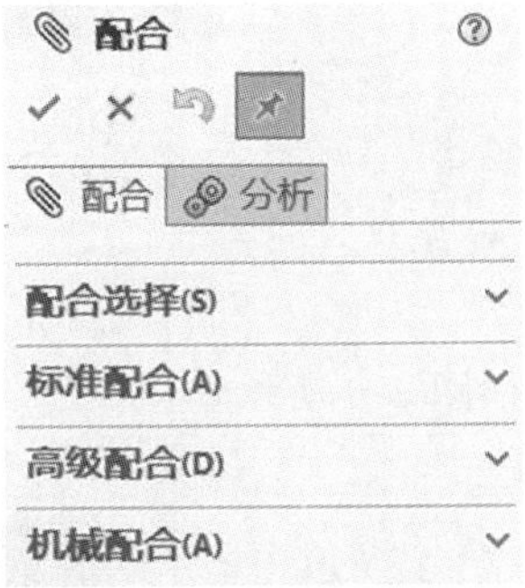

图3-1　装配要素

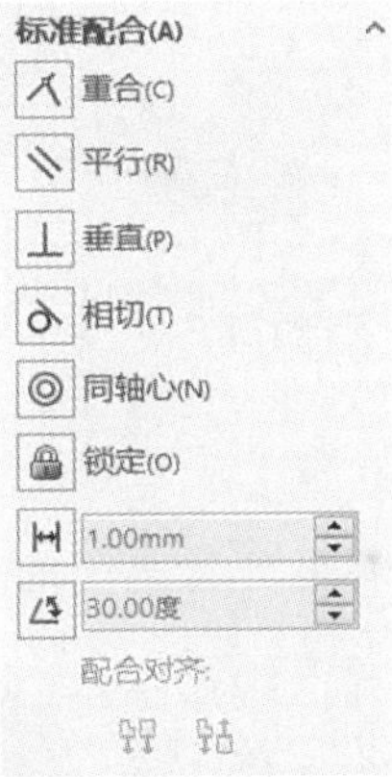

图3-2　标准配合

（1）“重合”配合。

重合是将所选择的点、边线或基准面（相互之间组合或与单一顶点组合）重合在一条无限长的直线上，或者使两个点彼此接触重合，如图3-3所示。

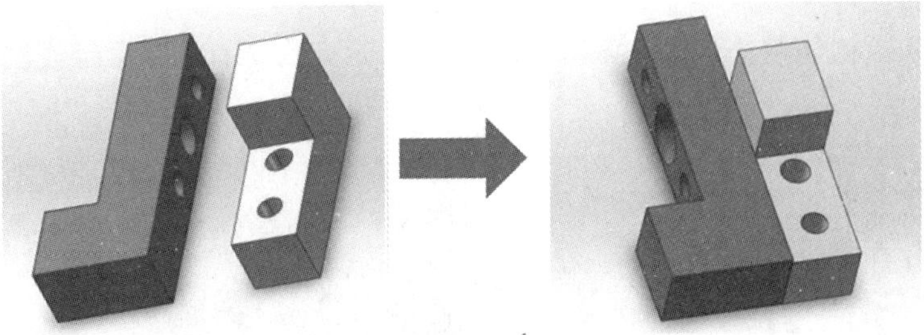

重合前　　重合后

图3-3　“重合”配合

基础讲解

注意：“重合”配合有同向对齐和反向对齐两种方式。

(2)“同轴心”配合。

同轴心是将所选择的元素位于同一中心点，如图 3-4 所示。

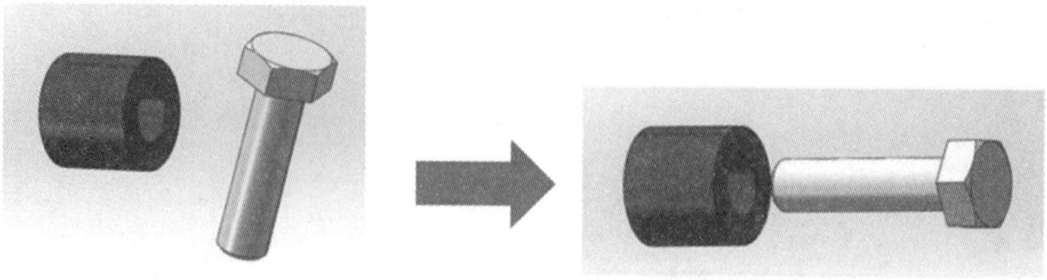

同轴心前　　同轴心后

图 3-4　“同轴心”配合

多数情况下，“同轴心”配合用于轴类零件的装配，其中心线必须重合。

(3)“平行”配合。

平行是使所选择的元素相互平行，使之保持相同的方向，但元素之间的距离不确定，如图 3-5 所示。

平行前　　平行后

图 3-5　“平行”配合

(4)“垂直”配合。

垂直是使所选择的元素之间的夹角保持 90°，如图 3-6 所示。

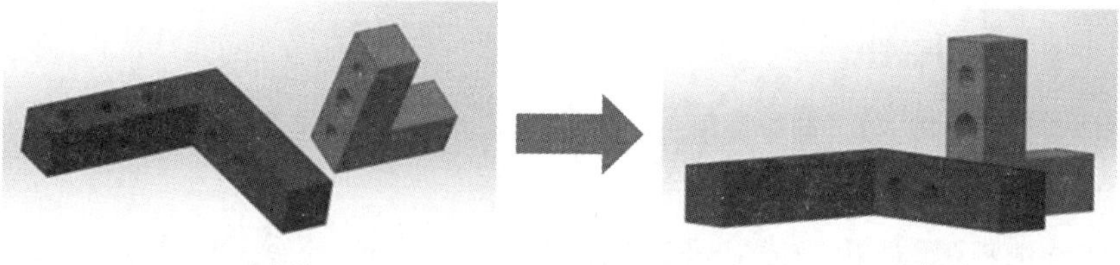

垂直前　　垂直后

图 3-6　“垂直”配合

(5)“相切”配合。

相切是将所选择的元素保持相切状态，其中必须至少有一个元素为球面、圆柱面或圆锥面，如图 3-7 所示。

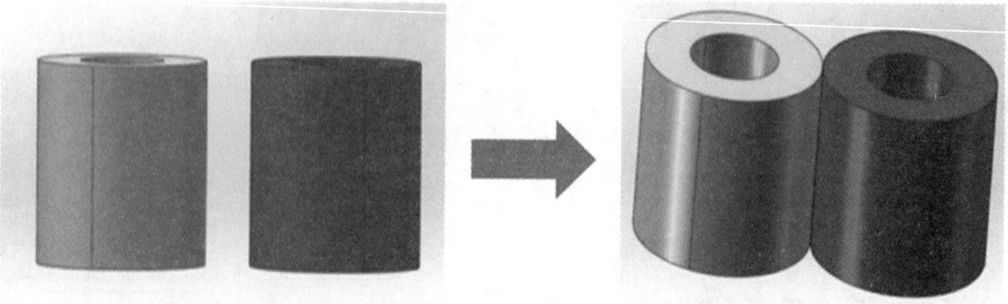

相切前　　相切后

图 3-7　“相切”配合

(6)“距离”配合。

距离配合是使所选择的元素之间保持一定的距离,如图 3-8 所示。

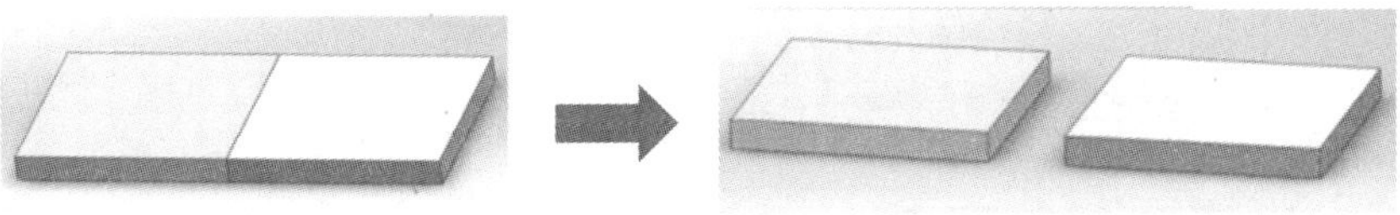

距离配合前　　　　距离配合后

图 3-8 “距离”配合

(7)“角度”配合。

角度配合是使所选择的元素之间保持一定的角度,如图 3-9 所示。

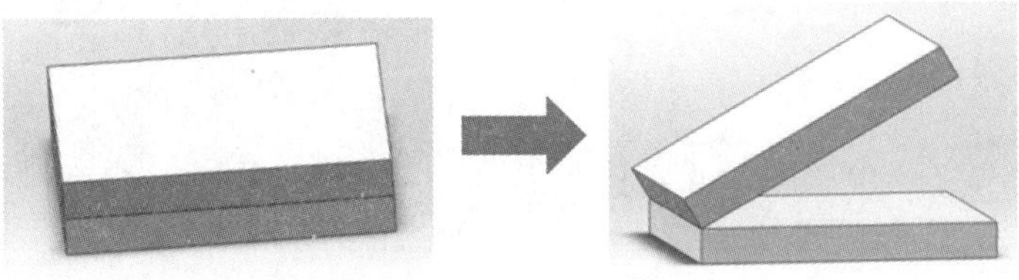

角度配合前　　　　角度配合后

图 3-9 “角度”配合

2)高级配合

在 SolidWorks 中,标准配合方式基本上可以满足装配需求,但采用高级装配方法不仅可以大幅减少基本装配步骤,提高装配体的装配速度,而且能够降低设计难度,提高设计的灵活性和零部件之间配合的准确性。高级配合方式主要有对称、宽度、路径配合、线性/线性耦合,如图 3-10 所示。

(1)“对称”配合。

对称就是将两个相似的实体相对于零部件的一个基准面或平面,或者装配体的一个基准面对称,实体包括点、线、面(平面或基准面)、圆柱体和球体,如图 3-11 所示。

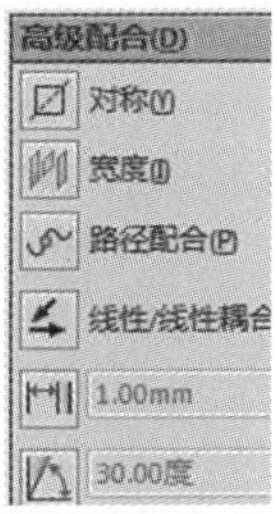

图 3-10 高级配合

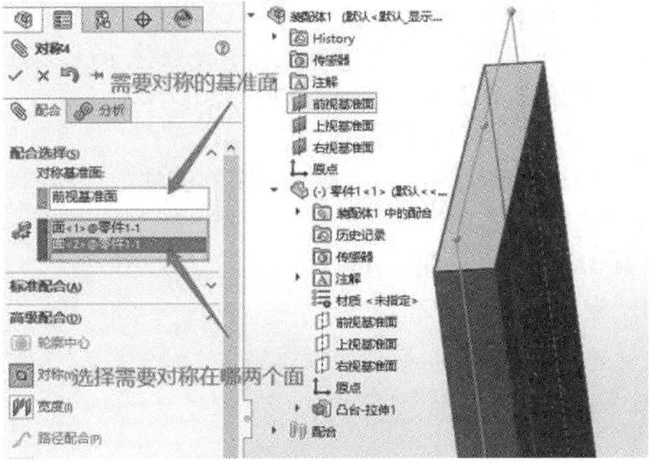

图 3-11 “对称”配合

(2)“宽度”配合。

宽度可以为两个零件添加约束，达到对称、在一定范围内移动、固定距离的效果，如图 3-12 所示。

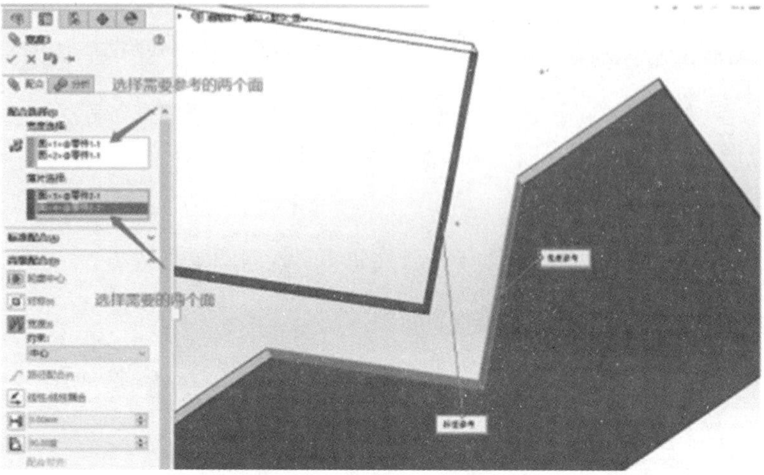

图 3-12 “宽度”配合

“约束”选项有居中、自由、尺寸、百分比，其作用如图 3-13 所示。

选项	描述
居中	将标签置中于凹槽宽度内。
自由	让零部件在与其相关的所选面或基准面的限制范围内任意移动。
尺寸	设置从一个选择集到最接近相反面或基准面的距离或角度尺寸。
百分比	基于从一组选择集至另一组选择集的百分比值尺寸设置距离或角度。

图 3-13 “约束”选项的作用

(3)“路径配合”。

路径配合可以使装配零件沿着既定的路线移动，可以定义零部件在沿着路径移动时的纵倾、偏转和摇摆，如图 3-14 所示。

(4)“线性/线性耦合”配合。

线性/线性耦合主要用于实现在一个零部件的平移和另一个零部件或相对于地面(原点)的平移之间建立几何关系，其中：“配合选择”用于选择移动平面，确定方向；“比率”选项中可以调节线性比值；“翻转”按钮决定正负方向，如图 3-15 所示。

3)机械配合

机械配合用于建立机械零件传动部分的配合关系，主要包括凸轮、铰链、齿轮、齿条小齿轮、螺旋、万向节等，如图 3-16 所示。

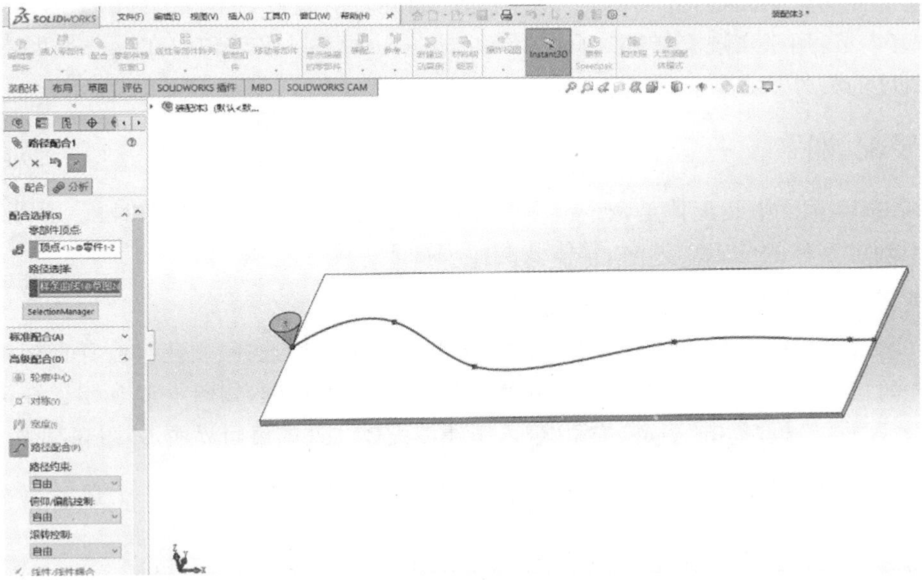

图 3-14 “路径配合”

图 3-15 “线性/线性耦合”配合

图 3-16 机械配合

(1)凸轮:用于实现凸轮与推杆之间的配合,且遵守凸轮与推杆的运动规律。该配合允许圆柱、基准面或点与一系列的曲面做相切配合,凸轮可以是由直线、圆弧以及样条曲线等形成一个封闭环的拉伸体。

(2)铰链:用于将两个零部件之间的移动限制在一定的旋转范围内,其效果相当于同时添加同心配合和重合配合。

(3)齿轮:用于齿轮之间的配合,实现齿轮间的定比传动。该配合主要使两个零部件绕所选轴相对旋转,旋转零件不必配合两个齿轮,可以是任何彼此相对旋转的几何体。在装配齿轮时,主要解决齿轮啮合及配合两个问题。

(4)齿条小齿轮:用于齿轮与齿条之间的配合,实现齿轮与齿条之间的定比传动。该配合主要使某个零部件(小齿轮)的圆周旋转引起另一零部件(齿条)做线性平移,反之亦然。

(5)螺旋:用于螺杆与螺母之间的配合,实现螺杆与螺母之间的定比传动。该配合可以把两个零部件约束为同心，并且可使一个零部件的旋转引起另一个零部件的平移。

(6)万向节：用于实现交错轴之间的传动，即一根轴可以驱动轴线在同一平面内且与之成一定角度的另外一根轴。

2. 装配流程

机器人点焊工作站装配图

在 SolidWorks 中装配体是两个或多个零件的组合，用户可以使用各种配合关系来确定零件的位置和方向，具体装配流程如下。

1)新建装配文件

打开 SolidWorks 软件，单击“文件”按钮，弹出下拉菜单后选择“新建”，或者直接单击标准工具栏中的“新建”按钮，弹出“新建 SOLIDWORKS 文件”对话框，如图 3-17 所示。在该对话框中选择“装配体”模板，单击“确定”按钮，进入新建装配体文件的编辑界面，如图 3-18 所示。

图 3-17 “新建 SOLIDWORKS 文件”对话框

图 3-18 新建装配体文件的编辑界面

注意：SolidWorks 中装配体文件的后缀名为.sldasm。如果要打开已有的装配体文件，选择“文件”→“打开”命令，或者直接单击标准工具栏上的“打开”按钮，在“打开文件”对话框中选择后缀名为.sldasm 的文件。

2)插入装配零件

在装配体编辑界面,单击“插入零部件”按钮,弹出“开始装配体”对话框,单击“浏览”按钮,进入已经建好的零件目录,如图 3-19 所示。选中各个零件,将其添加到软件中,如图 3-20 所示。选择零件 1 作为第一个装配零件,然后单击“确定”按钮。

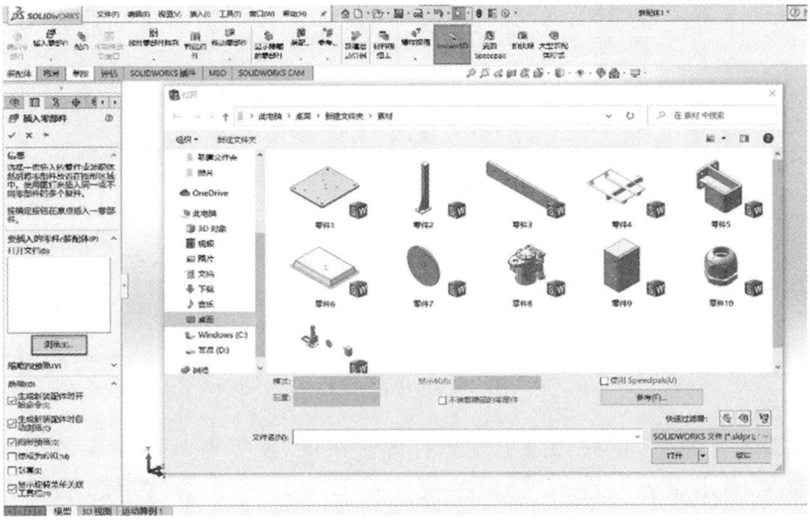

图 3-19 待装配的零件

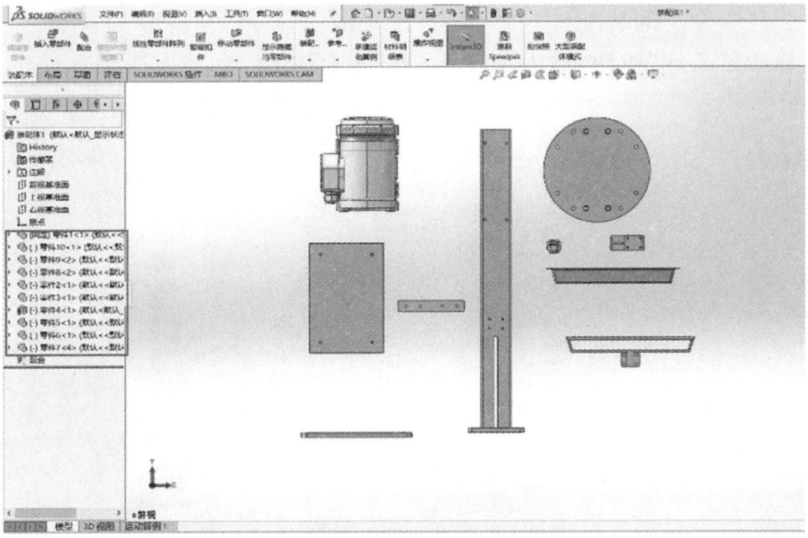

图 3-20 插入所有待装配零件

注意:第一个装配零件是整个装配体模型中最关键的零件,因此要合理选择第一个装配零件,并保证在后续操作过程中不会删除该零件。

在绘图区域中单击鼠标左键,放置第一个零件,此时系统默认第一个插入的零件为固定零件,不能通过鼠标拖动来更改其位置,如图 3-21 所示。

3)添加配合关系

每个零件在自由空间中具有 6 个自由度:3 个平移自由度和 3 个旋转自由度。装配过程

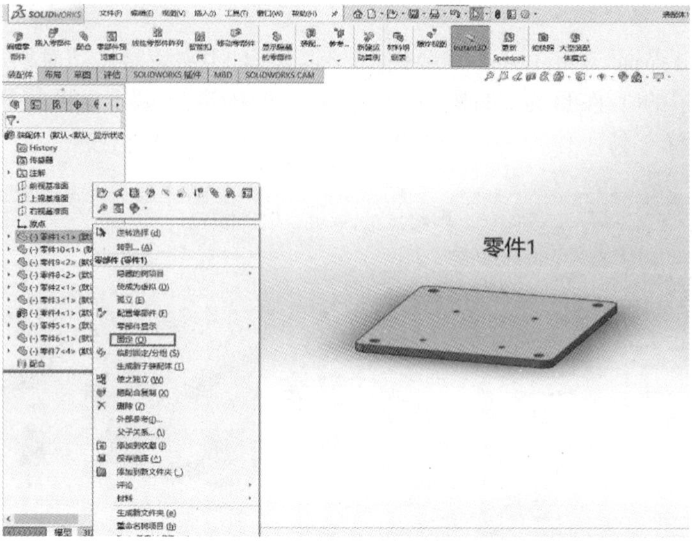

图 3-21　固定零件 1

就是为零件添加配合关系，从而约束消除零件的自由度，使零件具有确定的空间位置和运动方式。选中零件，单击鼠标左键，在弹出的快捷菜单中选择“配合”按钮，或者直接单击标准工具栏中的“配合”按钮，还可以单击菜单栏中的“插入”按钮，选择“配合”选项，弹出“配合”对话框，如图 3-22 所示。

(1)零件 2 与零件 1 的装配。

①单击“移动零部件”按钮，选中零件 2，按住鼠标左键，将其拖拽到零件 1 的上方位置，如图 3-23 所示。

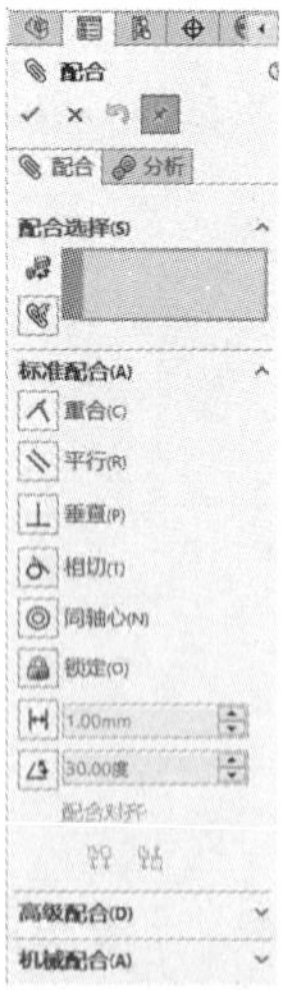

图 3-22　“配合”对话框

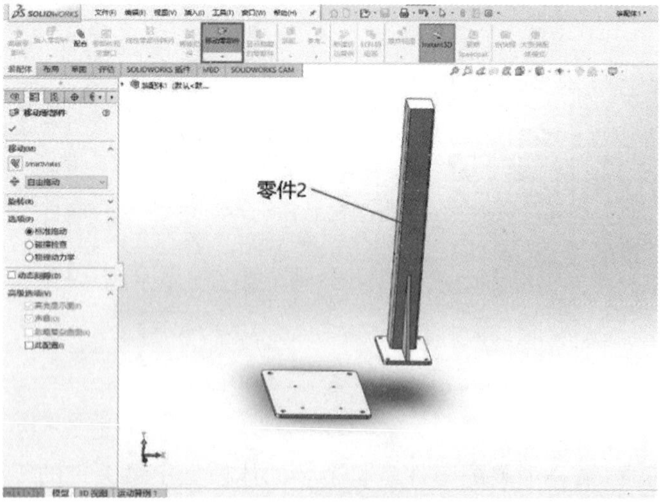

图 3-23　移动零件 2

②选择“配合”→“同轴心”→“配合选择”命令，再选择图 3-24 所示的孔，单击“确认”按钮，完成两次同轴心配合。

③选择“配合”→“重合”→“配合选择”命令，再选中图 3-25 所示的两个面，完成重合配合，即零件 2 与零件 1 配合完成，如图 3-26 所示。

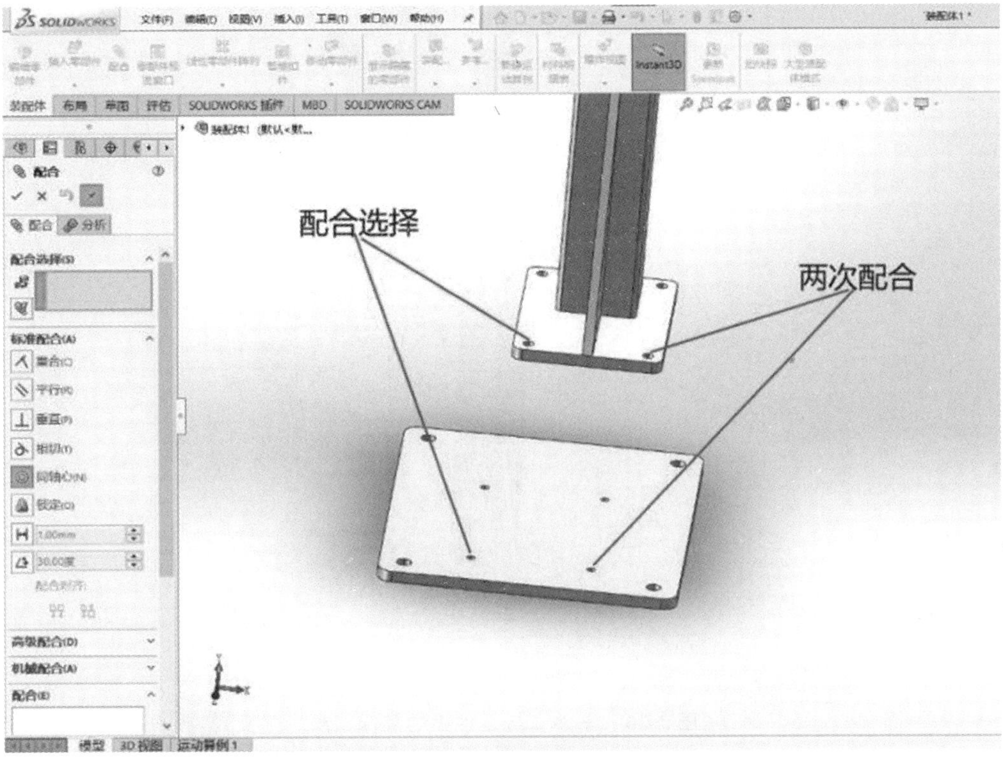

图 3-24 两次同轴心配合

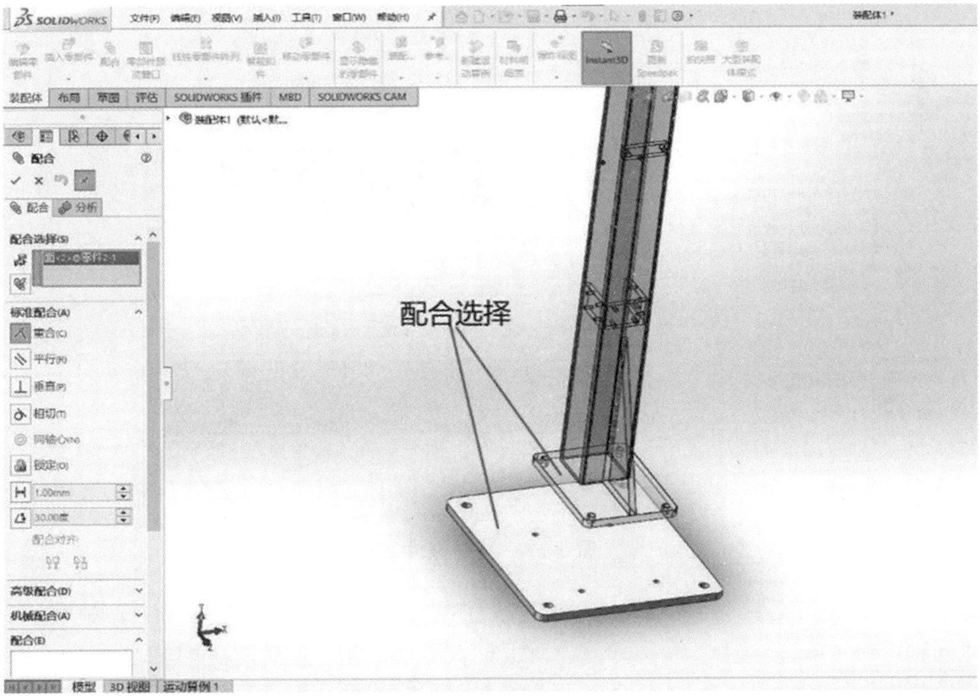

图 3-25 选择重合配合的面

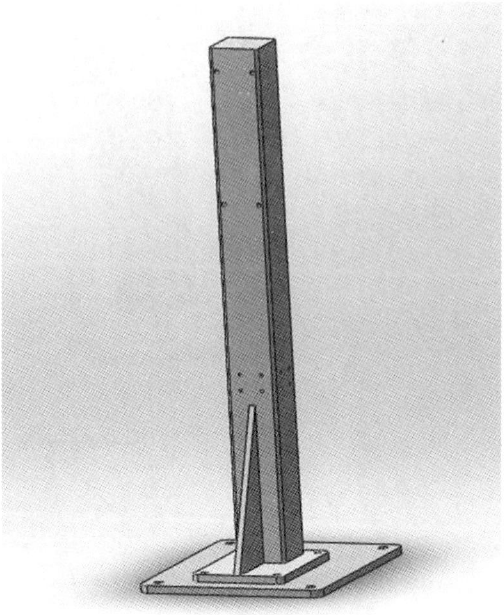

图 3-26　零件 2 与零件 1 的装配结果

(2)零件 3 与零件 2 的装配。

①单击“复制”按钮,选中零件 3,将其进行复制,如图 3-27 所示。

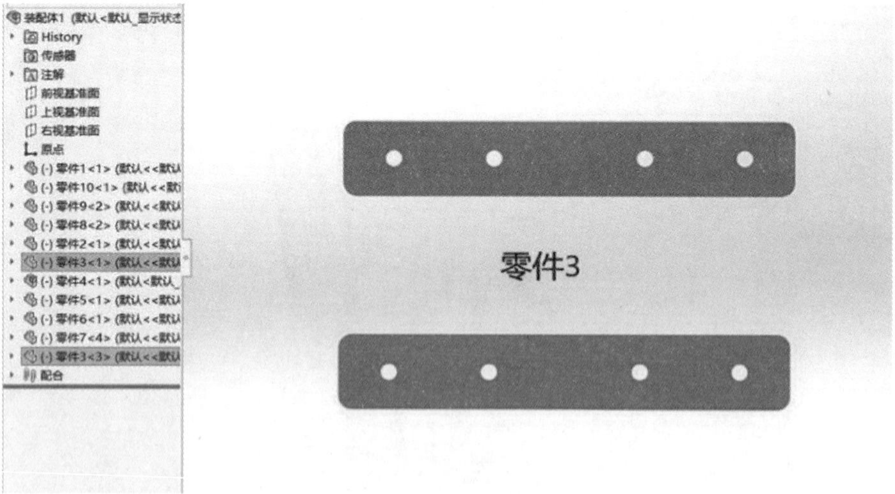

图 3-27　复制零件 3

②单击“移动零部件”按钮,选中零件 3,按住鼠标左键,将其拖拽到零件 2 附近,选择“配合”→“同轴心”→“配合选择”命令,再选择图 3-28 所示的孔,完成四次同轴心配合。

③选择“配合”→“重合”→“配合选择”命令,再选择图 3-29 所示的两个面,完成重合配合,即零件 3 与零件 2 的装配完成,如图 3-30 所示。

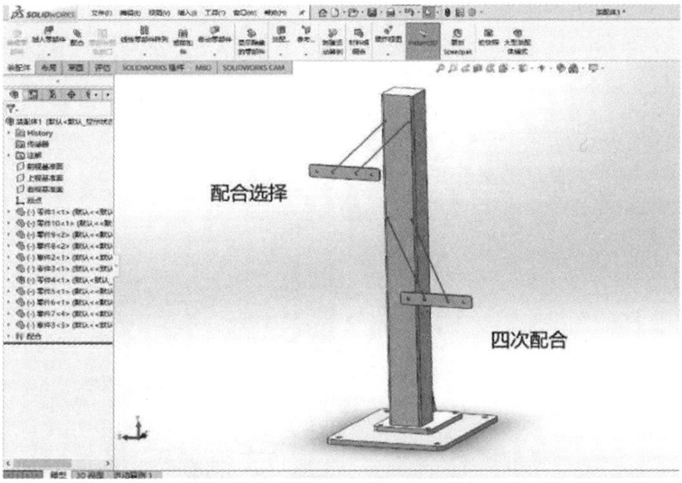

图 3-28 四次同轴心配合

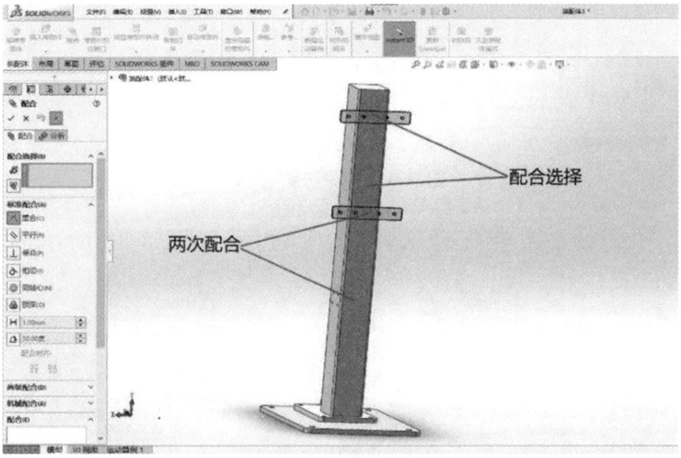

图 3-29 重合配合

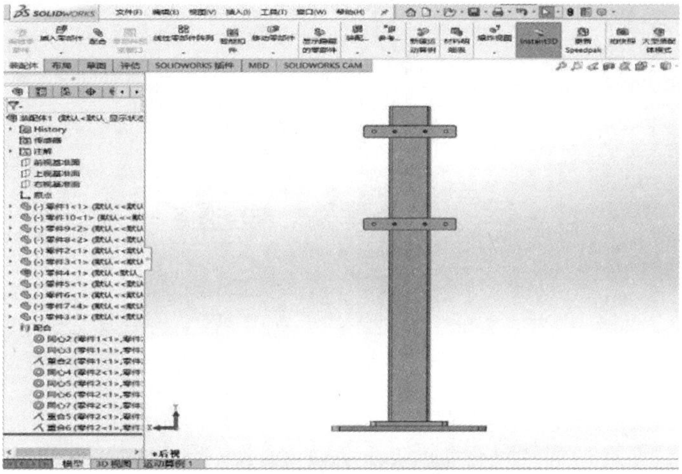

图 3-30 零件 3 与零件 2 的装配结果

(3)零件 4 与零件 2 的装配。

①单击“移动零部件”按钮,选中零件 4,按住鼠标左键,将其拖拽到零件 2 附近,如图 3-31 所示。

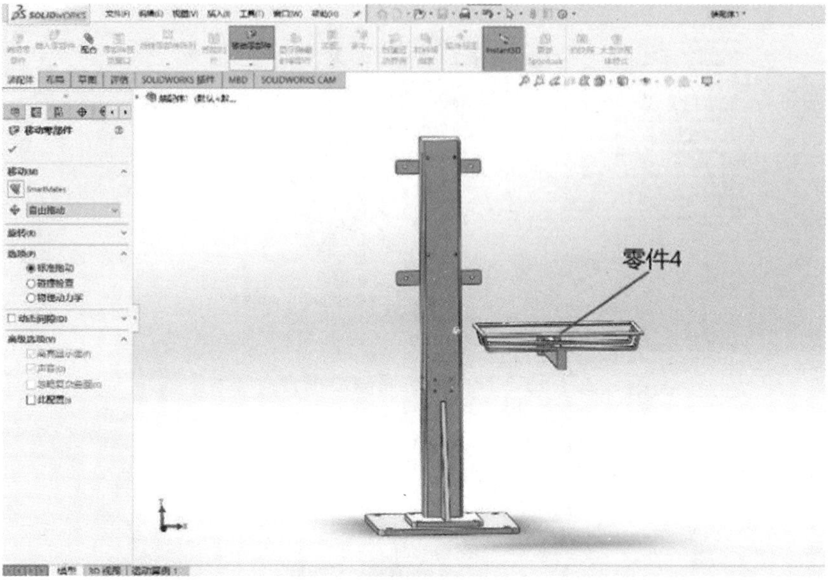

图 3-31　移动零件 4

②选择“配合”→“同轴心”→“配合选择”命令,再选择图 3-32 所示的孔,完成两次同轴心配合。

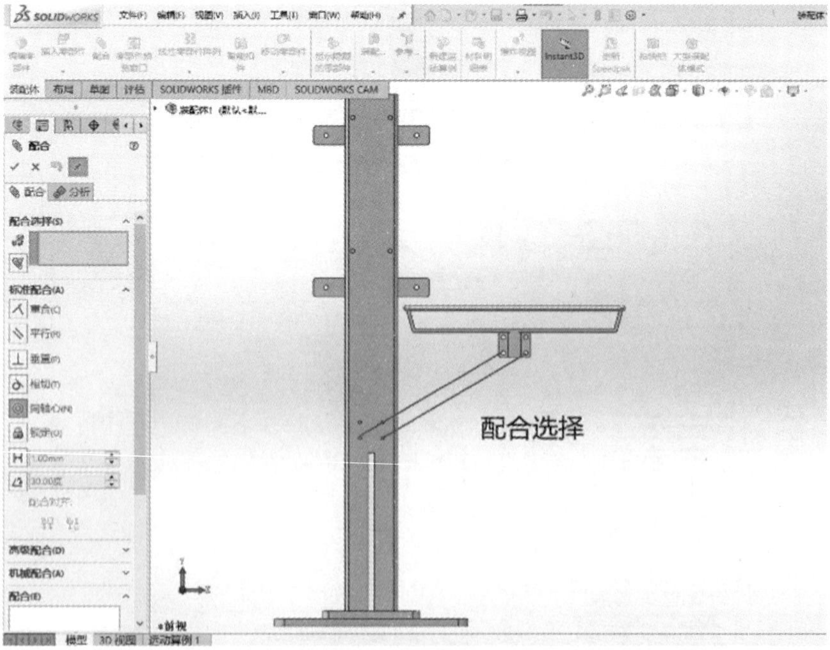

图 3-32　同轴心配合

③选择“配合”→“重合”→“配合选择”命令,再选择图 3-33 所示的两个面,完成重合配

合，即零件 4 与零件 2 的装配完成，如图 3-34 所示。

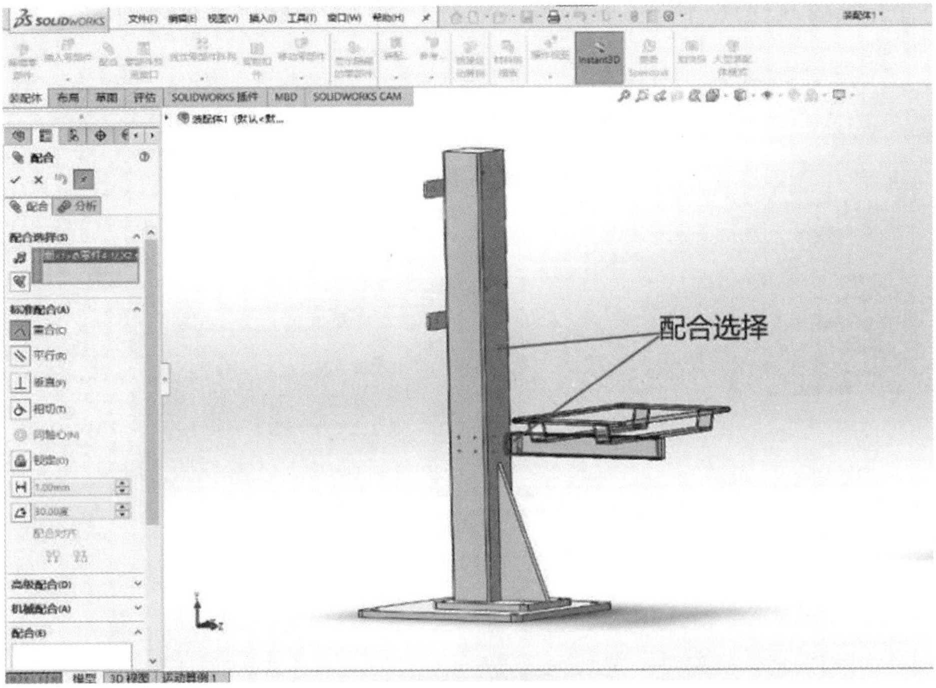

图 3-33 重合配合

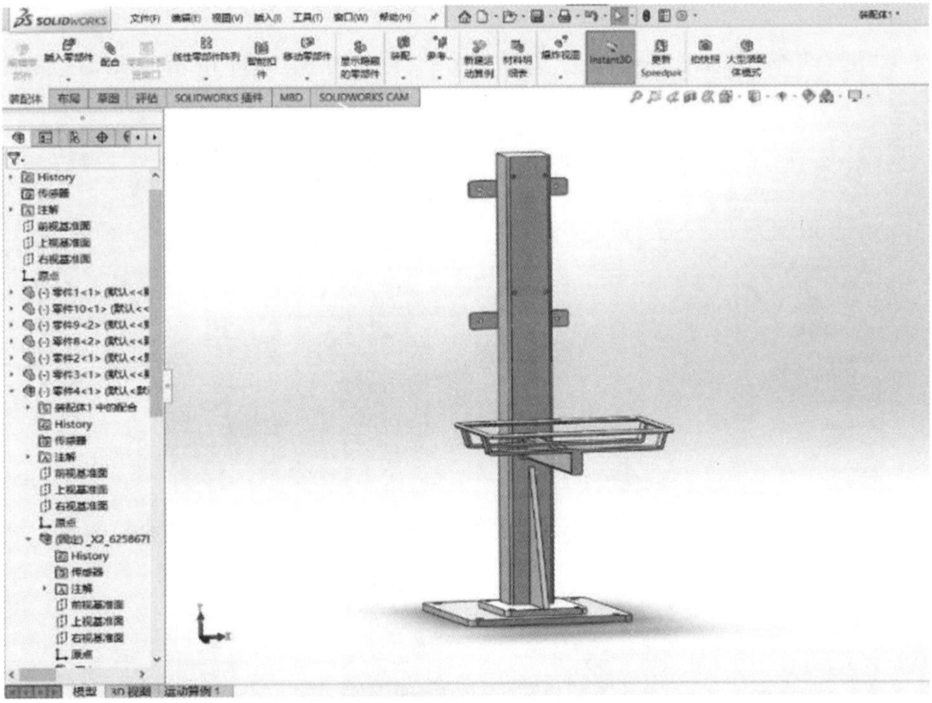

图 3-34 零件 4 与零件 2 的装配结果

(4)零件 5 与零件 2 的装配。

①单击“移动零部件”按钮，选中零件 5，按住鼠标左键，将其拖拽到零件 2 附近，如图 3-35 所示。

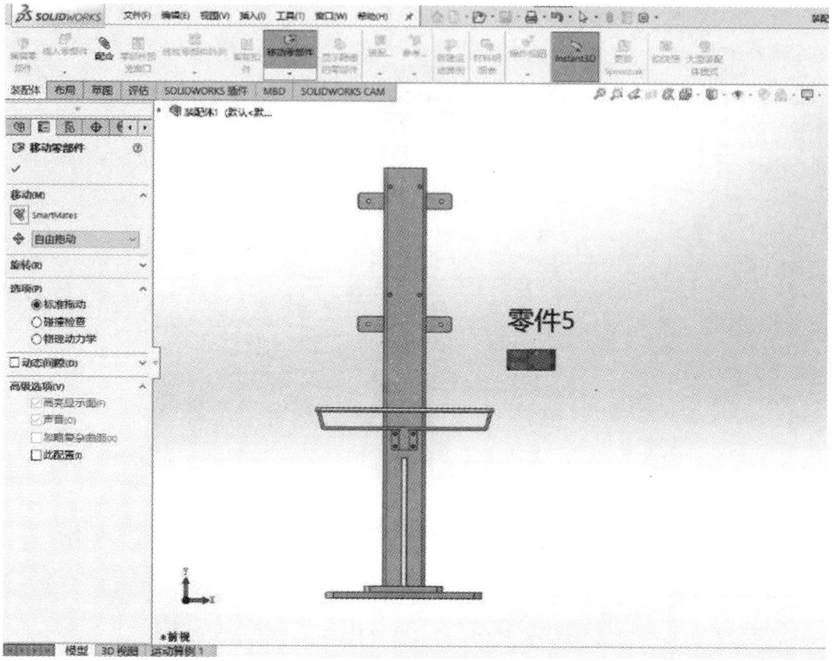

图 3-35　移动零件 5

②选择“配合”→“同轴心”→“配合选择”命令，再选择图 3-36 所示的孔，完成两次同轴心配合。

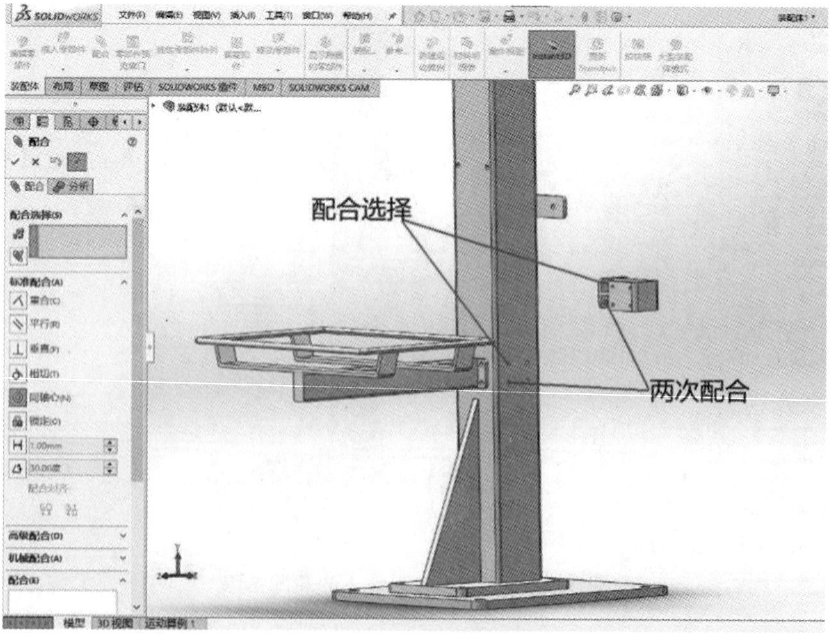

图 3-36　同轴心配合

③选择“配合”→“重合”→“配合选择”命令，再选择图 3-37 所示的两个面，完成重合配合，即零件 5 与零件 2 的装配完成，如图 3-38 所示。

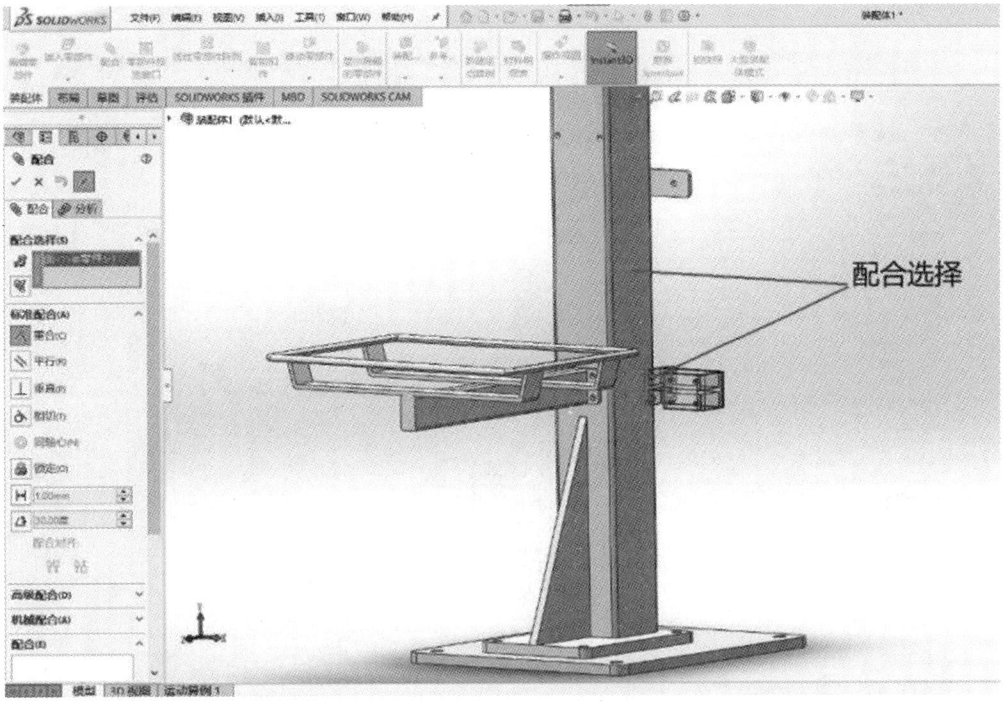

图 3-37 重合配合

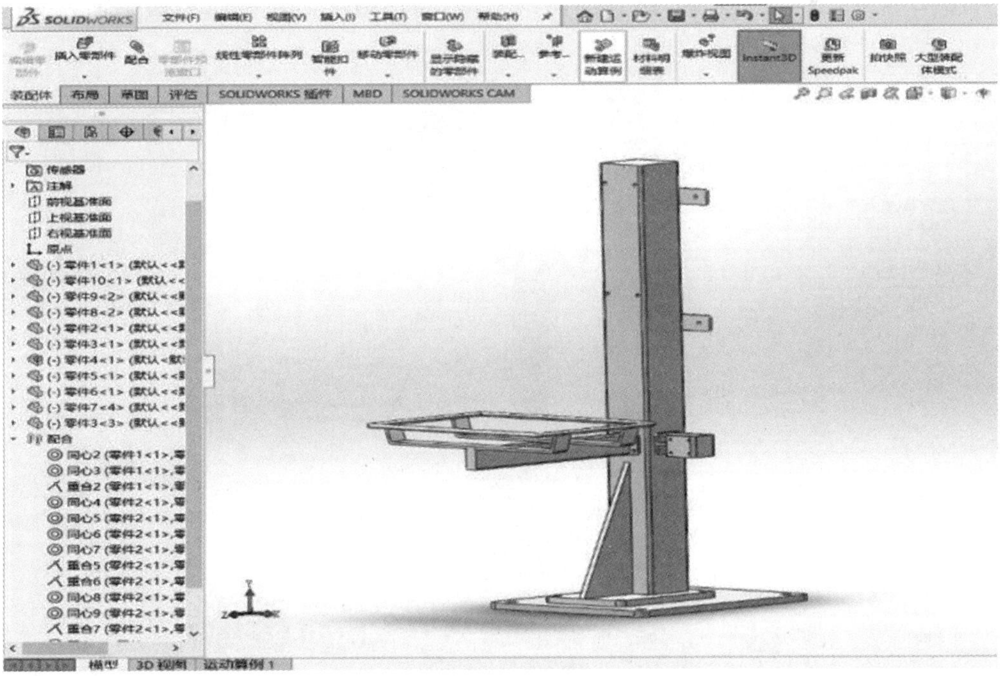

图 3-38 零件 5 与零件 2 的装配结果

(5)零件 6 与零件 4 的装配。

①单击“移动零部件”按钮,选中零件 6,按住鼠标左键,将其拖拽到零件 4 附近,如图 3-39 所示。

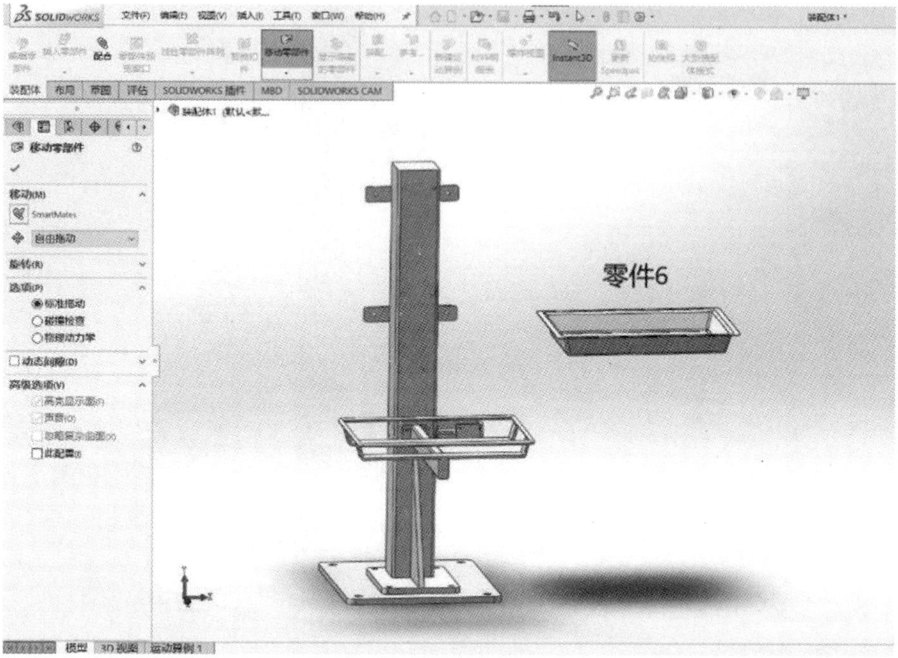

图 3-39 移动零件 6

②选择“配合”→“重合”→“配合选择”命令,再选择图 3-40 所示的两个面,完成重合配合。

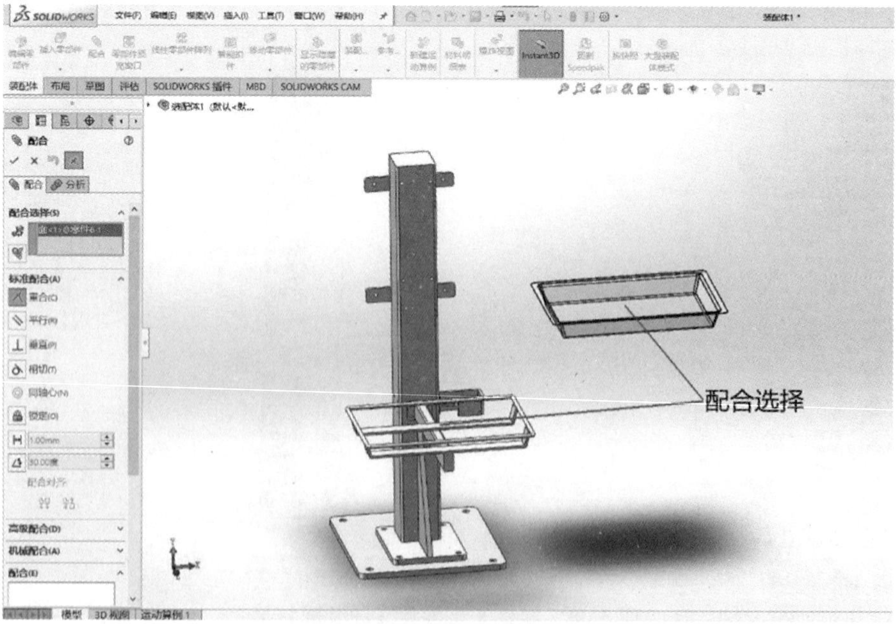

图 3-40 重合装配

③选择"配合"→"高级配合"→"宽度配合"→"配合选择"命令,再选择图 3-41 所示的四个面,完成宽度配合。

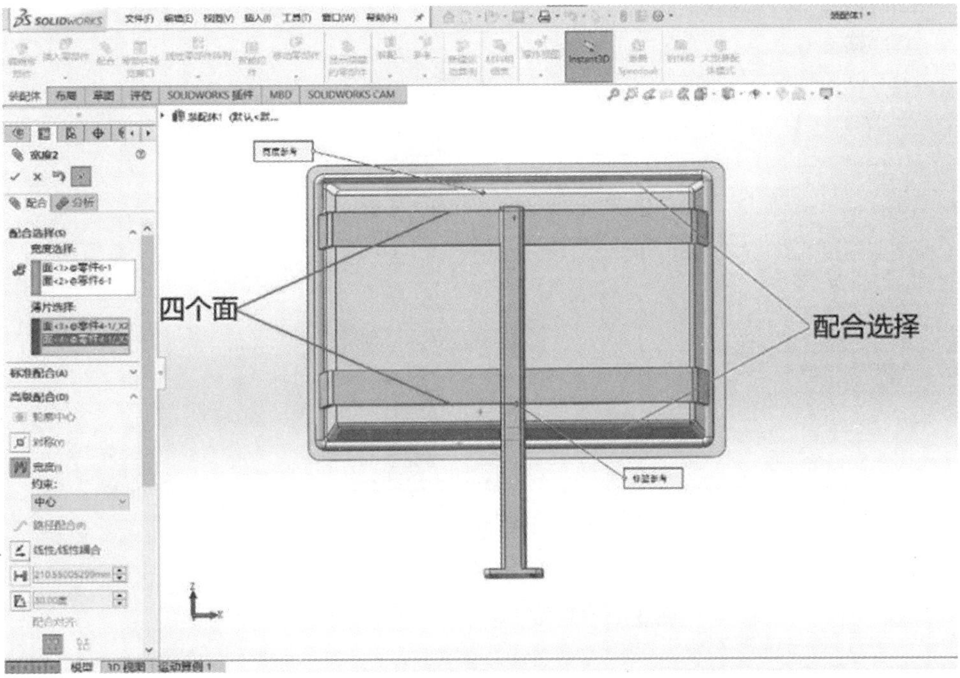

图 3-41　宽度配合

④选择"配合"→"重合"→"配合选择"命令,再选择图 3-42 所示的两个面,完成重合配合,即零件 6 与零件 4 的装配完成,如图 3-43 所示。

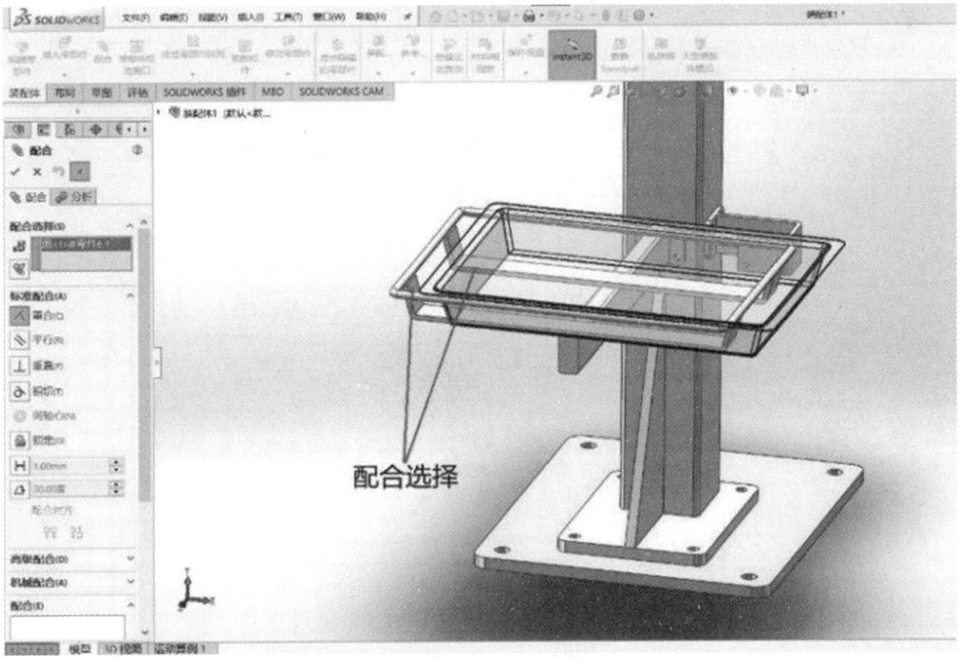

图 3-42　重合配合

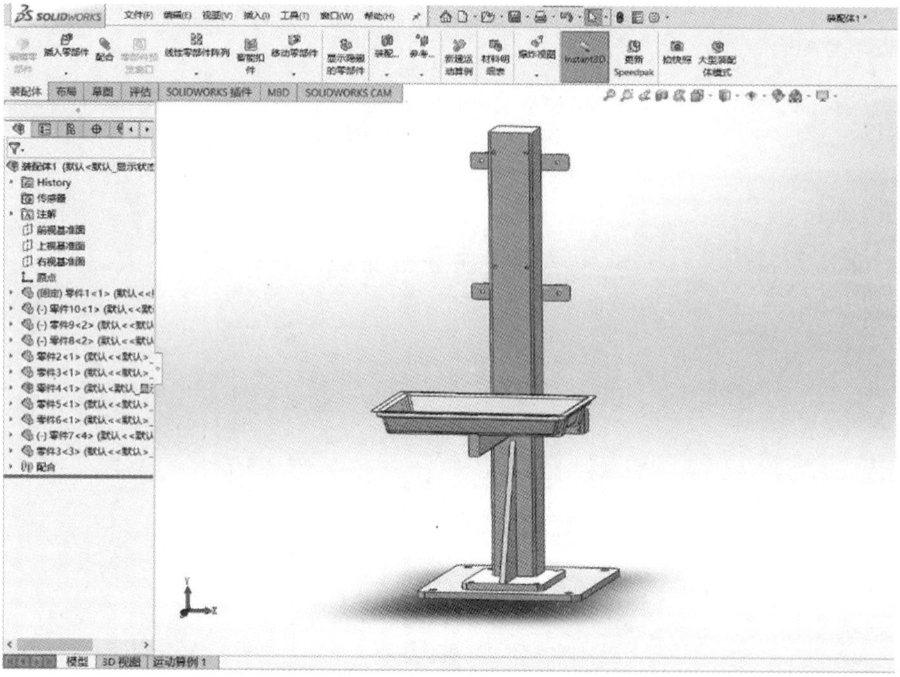

图 3-43　零件 6 与零件 4 的装配结果

(6)零件 7 与零件 2 的装配。

①单击“移动零部件”按钮，选中零件 7，按住鼠标左键，将其拖拽到零件 2 附近，如图 3-44 所示。

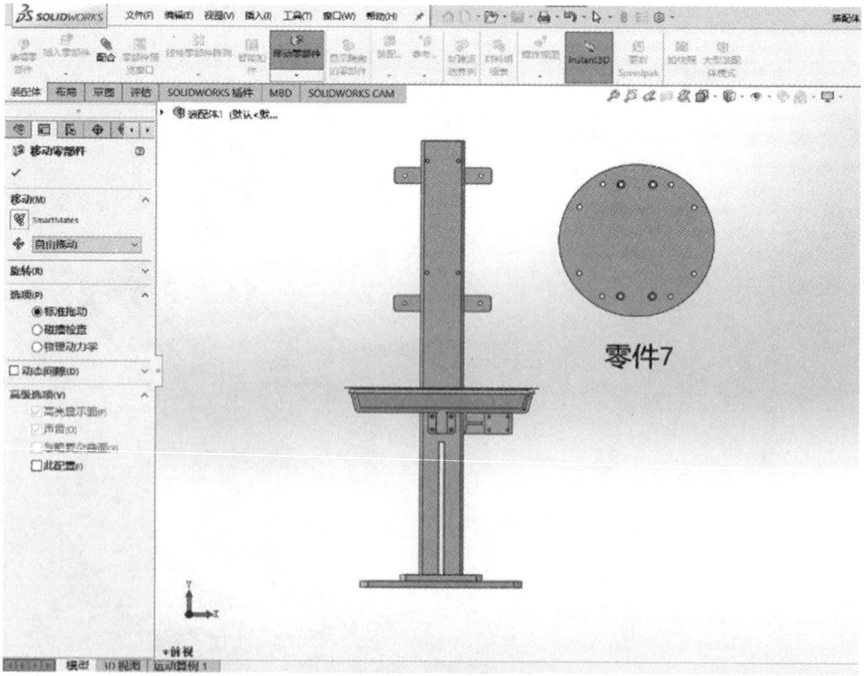

图 3-44　移动零件 7

②选择"配合"→"同轴心"→"配合选择"命令,再选择图 3-45 所示的孔,完成两次同轴心配合。

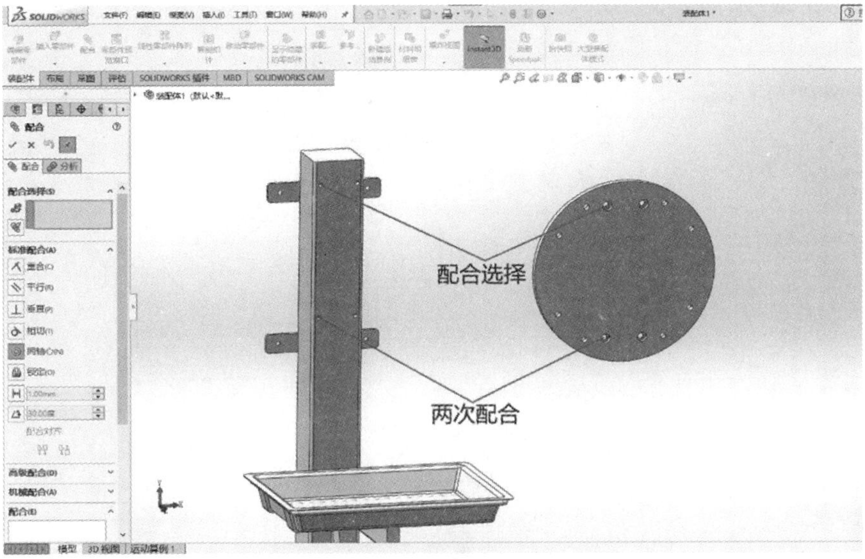

图 3-45　同轴心配合

③选择"配合"→"重合"→"配合选择"命令,再选择图 3-46 所示的两个面,完成重合配合,即零件 7 与零件 2 的装配完成,如图 3-47 所示。

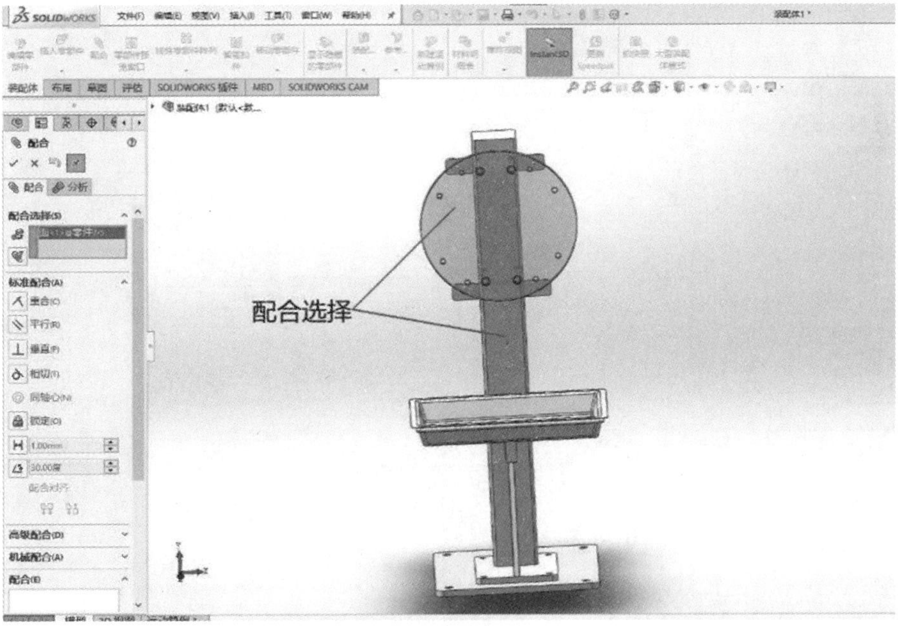

图 3-46　重合配合

(7)零件 8 与零件 7 的装配。

①单击"移动零部件"按钮,选中零件 8,按住鼠标左键,将其拖拽到零件 7 附近,如图 3-48 所示。

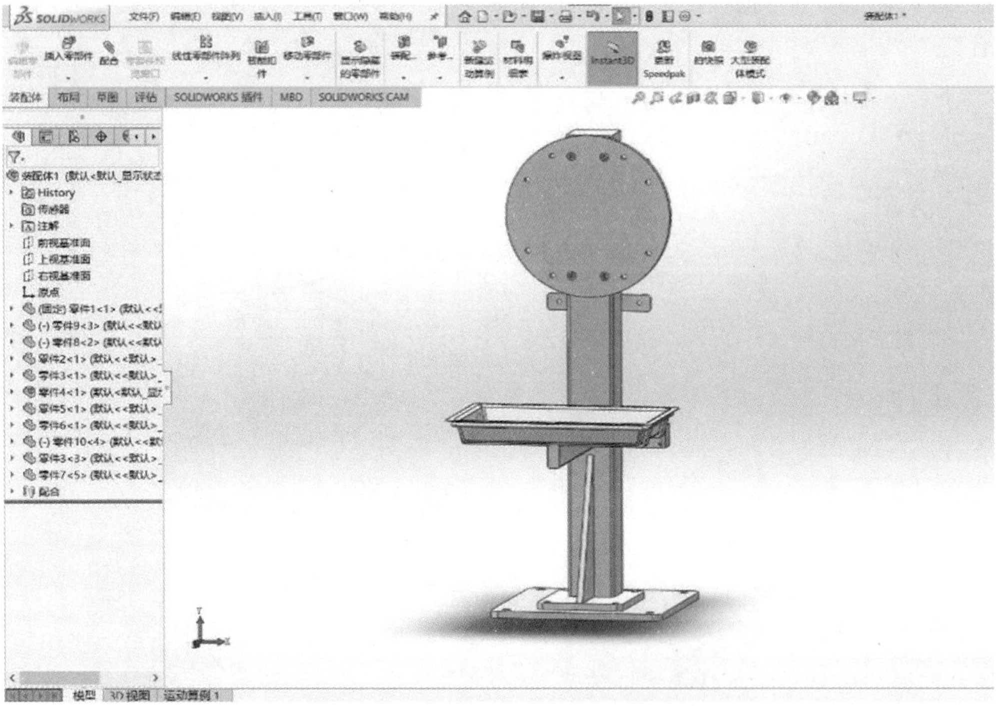

图 3-47　零件 7 与零件 2 的装配结果

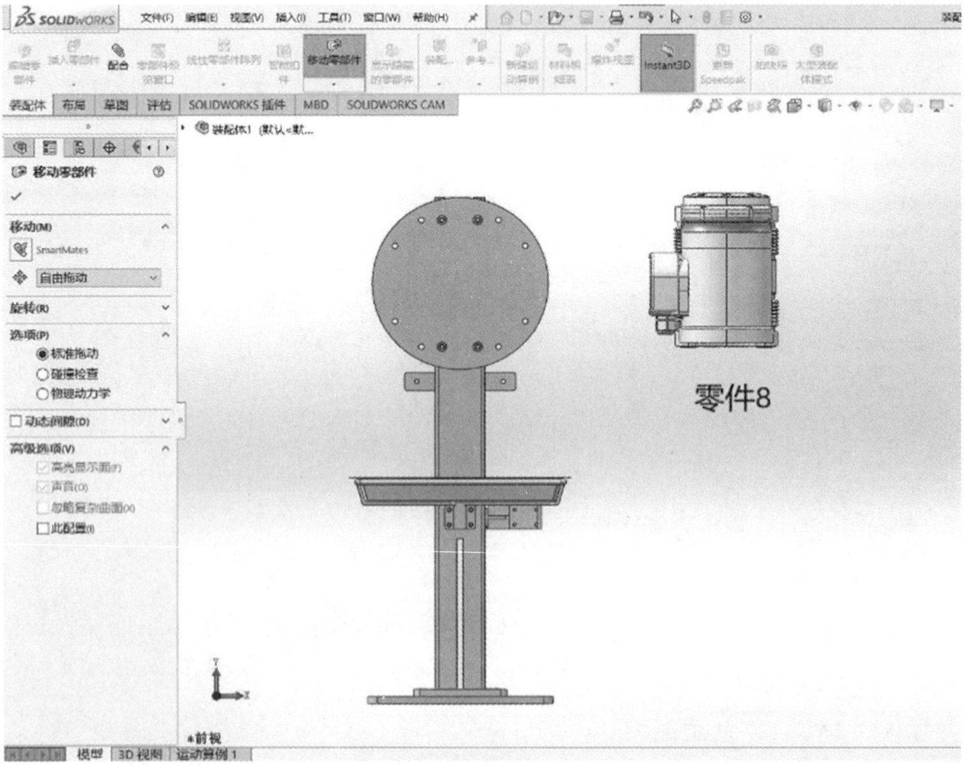

图 3-48　移动零件 8

②选择“配合”→“同轴心”→“配合选择”命令，再选择图 3-49 所示的孔，完成两次同轴心配合。

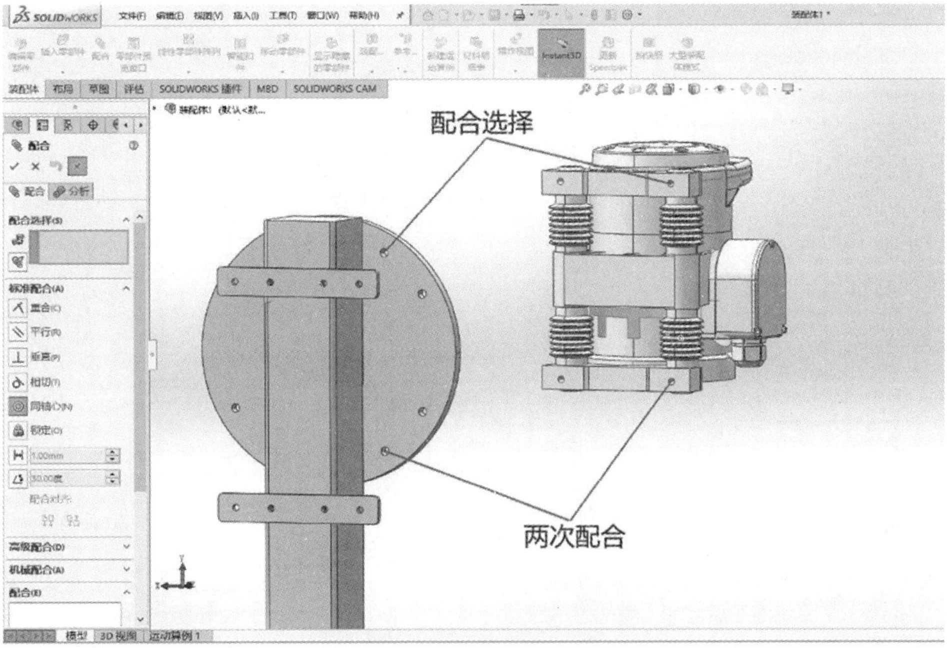

图 3-49 同轴心配合

③选择“配合”→“重合”→“配合选择”命令，再选择图 3-50 所示的两个面，完成重合配合，即零件 8 与零件 7 的装配完成，如图 3-51 所示。

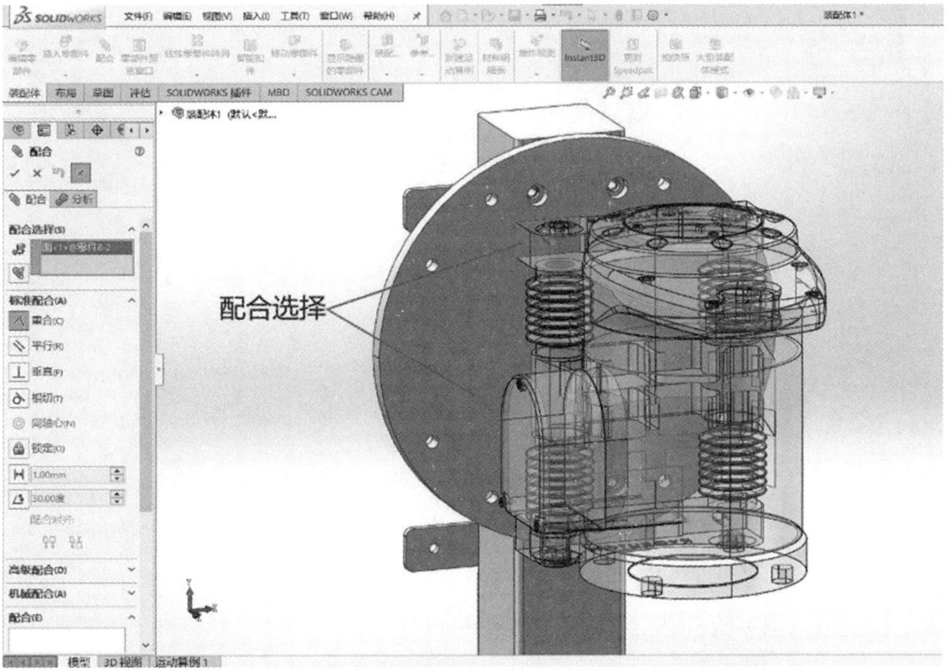

图 3-50 重合配合

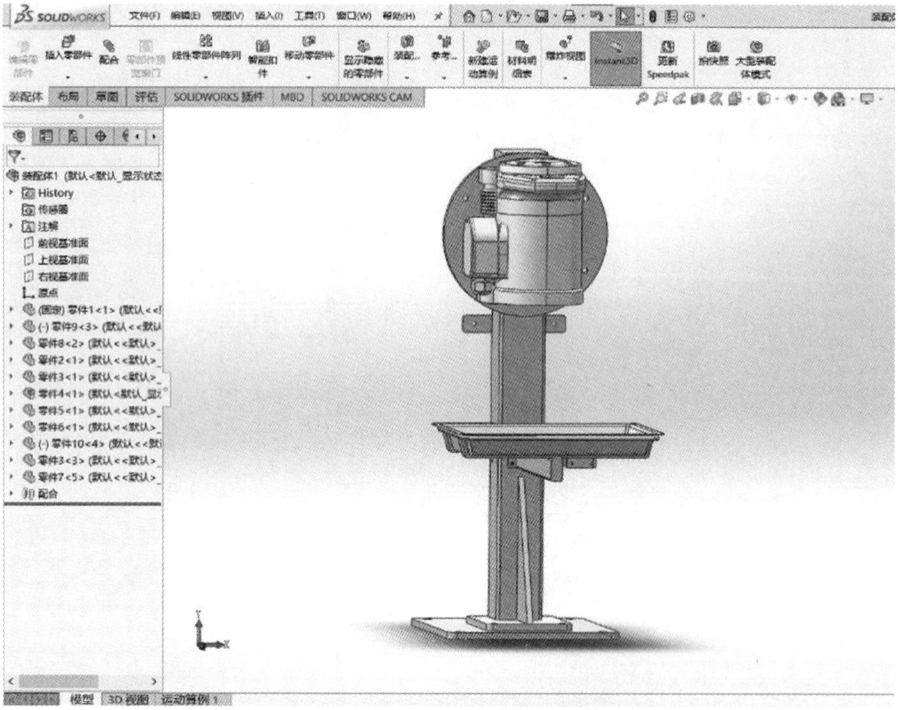

图 3-51　零件 8 与零件 7 的装配结果

(8)零件 9 与零件 3 的装配。

①单击“移动零部件”按钮，选中零件 9，按住鼠标左键，将其拖拽到零件 3 附近，如图 3-52 所示。

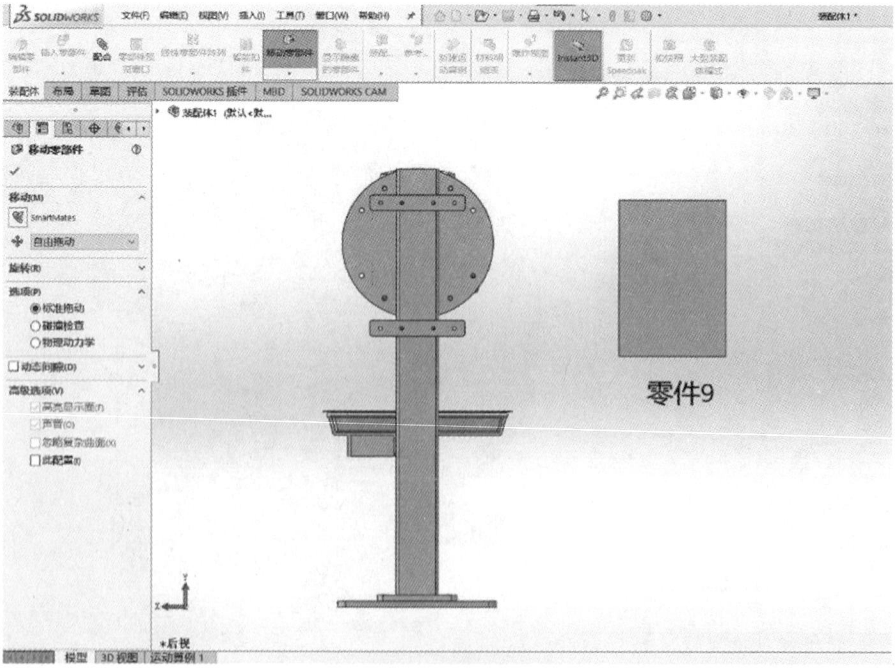

图 3-52　移动零件 9

②选择"配合"→"同轴心"→"配合选择"命令，再选择图 3-53 所示的孔，完成两次同轴心配合。

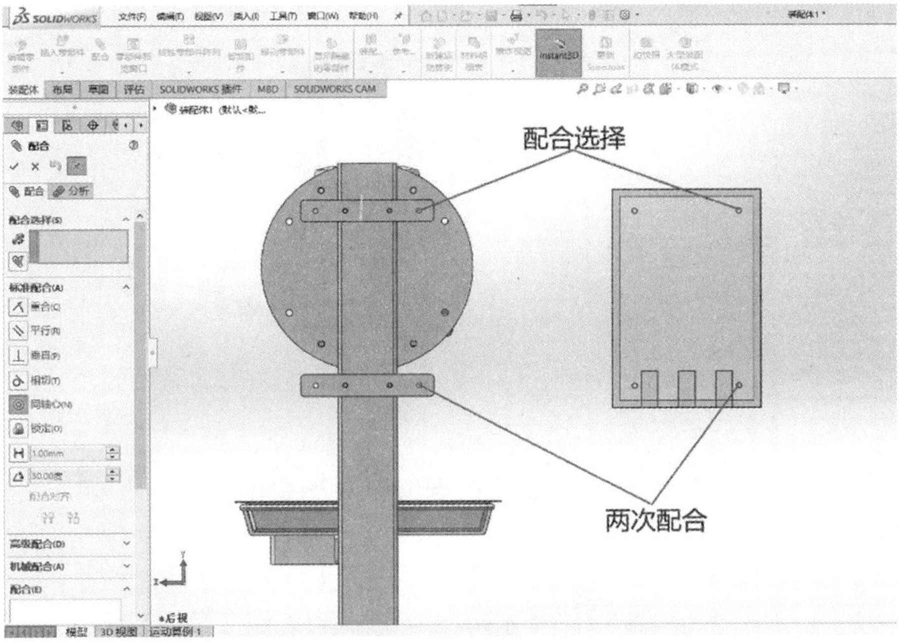

图 3-53 同轴心配合

③选择"配合"→"重合"→"配合选择"命令，再选择图 3-54 所示的两个面，完成重合配合，即零件 9 与零件 3 的装配完成，如图 3-55 所示。

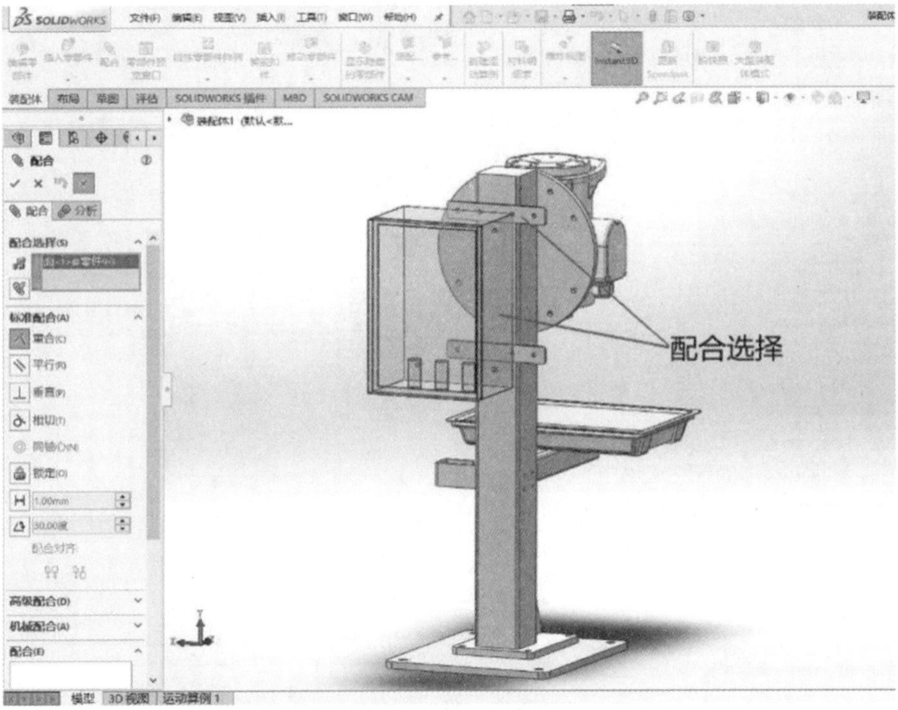

图 3-54 重合配合

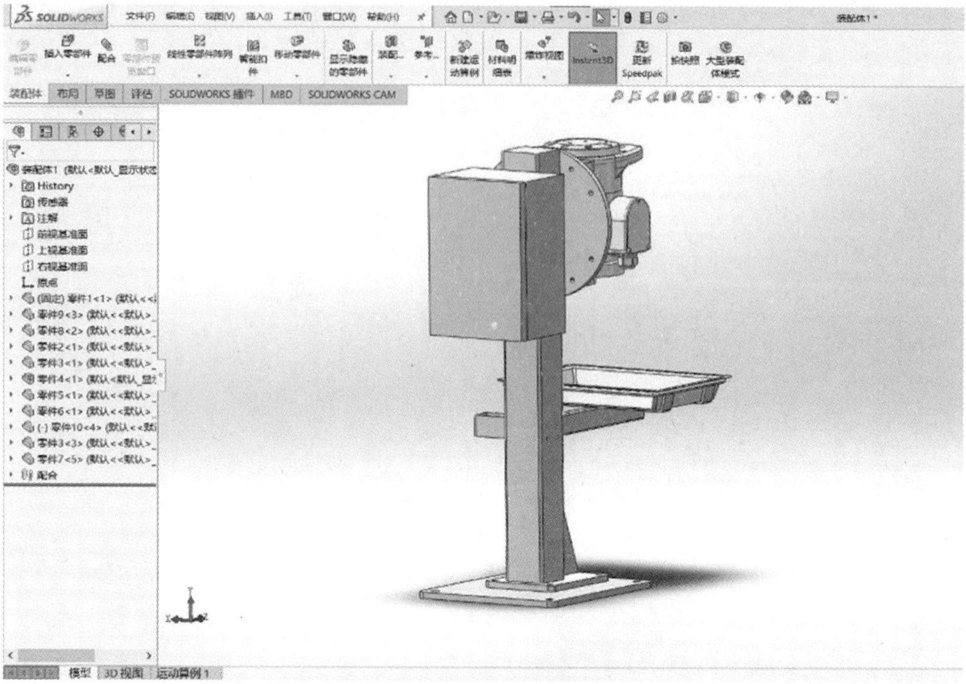

图 3-55　零件 9 与零件 3 的装配结果

(9)零件 10 与零件 9 的装配。

①单击“复制”按钮，选中零件 10，将其进行复制，如图 3-56 所示。

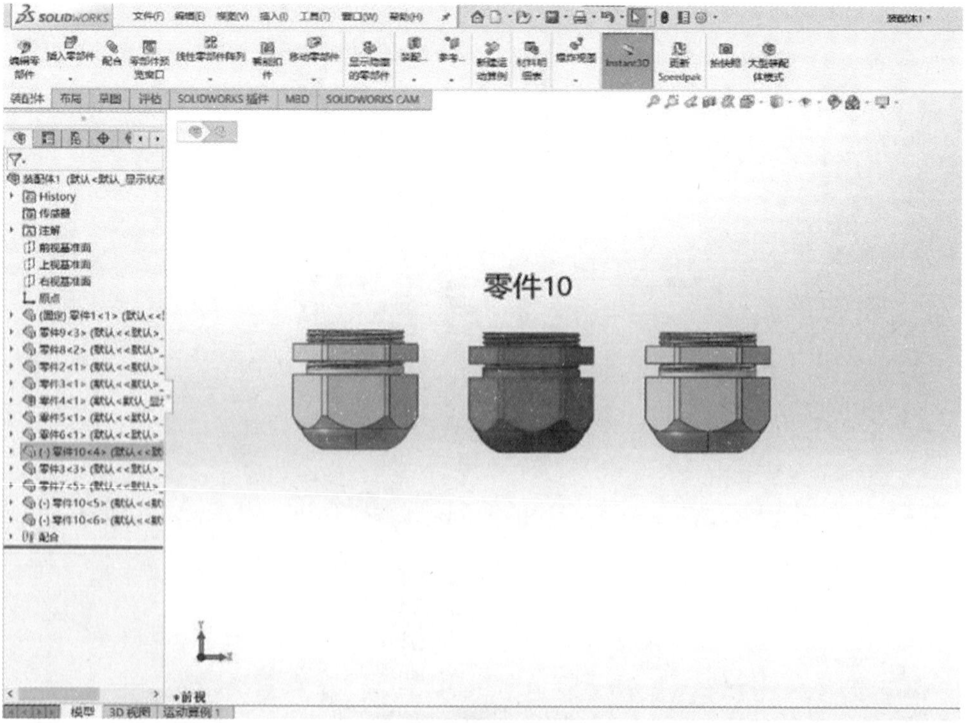

图 3-56　复制零件 10

②单击“移动零部件”按钮，选中零件 10，按住鼠标左键，将其拖拽到零件 9 附近，如图 3-57 所示。

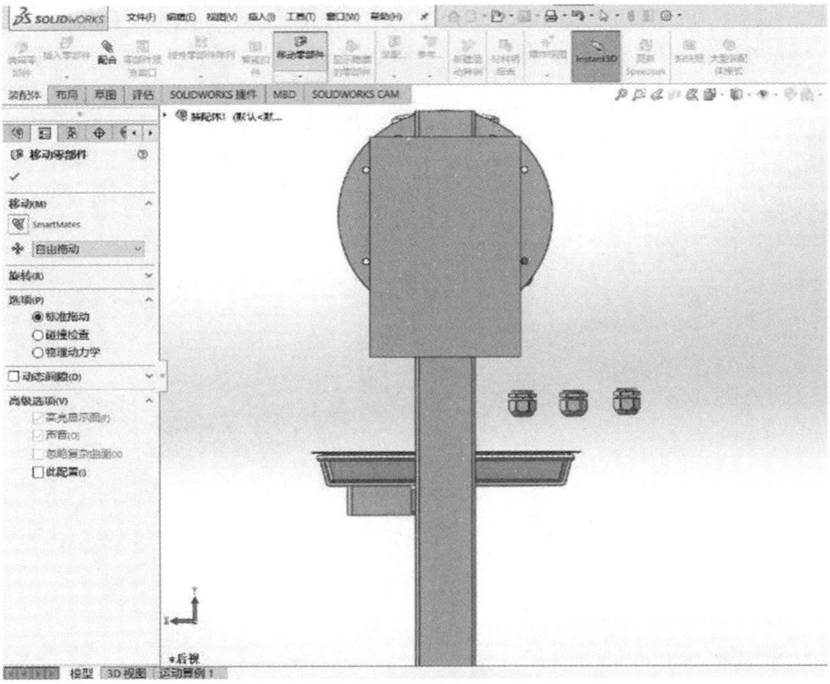

图 3-57　移动零件 10

③选择“配合”→“同轴心”→“配合选择”命令，再选择图 3-58 所示的孔，完成三次同轴心配合。

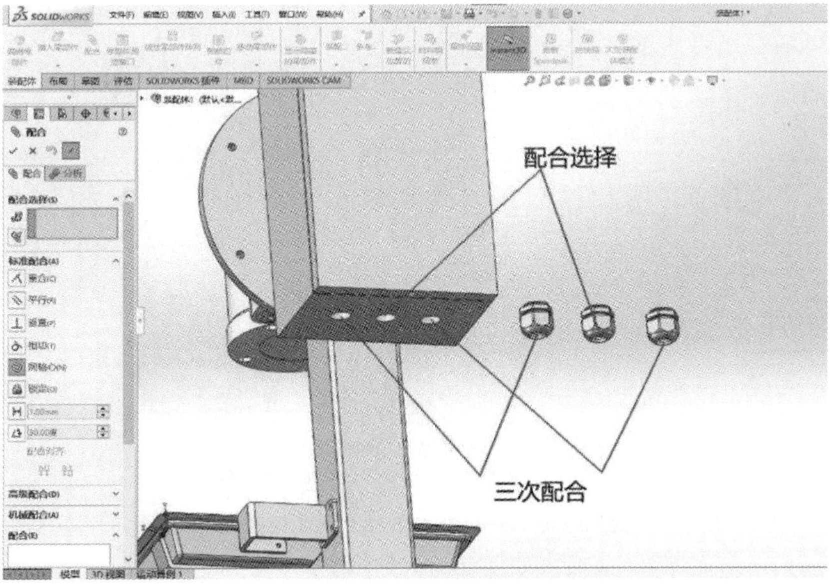

图 3-58　同轴心配合

④选择“配合”→“重合”→“配合选择”命令，再选择图 3-59 所示的两个面，完成重合配

合，即零件 10 与零件 9 的装配完成，如图 3-60 所示。

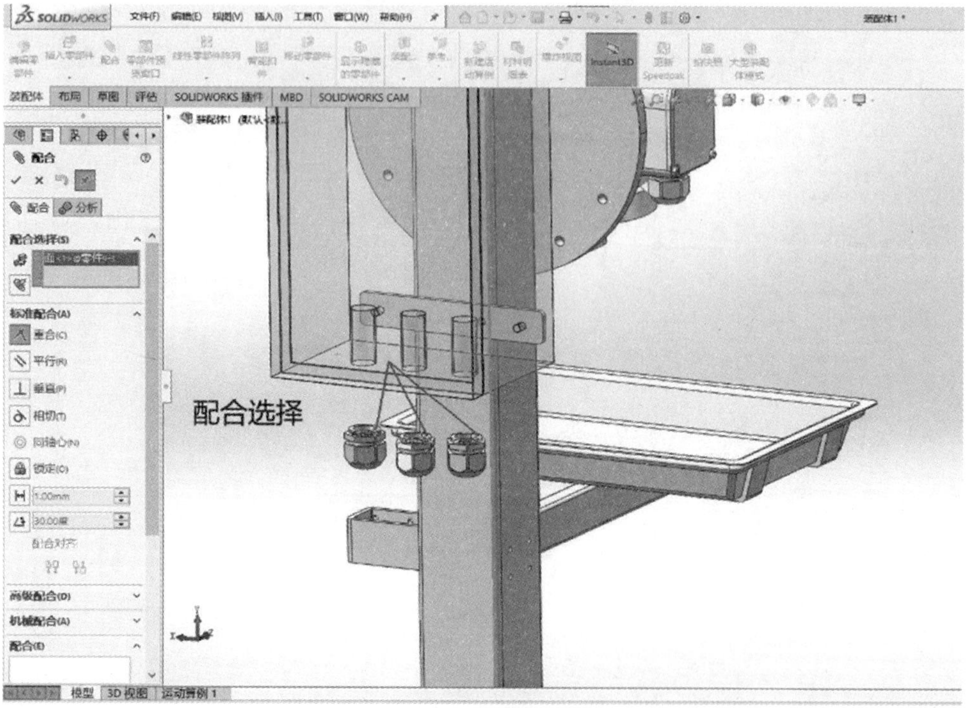

图 3-59 重合配合

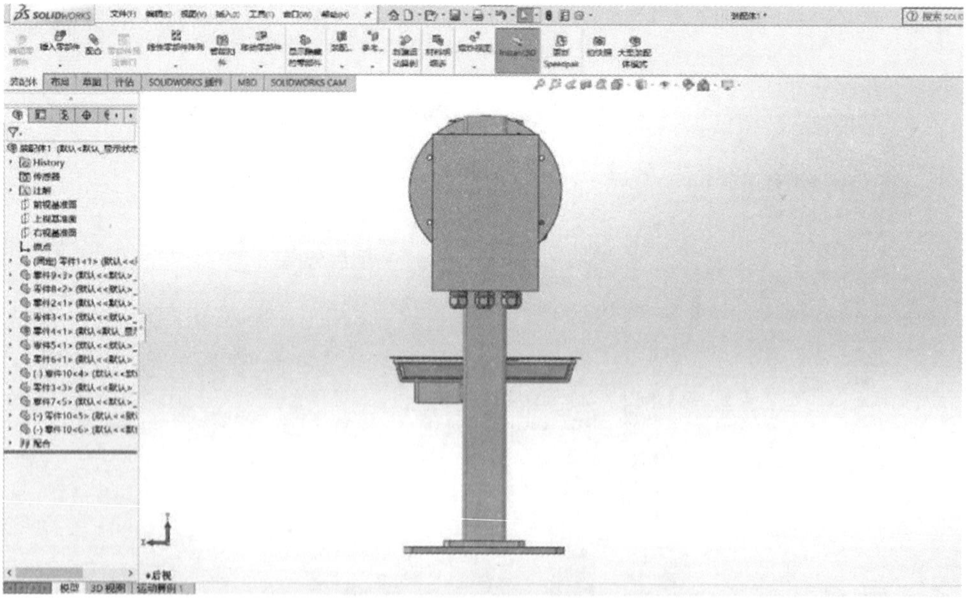

图 3-60 零件 10 与零件 9 的装配结果

最终装配结果如图 3-61 所示。

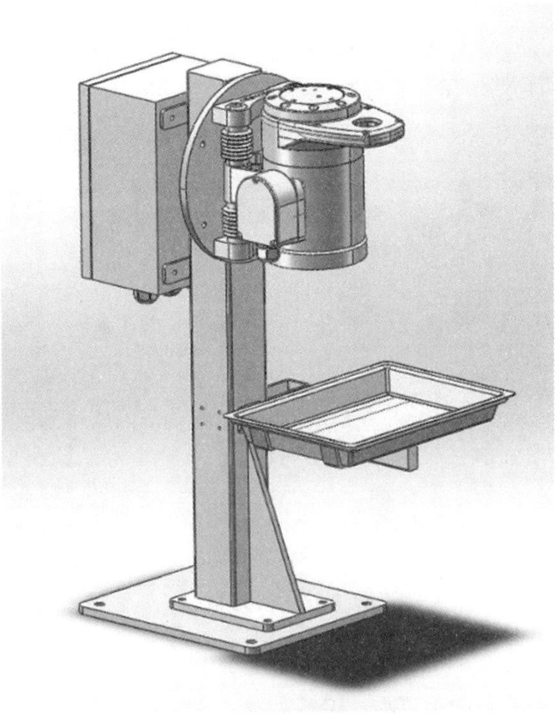

图 3-61 最终装配体

【任务实施】

➢根据上述对 SolidWorks 装配要素及流程的了解与学习，请完成另一种焊接台的装配。

任务2 装配体构建

【任务学习】

零件设计完成后，需根据要求进行装配。零件之间的装配关系实际上就是零件之间的位置约束关系。通常可将一个大型复杂的装配体看作由多个子装配体组成，所以在创建大型复杂的装配体模型时，可以先创建各个子装配体，然后将各个子装配体按照要求的位置关系进行装配，最后组成一个完整的装配体模型。这一节以机器人末端工具与机器人本体的装配为例，详细讲解装配过程。

装配体构建

1. 机器人本体与末端工具的导入

(1)打开 SolidWorks 软件，选择“文件”→“新建”命令，或者直接单击标准工具栏中的“新建”按钮，在弹出的“新建 SOLIDWORKS 文件”对话框中选择“装配体”模板，单击“确定”按钮，弹出“开始装配体”对话框。

(2)在“开始装配体”对话框中单击“浏览”按钮，进入已经建好的文件目录，如图 3-62 所示，选择 ABB 机器人本体并导入、固定，如图 3-63 所示。

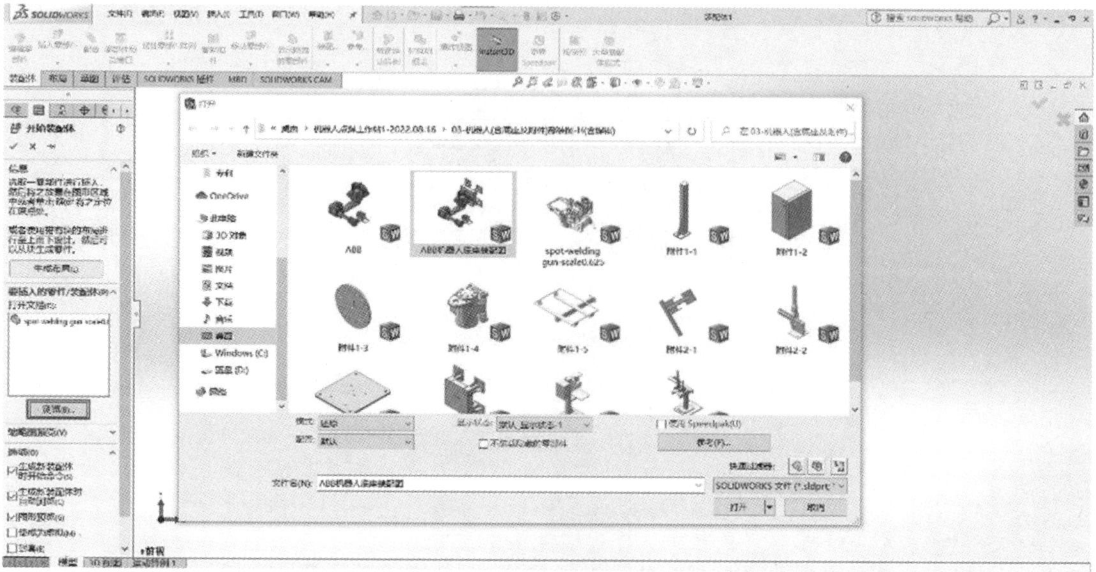

图 3-62　浏览零件

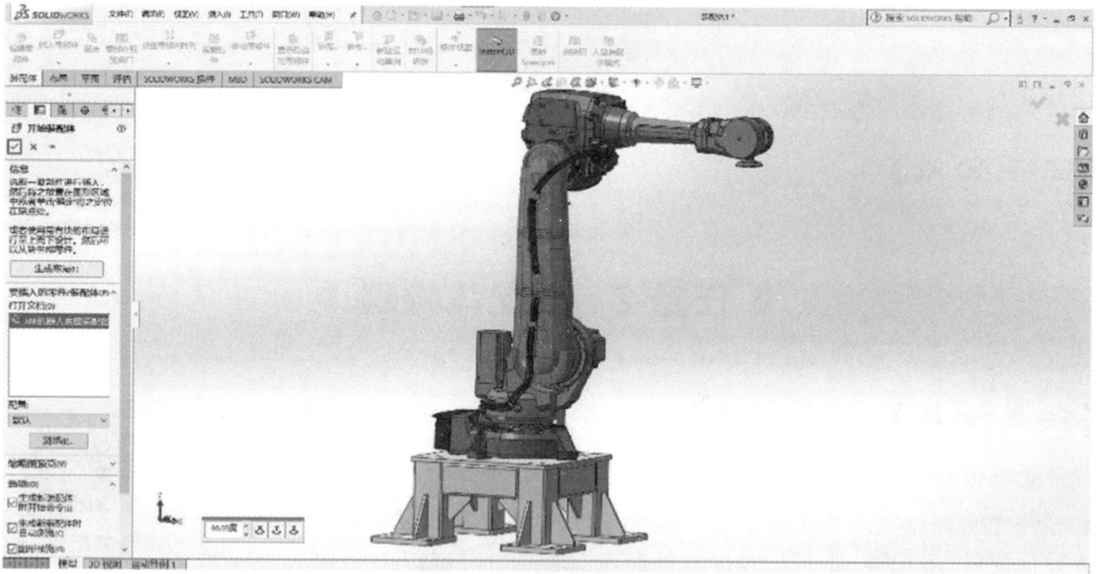

图 3-63　导入机器人本体

(3)按照上述操作步骤导入末端工具,并将其移动到机器人本体附近,如图 3-64 所示。

2. 机器人本体与末端工具的装配

(1)选中机器人本体,单击鼠标左键,在弹出的快捷菜单中选择“配合”按钮,或者直接单击标准工具栏中的“配合”按钮,还可以单击菜单栏中的“插入”按钮,选择“配合”选项。选择“同轴心”→“配合选择”命令,选中图 3-65 所示的两个曲面,完成同轴心配合。

(2)按照上述操作步骤,选择“配合”→“同轴心”→“配合选择”命令,再选择图 3-66 所示的两个孔,完成同轴心配合。

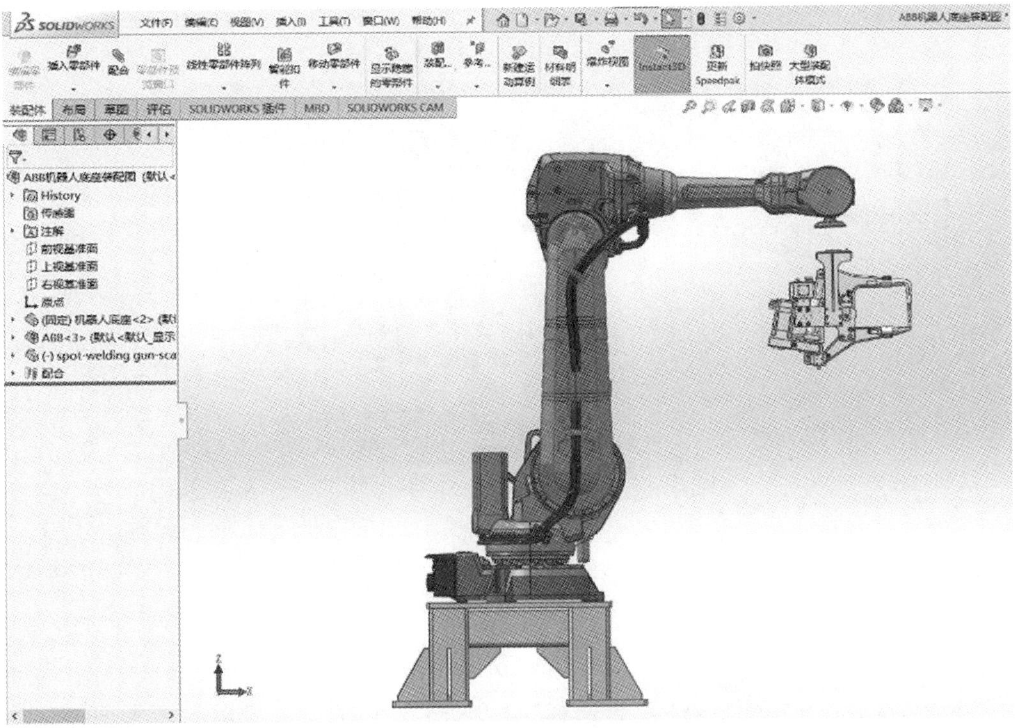

图 3-64 导入末端工具

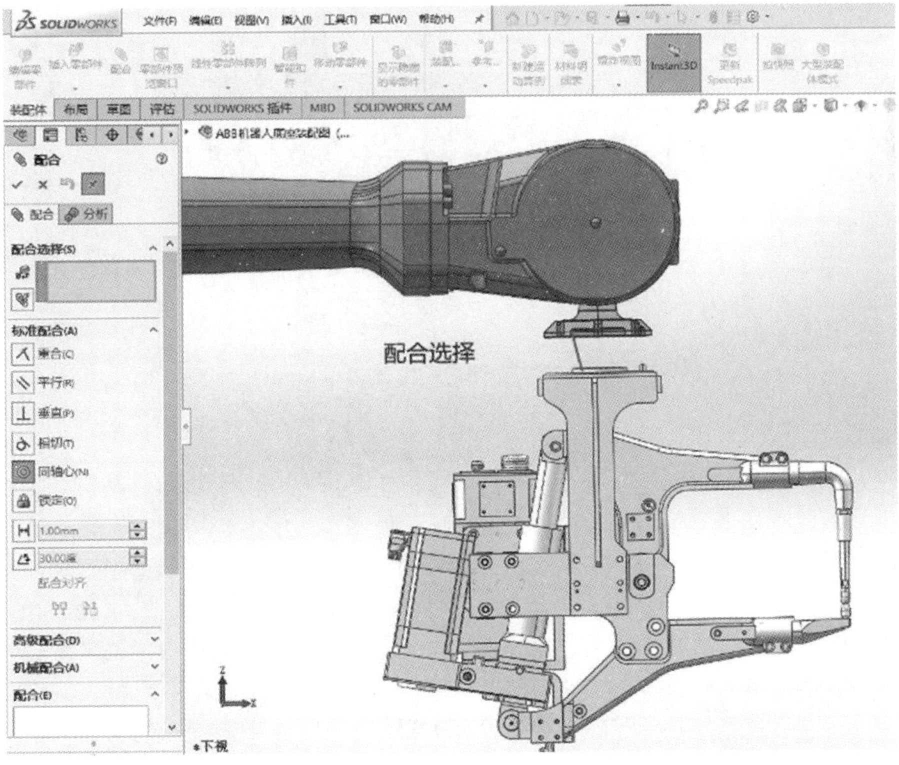

图 3-65 同轴心配合

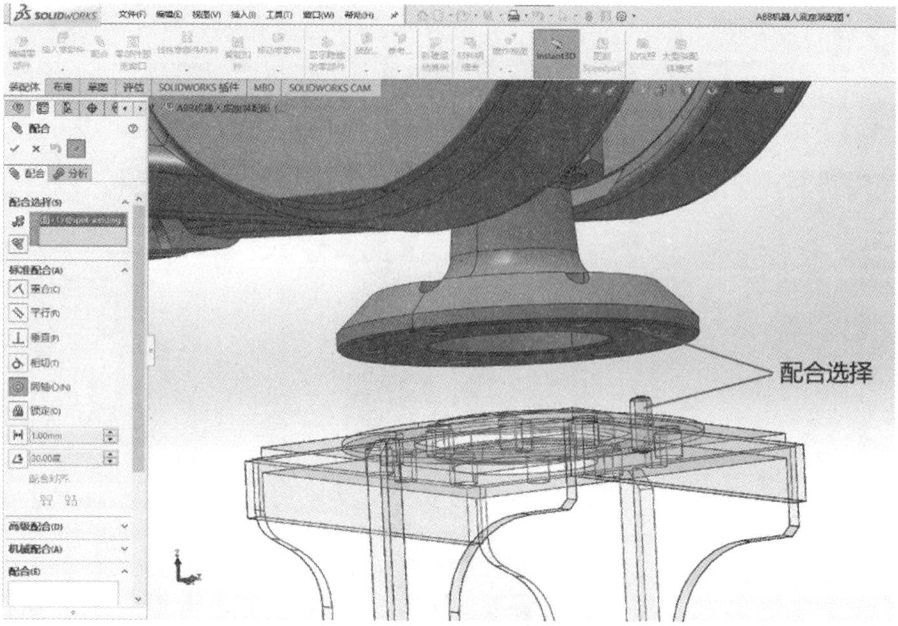

图 3-66　同轴心配合

(3)选择“配合”→“重合”→“配合选择”命令,再选择图 3-67 所示的两个面,完成重合配合。

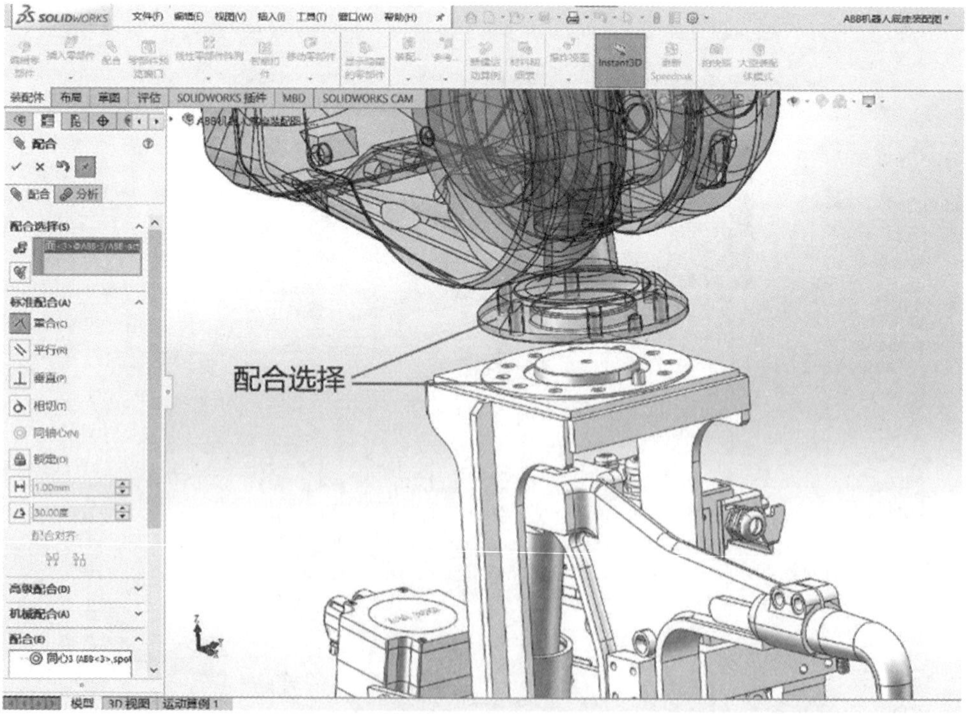

图 3-67　重合配合

最终结果如图 3-68 所示。

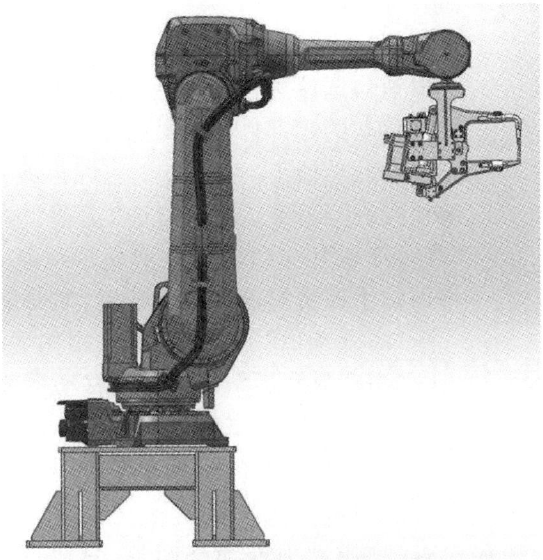

图 3-68　最终装配结果

【任务实施】

➢根据上述对末端工具与机器人本体装配的学习，请完成对另一款机器人本体与末端工具的装配。

任务 3　装配设计验证

【任务学习】

1. 碰撞

装配设计验证

SolidWorks 碰撞检查可以在移动或旋转零部件时检查零部件之间的碰撞，可以检查与整个装配体或所选零部件之间的碰撞，发现对所选零部件的碰撞，或对因与所选零部件有配合关系而移动的所有零部件的碰撞，具体步骤如下。

在装配体环境下，选择“装配体”→“移动零部件”命令，选择“碰撞检查”选项，检查范围可选择“所有零部件之间”或“这些零部件之间”，如图 3-69 所示。

“检查范围”中各选项的功能如下：

“所有零部件之间”：若移动的零部件接触到装配体中任何其他的零部件，会检查出碰撞。

“这些零部件之间”：选择供碰撞检查的零部件框中的零部件，然后单击“恢复拖动”。若要移动的零部件接触到所选的零部件，会检测出碰撞；与不在框中的零部件碰撞，则会被忽略。

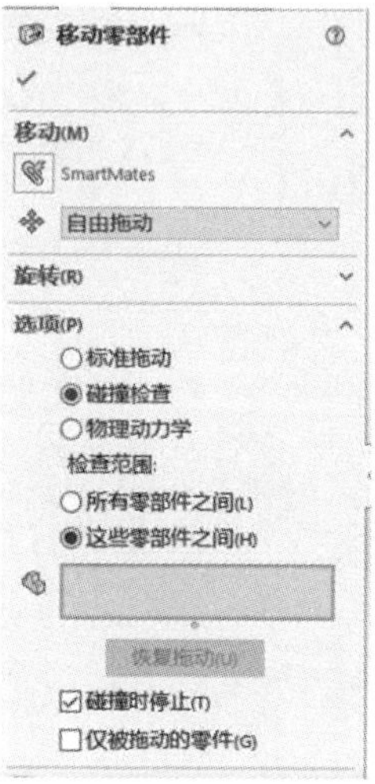

图 3-69 “移动零部件”对话框

“碰撞时停止”：使零部件的运动停止，以阻止其接触到任何其他实体。

“仅被拖动的零件”：只检查与所选移动零部件的碰撞。当取消勾选该选项后，所选移动零部件以及与所选零部件配合而移动的零部件将会被检查。

在此功能下，可对整个装配体或指定的零部件之间的干涉情况进行检查，并可勾选“选项”中的“碰撞时停止”，以及“高级选项”中的“高亮显示面”与“声音”，从而检测出模型即将面临干涉情形的零部件位置，如图 3-70 所示。

“高级选项”中各选项的作用如下：

“高亮显示面”：接触所选移动零部件的面会被高亮显示。

“声音”：发生碰撞时会发出声音。

“忽略复杂曲面”：只在平面、圆柱面、圆锥面、球面以及环面等曲面上发现碰撞。

“此配置”：不适用于碰撞检查、物质动力或动态间隙，只适用于移动零部件或旋转零部件。

在动态干涉检查过程中，可利用选项中的“动态间隙”确定零部件动作时的距离是多少，也可以指定间隙停止的距离，如图 3-71 所示。

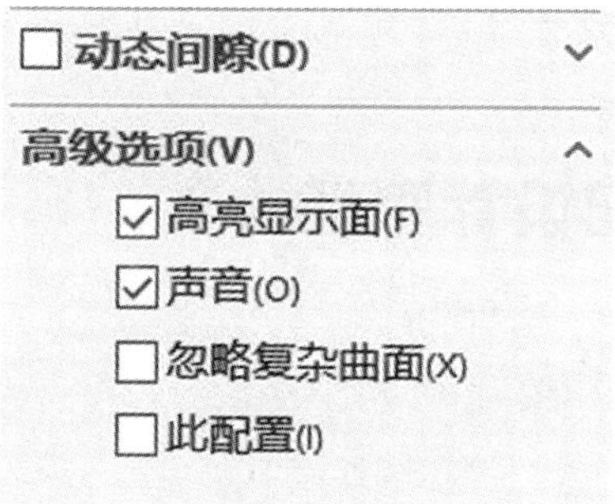

图 3-70 “高级选项”

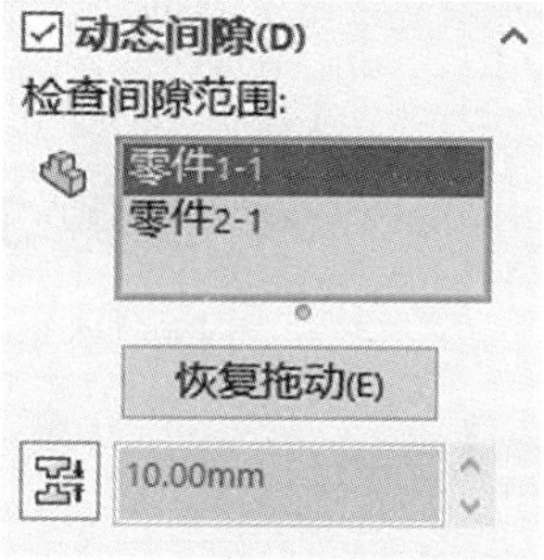

图 3-71 “动态间隙”选项

2. 干涉

SolidWorks 提供了干涉检查功能，可以检查所设计的产品是否存在干涉的位置，并合理地修改而避免零部件干涉，减少生产干涉零部件带来的浪费，具体操作方法如下。

在装配体环境下，选择“评估”→“干涉检查”命令（见图 3-72），勾选“包括多体零件干涉”选项，单击“计算”。

利用 SolidWorks 干涉检查可得知产生干涉的零部件、每个干涉部位的体积，并以高亮颜色显示。

在“选项”中，可设定过滤干涉的参数、判别干涉的类型、显示样式的呈现以及设定部分干涉为忽略等参数，如图 3-73 所示。

在“结果”选项中，可以排除在系统里被认定为干涉，但是工作中可以忽略的干涉选项；使用“排除的零部件”选项，可以处理类似于螺母、螺栓配合的情况，如图 3-74 所示。

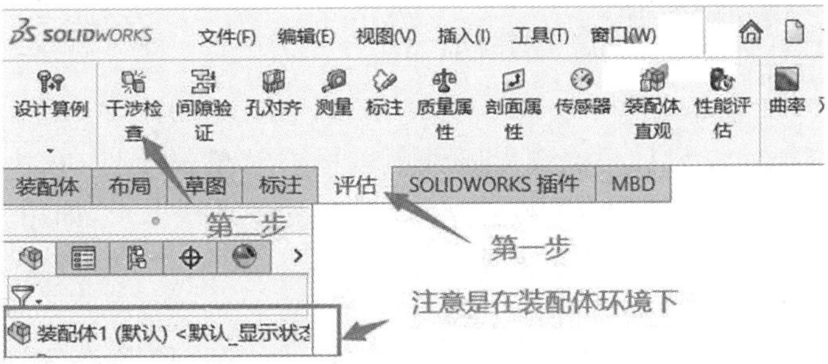

图 3-72 “干涉检查”命令

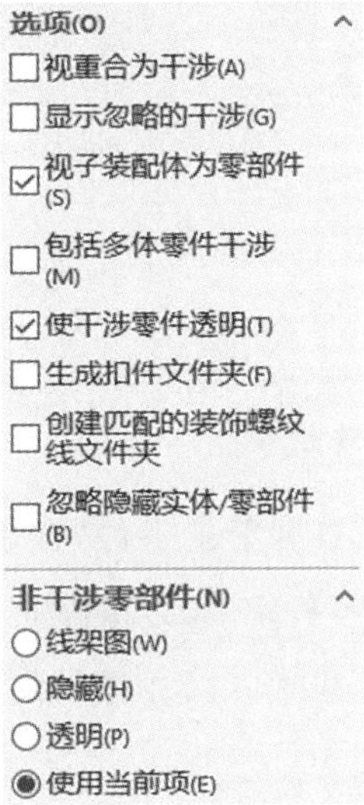

图 3-73 设置干涉检查参数

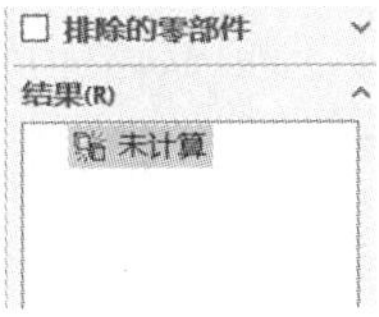

图 3-74 “排除的零部件”选项

【任务实施】

➢根据上述对 SolidWorks 碰撞检查和干涉检查的学习，请完成对机器人与末端工具装配体的碰撞和干涉检查。

任务 4 装配体修改与爆炸视图

【任务学习】

1. 装配体修改

装配体修改与爆炸视图

一个装配体完成后，可以对该装配体中的任何零部件进行编辑，编辑方式有两种：一种是在装配体编辑状态下对零部件进行某些特定的编辑，如零部件的打开与删除、零部件尺寸的修改、零部件装配配合的修改以及零部件装配配合的重定义等；另一种是通过对零部件的复制、镜向和阵列等方法，迅速地完成同一零部件多个实例的装配工作，而不需要重复使用插入零部件的操作。这两种编辑方式只对装配体有影响，而对零部件不起作用。

1)零部件的修改

· 在 FeatureManager 设计树或图形区域用鼠标右键单击零件，在快捷菜单中选择“打开零件”命令，弹出“零部件编辑”对话框，就可以对零部件进行编辑，如图 3-75 所示。

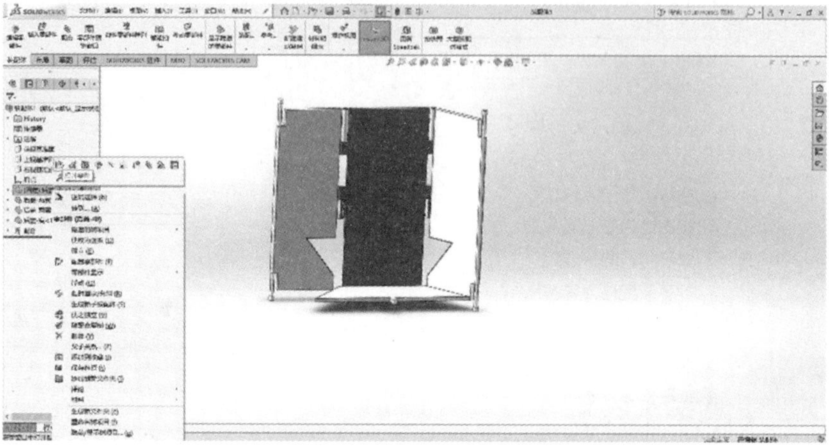

图 3-75　零部件的修改

· 在 FeatureManager 设计树或图形区域用鼠标右键单击零件，在装配体工具栏中单击“编辑零部件”按钮，FeatureManager 设计树下的零件名称及其特征树颜色发生改变，并且图形区域的其他零件显示为默认设置的透明状态，这时可以在零件的特征树上进行编辑，如图 3-76 所示。

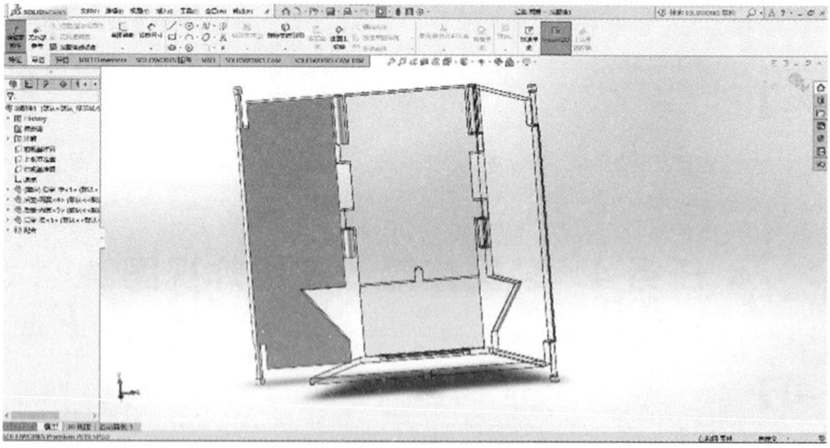

图 3-76　零部件的修改

· 需要注意的是，单击“编辑零部件”按钮后，只能编辑零部件实体，其他内容则无法编辑。再次单击该按钮，退出零部件编辑状态。

2)零部件的复制、镜向和阵列

当需要在同一个装配体中插入多个相同的零件时，如螺栓、螺母、销钉等，如果逐个插入这些零部件，并且添加相应的配合关系来约束零部件，操作步骤比较烦琐，并且花费时间较多。在 SolidWorks 装配体设计中提供了复制、镜向、阵列等功能，可以简化装配操作步骤，提高装配效率。下面主要介绍这些命令的使用方法。

(1)零部件的复制。

在 SolidWorks 装配体中，如果需要插入多个相同的零部件，可以使用复制功能来添加零部件，可以通过如下操作之一来复制零部件：

①使用 Ctrl+C 和 Ctrl+V 组合键来复制和粘贴目标零部件。

②选择目标零件，按住 Ctrl 键，从绘图区域或者装配体“特征设计树”中拖动目标零部件来实现复制，如图 3-77 所示。

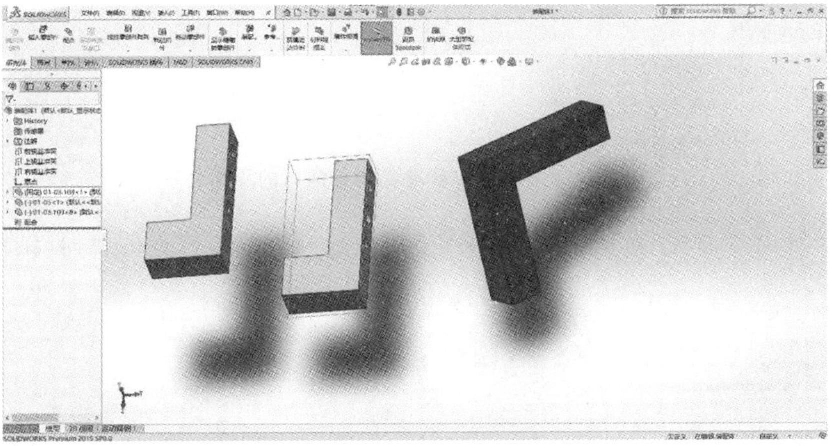

图 3-77 零部件的复制

(2)零部件的镜向。

在装配体中，当遇到两个零部件关于某一平面对称时，可以通过镜向现有零部件生成新的零部件，而不需要再次为装配体添加相同的零部件。镜向操作步骤如下：

①选择下拉菜单“插入”，单击“镜向零部件”按钮，如图 3-78 所示，弹出“镜向零部件”对话框。

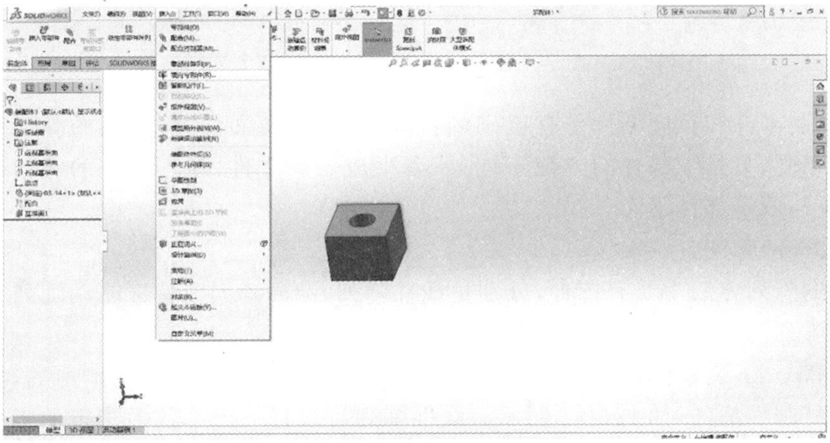

图 3-78 “镜向零部件”按钮

②单击“镜向基准面”文本框进行激活，选择某一平面作为镜向基准面；单击“要镜向的零部件”文本框进行激活，选中要镜向的零部件，如图 3-79 所示。

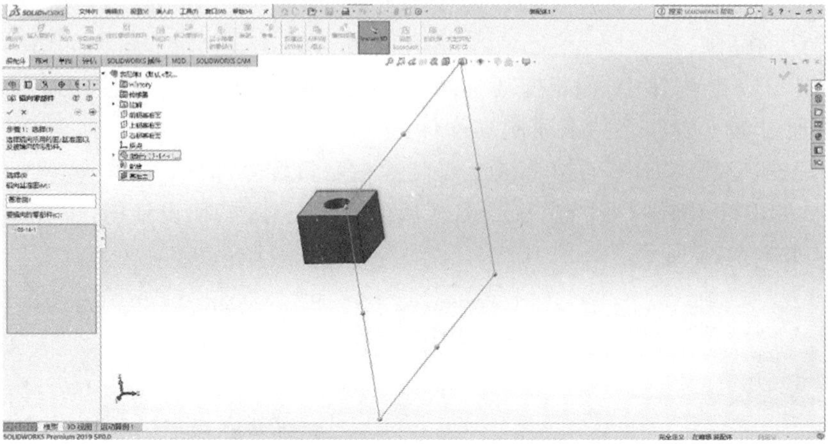

图 3-79　选取镜向基准面和要镜向的零部件

③单击“镜向零部件”对话框中的“确定”按钮，完成零部件的镜向，结果如图 3-80 所示。

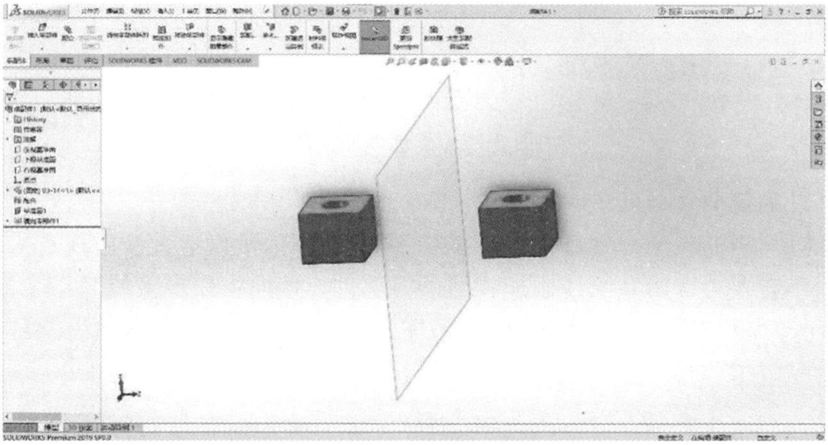

图 3-80　镜向结果

注意：复制零件和镜向零件是有区别的：前者不生成新文件，所复制的零部件的几何体与原零部件相同，只是零部件的方位不同；后者生成了新文件，新零部件的几何体是通过镜向所得，所以与原零部件不同。

(3)零部件的阵列。

零部件的阵列方法主要有三种，分别是线性阵列、圆周阵列及特征驱动阵列。

①线性阵列。

在 SolidWorks 装配体中，如果存在多个相同的零部件是有序线性排列的，则可以通过线性阵列来复制零部件，如图 3-81 所示。线性阵列可以将一个部件沿指定的方向进行阵列复制，复制的零部件按照所设置的参数排列，阵列生成的零部件之间的相对位置是不变的，因此通常不需要添加配合关系。线性零部件阵列的使用方法如下：

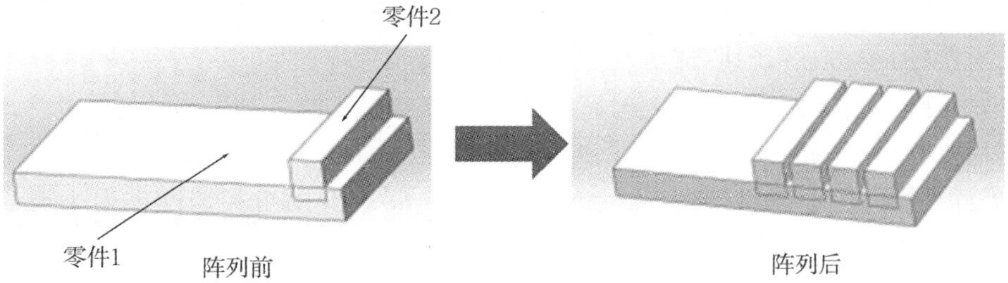

图 3-81 线性阵列

a. 选择下拉菜单“插入”，依次单击“零部件阵列”按钮、“线性阵列”按钮，如图 3-82 所示，弹出“线性阵列”对话框。

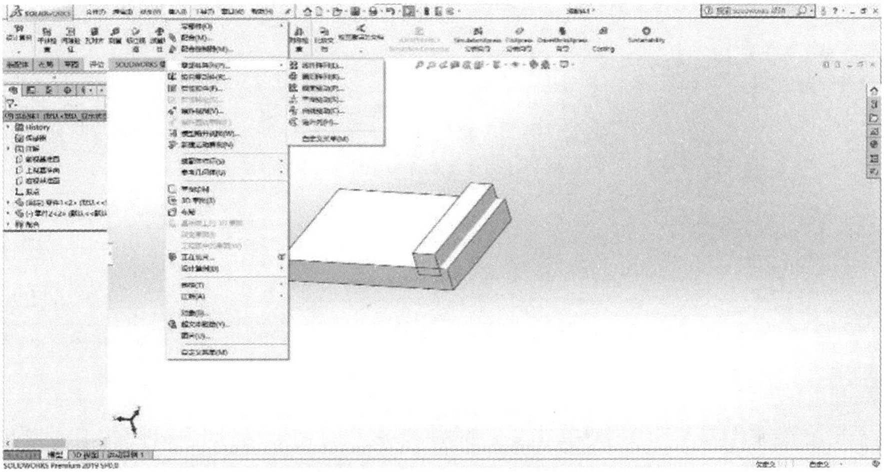

图 3-82 “线性阵列”按钮

b. 单击“方向”选项下的文本框激活，选中图 3-83 所示的边作为阵列参考方向（表示“反向”按钮，单击该按钮，可调整阵列方向为反向）；表示阵列间距，在后的文本框中输入数值 10；表示阵列个数，在后的文本框中输入数值 4。

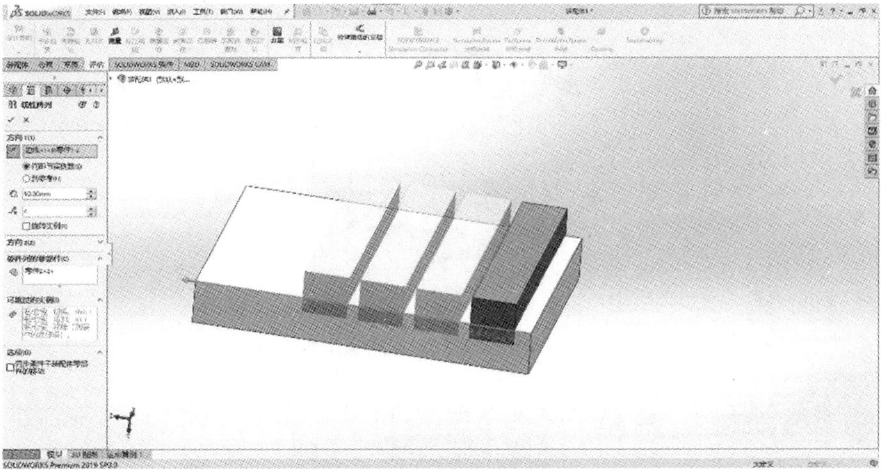

图 3-83 选取阵列方向

c. 在“要阵列的零部件”选项下单击后的文本框激活，选取图 3-81 所示的零件 2 作为要阵列的零部件，单击按钮，完成线性阵列。

注意：“可跳过的实例”表示阵列时跳过所选的零件后继续阵列。

②圆周阵列。

“圆周阵列”命令同“线性阵列”命令的功能类似，其主要用于在装配体中生成一零部件的圆周阵列，如图 3-84 所示。

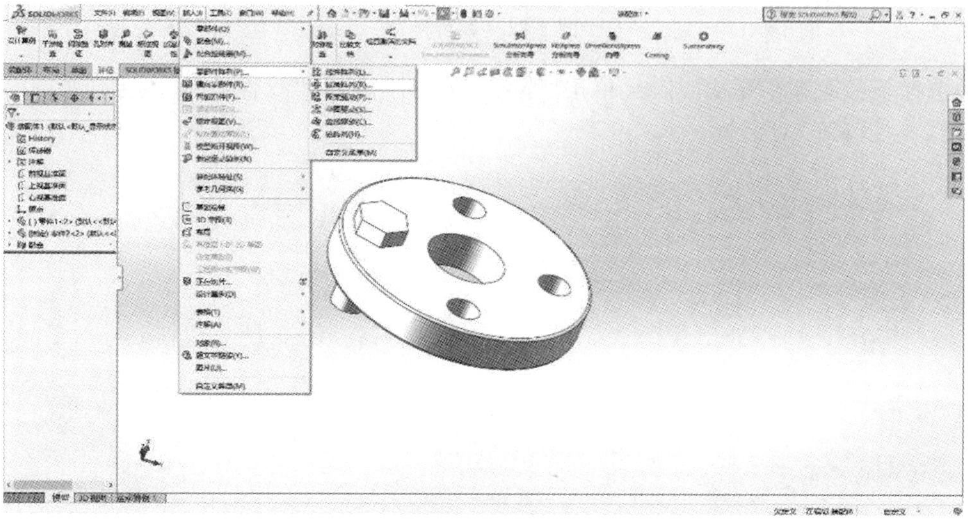

图 3-84　圆周阵列

a. 选择下拉菜单“插入”，依次单击“零部件阵列”按钮、“圆周阵列”按钮，弹出“圆周阵列”对话框，如图 3-85 所示。

图 3-85　“圆周阵列”对话框

b. 单击“参数”选项下 **方向1** 后的文本框激活，选中图 3-86 所示的基准轴作为阵列轴（表示“反向”按钮，单击该按钮，可调整阵列方向为反向）；表示阵列角度，在后的文本框中输入数值 90；表示阵列个数，在后的文本框中输入数值 4。勾选“等间距”。

注意：“等间距”表示所选中零件按照相应的个数在 360°内等间距阵列。

图 3-86 选取阵列轴和要阵列的零件

c. 在“要阵列的零部件”选项下单击后的文本框激活，选取图 3-86 所示的零件 2 作为要阵列的零部件，单击按钮，完成圆周阵列。

注意：“可跳过的实例”表示阵列时跳过所选的零件后继续阵列。

③特征驱动阵列。

特征驱动零部件阵列命令根据装配体中某一零部件上的阵列特征作为参照来生成另一零部件的阵列，如图 3-87 所示。使用该命令，装配体的零件中必须有一阵列特征。

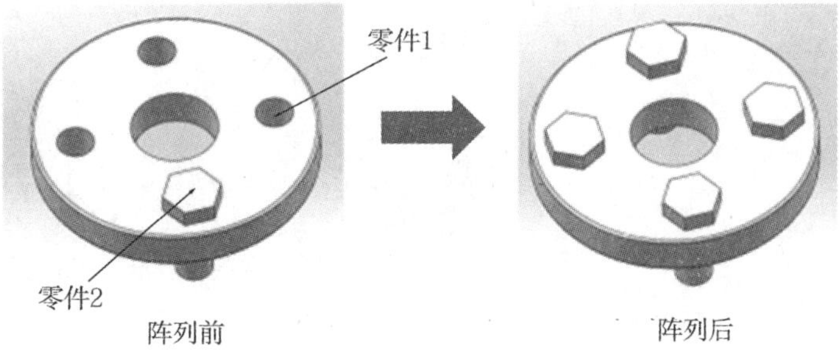

图 3-87 特征驱动

a. 选择下拉菜单“插入”，依次单击“零部件阵列”按钮、“图案驱动”按钮，弹出“阵列驱动”对话框，如图 3-88 所示。

b. 在“要阵列的零部件”选项下单击后的文本框激活，选取图 3-87 所示的零件 2 作为要阵列的零部件。

c. 在“驱动特征或零部件”选项下单击后的文本框激活，选择“圆周阵列”作为驱动特征，单击按钮，完成特征驱动阵列。

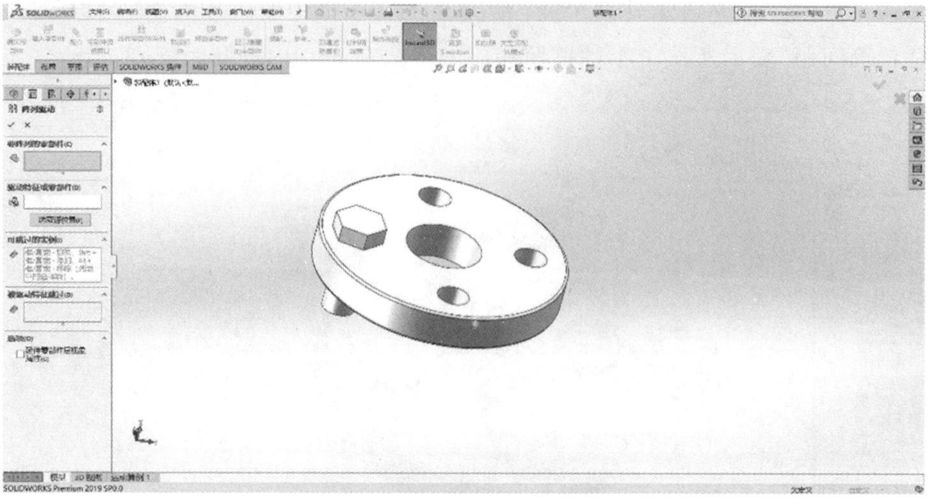

图 3-88 “阵列驱动”对话框

2. 爆炸视图

SolidWorks 中的“爆炸视图”功能主要用于沿着直线或坐标轴移动装配体中的零部件，并按照一定的位置关系将这些零部件进行排列，以便查看装配体的组成。还可以将爆炸视图生成爆炸动画，从而观察产品的装配或拆卸过程。

生成爆炸视图的步骤比较简单，具体操作方法如下：

(1)打开装配体文件，在“装配体”工具栏中单击“爆炸视图”按钮，弹出“爆炸”对话框，如图 3-89 所示。

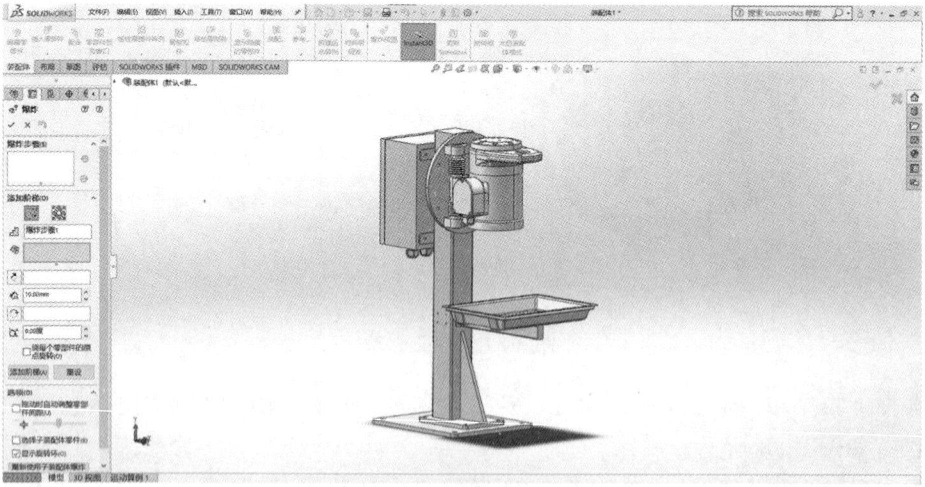

图 3-89 “爆炸”对话框

(2)选中要爆炸的零部件，在零部件上显示“参考三重轴”，如图 3-90 所示。

注意：移动或对齐“参考三重轴”的方法主要有：

①拖动中央球形可来回拖动“参考三重轴”。

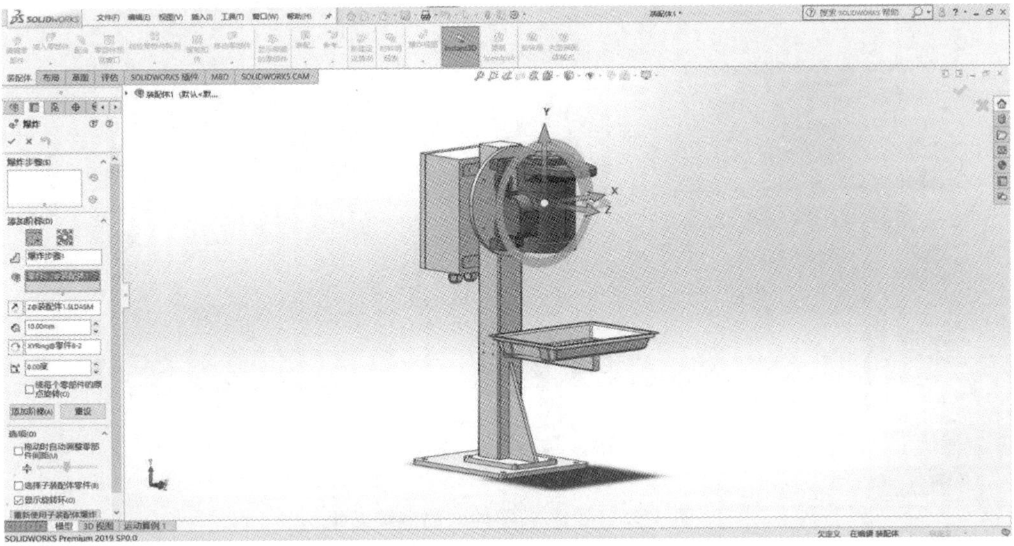

图 3-90 选中零部件

②Alt+拖动中央球形或坐标轴，可将“参考三重轴”放置在边线或面上，以使“参考三重轴”对齐该边线或面。

③右键单击中心球并选择“对齐到”“与零部件原点对齐”或“与装配体原点对齐”。

(3)选取 X 轴作为爆炸方向，将鼠标移至 X 轴上，按住鼠标左键，拖动该零件至合适位置，松开鼠标左键，放置该零件；或者在“爆炸”对话框中的设定选项下的 文本框中输入数值 500 mm，单击“反向”按钮 ，如图 3-91 所示。单击“完成”按钮，“爆炸”对话框中“爆炸步骤”选项下的列表框中增加“爆炸步骤 1”条目。

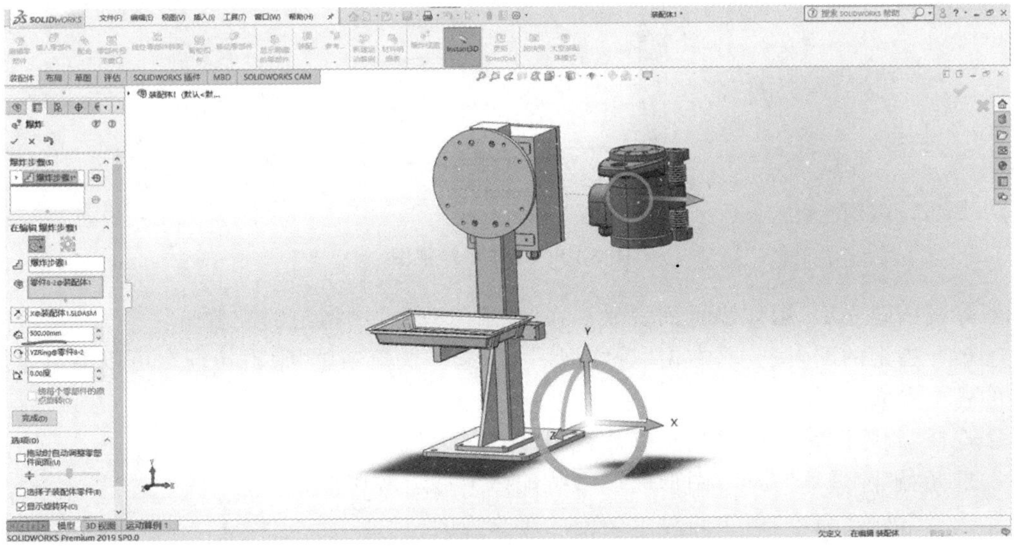

图 3-91 选取爆炸方向并设定爆炸距离

(4)重复步骤(2)(3)，将零件 7 沿着 Z 轴方向移动合适的距离，单击“完成”按钮，“爆炸”对话框中“爆炸步骤”选项下的列表框中增加“爆炸步骤 2”条目，如图 3-92 所示。

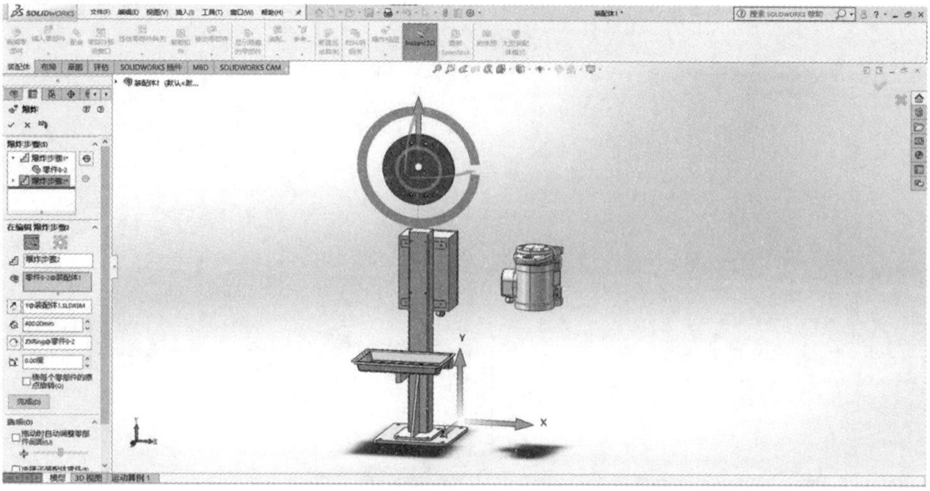

图 3-92　零件 7、零件 8 的爆炸结果

(5)按照以上方法,完成剩余零部件的爆炸。单击“爆炸”对话框中的✔按钮,完成爆炸视图的创建,最终爆炸视图如图 3-93 所示。

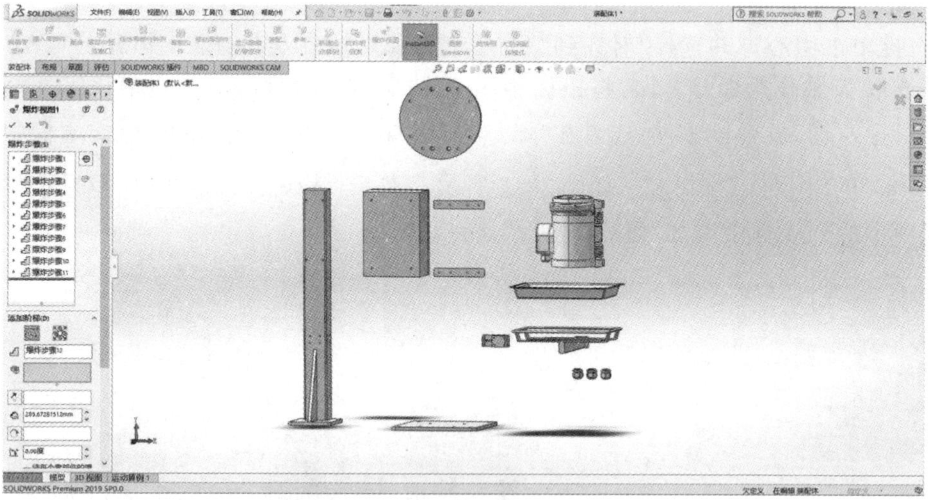

图 3-93　最终爆炸视图

爆炸视图建立后,爆炸步骤列表显示在“配置管理器”中指定的配置下:

①展开指定的配置选项,右击“爆炸视图 1”,选择快捷菜单“编辑特征”,可以编辑爆炸设计中的各个参数。

②选择“删除”命令,可以删除爆炸视图。

③选择“解除爆炸”命令,图形区域中装配体不显示爆炸视图。

④选择“爆炸”命令,可重新显示装配的爆炸视图。

【任务实施】

➤ 根据上述对装配体修改与爆炸视图的学习,请完成末端夹具爆炸视图的创建并保存。

项目总结

【拓展提升】

(1)装配体设计是三维设计中的一个环节,可以实现产品的装配、干涉检查、组装(拆卸)流程等,SolidWorks 提供了丰富的配合关系、爆炸视图以及装配体编辑功能,读者可以合理选用,从而更快、更有效率地对零部件进行装配并且管理使用装配体。

(2)在 SolidWorks 中进行装配时,除了最常规的"配合"命令以外,还有很多便捷的操作方法和技巧,如"快捷配合""智能配合""磁力配合""配合参考""选择透明""预览窗口"等,采用这些配合技巧可使装配工作更加快捷、更加灵活、更加智能,读者可根据实际情况合理选择使用。

【思考练习】

通过本章节的学习,完成某一款机器人与末端工具的装配,并生成爆炸视图。

项目四

工业机器人运动仿真

4

工业机器人运动仿真是通过 SolidWorks 软件建模后，模拟机器人的运动过程。所有运动仿真都是针对装配体，而非单独的零件。运动仿真在 SolidWorks 里称为运动算例，大概有以下几个方面。①动画，可使用动画来表达和显示装配体的运动：a. 添加马达来驱动装配体一个或多个零件的运动；b. 通过设定键码点在不同时间规定装配体零部件的位置。动画使用插值来定义键码点之间装配体零部件的运动。②基本运动，可使用基本运动在装配体上模仿马达、弹簧、接触以及引力。基本运动在计算运动时考虑到质量。基本运动计算快，可用来生成基于物理模拟的演示性动画。③运动分析（可在 SolidWorks Premium 的 SolidWorks Motion 插件中使用），可使用运动分析对装配体进行精确模拟和运动单元的分析（包括力、弹簧、阻尼以及摩擦）。运动分析使用动力学求解器，在计算中考虑到材料属性和质量及惯性。可使用运动分析来进一步分析模拟结果。

知识目标

- 掌握 SolidWorks 动画设计和仿真的基本知识；
- 掌握基本动画制作过程与方法；
- 掌握机构仿真与分析方法。

能力目标

- 具备使用 SolidWorks Motion 运动仿真模块的能力；
- 会建立和设置新的仿真单元并实现运动功能；
- 具备定义工业机器人各工作单元的运动仿真的能力。

任务 1　工业机器人系统运动仿真设计

【任务学习】

Motion 和运动算例集合是在一起的，在完成装配体之后，在不需要退出设计界面的情况下即可进入 Motion 界面，可以在该界面下添加约束和载荷，也可以对模型进行运动控制参数的设置。

工业机器人系统
运动仿真设计

1. 运动仿真类型

动画：在核心 SolidWorks 内使用。可使用动画来表达和显示装配体的运动：通过添加马达来驱动装配体，使一个或多个零件运转；通过设定键码点在不同时间规定装配体零部件的位置。动画使用插值来定义键码点之间装配体零部件的运动。

基本运动：在核心 SolidWorks 内使用。可使用基本运动在装配体上模仿马达、弹簧、碰撞和引力。基本运动在计算运动时考虑到质量。基本运动计算相当快，所以可将其用来生成基于物理模拟的演示性动画。

Motion 分析：在 SolidWorks Premium 的 SolidWorks Motion 插件中使用。可利用 Motion 分析功能对装配体进行精确模拟和运动单元的分析（包括力、弹簧、阻尼和摩擦）。Motion 分析使用计算能力强大的动力学求解器，在计算中考虑到了材料属性和质量及惯性。还可使用 Motion 分析来标绘模拟结果，供进一步分析。

用户可根据自己的需要决定使用三种算例类型中的哪一种：

动画：可生成不考虑质量或引力的演示性动画。

基本运动：可以生成考虑质量、碰撞或引力且近似实际的演示性模拟动画。

Motion 分析：考虑到装配体物理特性，该算例是以上三种类型中计算能力最强的。用户对所需运动的物理特性理解越深，则计算结果越佳。

2. 运动仿真界面功能

MotionManager 界面主要分为工具栏、模型设计树及时间线视图区三部分，当界面中按钮为灰色时不可用。

MotionManager 工具栏如图 4-1 所示，相关按钮图标说明如下。

图 4-1　MotionManager 工具栏

：计算，单击此按钮，计算动画或运行仿真。

：从头播放，重新开始播放动画。

：播放，从当前位置播放动画。

：暂停，停止播放。

：播放速度，设定播放速度系数或总的播放时间。

:播放模式，包括正常、循环和往复三种模式。“正常”模式即从头到尾播放；“循环”模式，即从头到尾播放，然后从头反复，继续播放；“往复”模式即从头到尾播放，然后从尾反放。

:保存动画，将动画保存为 AVI 或其他类型文件输出。

:动画向导，以动画向导形式制作动画。

:自动键码，单击按钮，移动或更改零部件时自动放置新键码。再次单击，可以切换该选项。

:添加/更新键码，单击以添加新键码或更新现有键码的属性。

:马达，在零部件上添加模拟马达，使零部件发生运动。

:弹簧，在零部件之间添加模拟弹簧。

:接触，在零部件之间添加接触关系。

:引力，给仿真模型添加引力。

:运动算例属性，设置运动算例的属性。

SolidWorks 特征树如图 4-2 所示。

特征树管理零部件实体，配合，运动单元属性，视向及相机视图，光源、相机与布景。制作动画和仿真的步骤都会在设计树中体现。

Motion 特征管理器如图 4-3 所示。

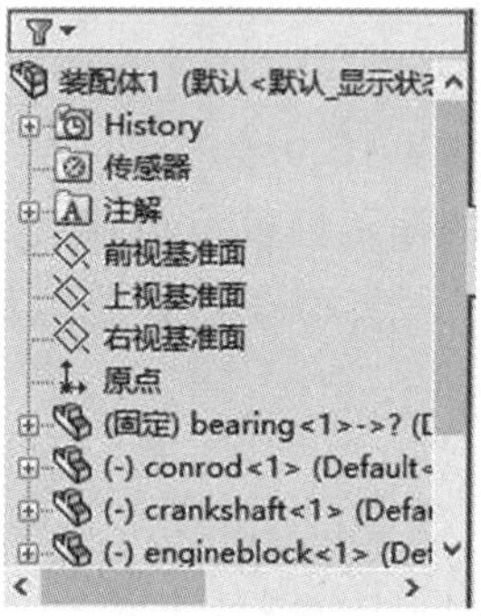

图 4-2　特征设计树

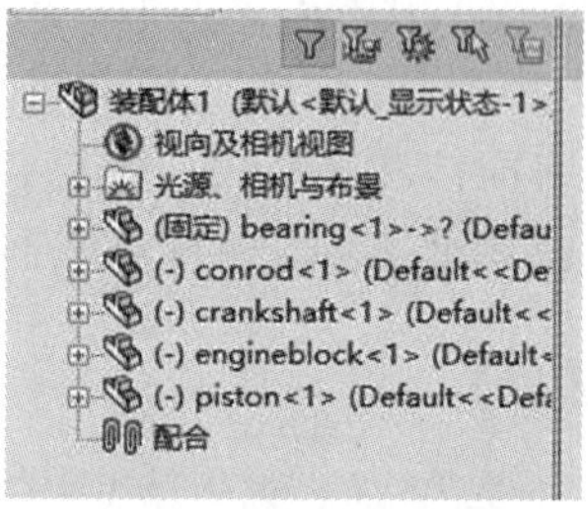

图 4-3　特征管理器

工业机器人运动仿真设计实操

特征时间线区域如图 4-4 所示。

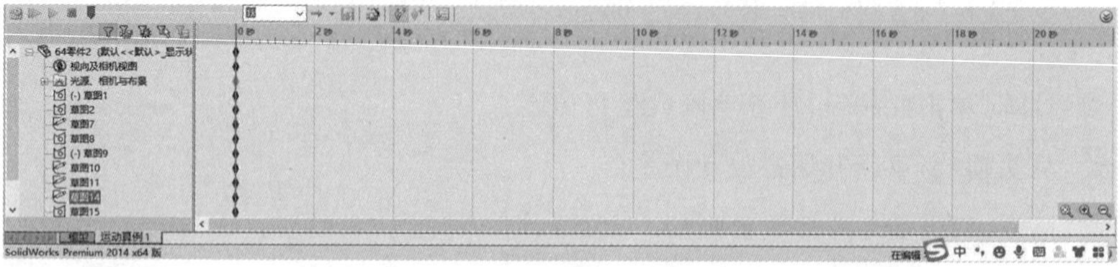

图 4-4　特征时间线区域

3. 运动动画生成

(1)导入模型之后,接着单击“运动算例 1”,如图 4-5 所示。

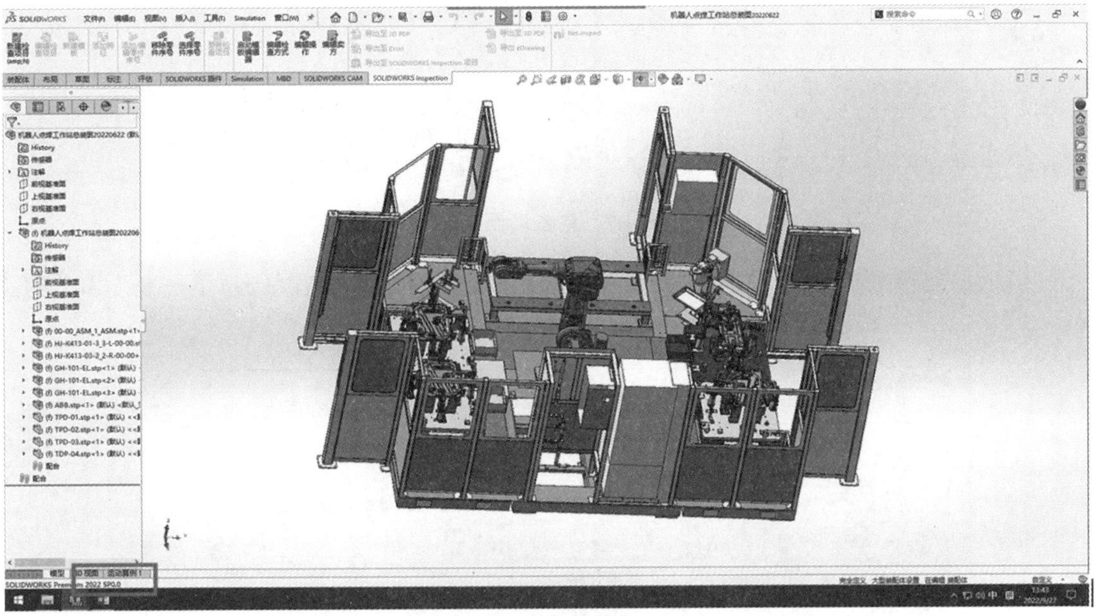

图 4-5 单击“运动算例 1”

(2)单击右下侧的上箭头图标,如图 4-6 所示,接着就会跳出一个新的界面。

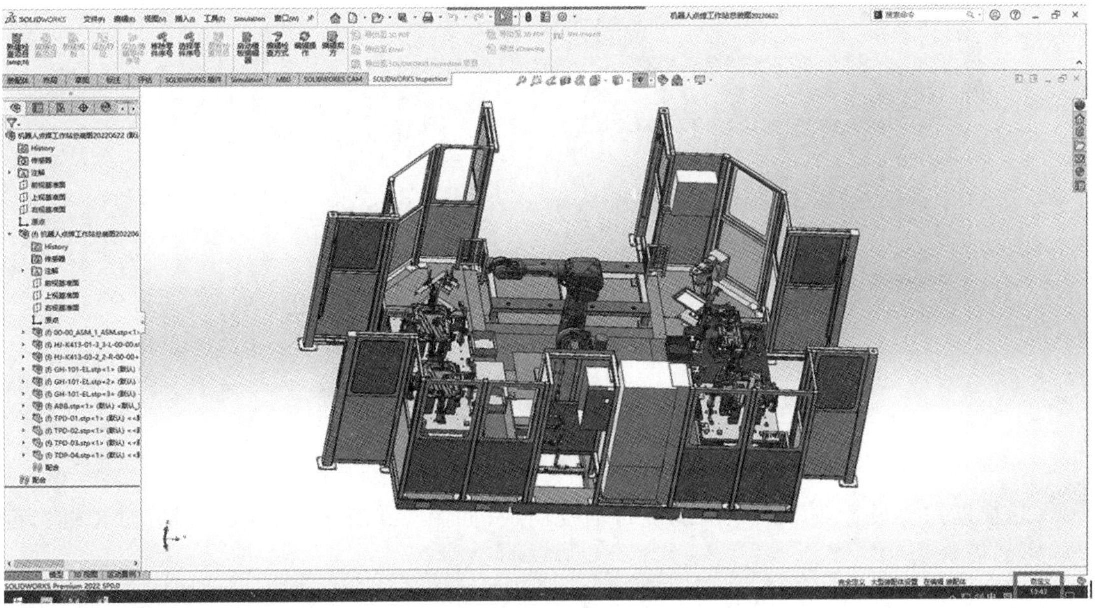

图 4-6 单击上箭头图标

(3)单击“动画向导”——一个像摄像机的图标，如图 4-7 所示。

图 4-7　单击动画向导

(4)根据向导进行设置，在第一个界面中选中“旋转模型”，接着单击“下一步”，如图 4-8 所示。

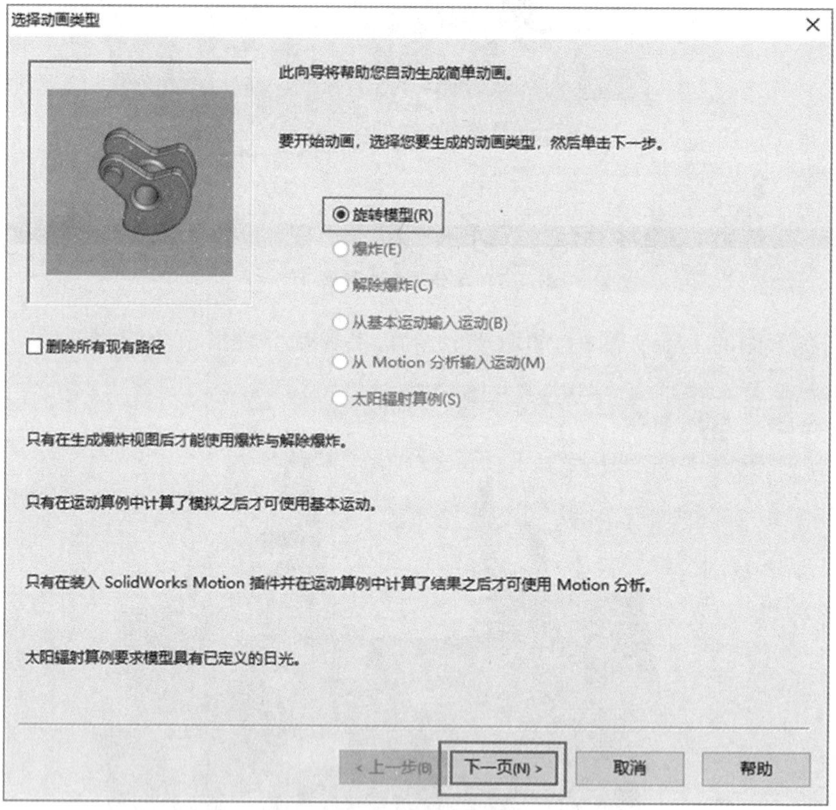

图 4-8　选择动画类型

(5)根据需要设置要演示动画的旋转轴及周数，如图 4-9 所示，选择旋转轴为“X 轴”，配置旋转的周数为“3”。

(6)根据需要配置要演示的时间以及动画开始的时间，这里配置的时间是 12 秒；单击“完成”就可以了，如图 4-10 所示。

(7)插入马达，如图 4-11 所示。

(8)编辑马达参数：①马达类型；②选择零部件边线；③选择运动类型(见图 4-12)。

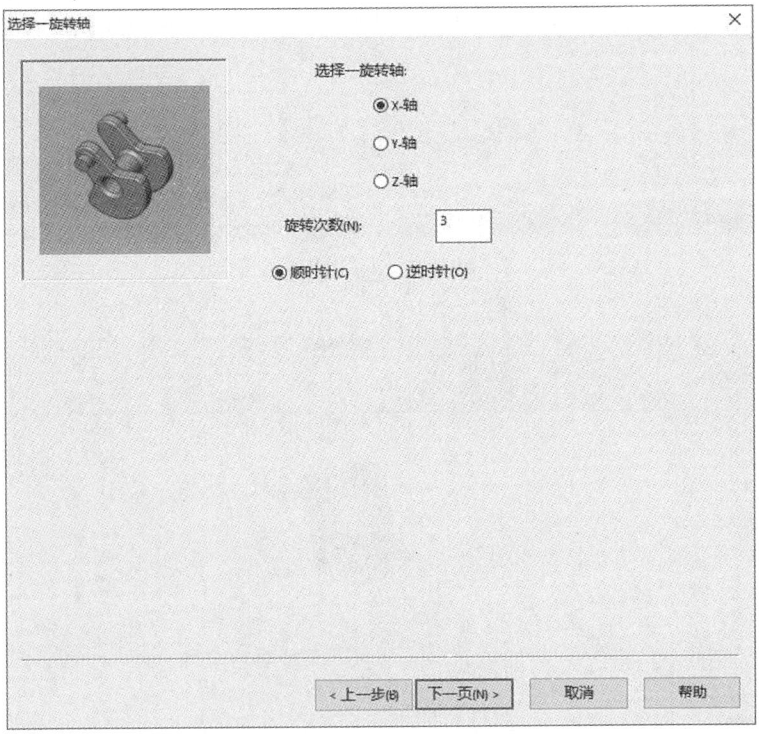

图 4-9　设置旋转轴及周数

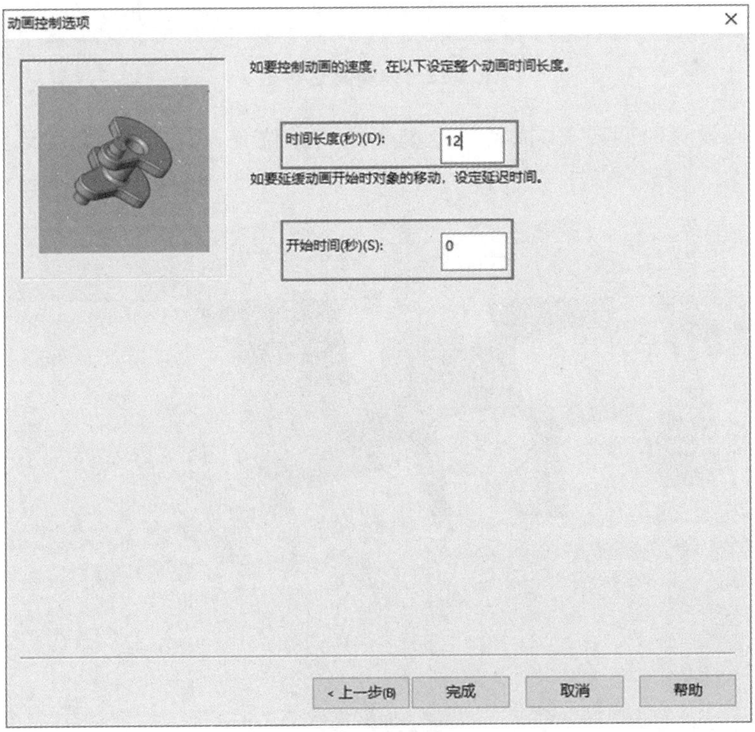

图 4-10　配置时间

图 4-11　插入马达

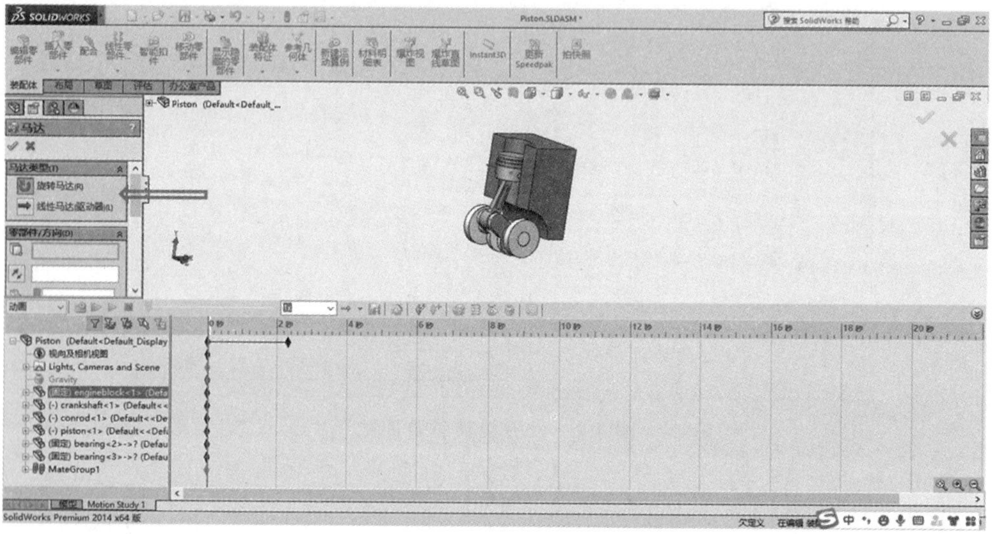

图 4-12　编辑马达参数

(9)拖动键码设置时间段,先拖动一个键码到初始位置,再拖动一个键码到结束位置(见图 4-13)。

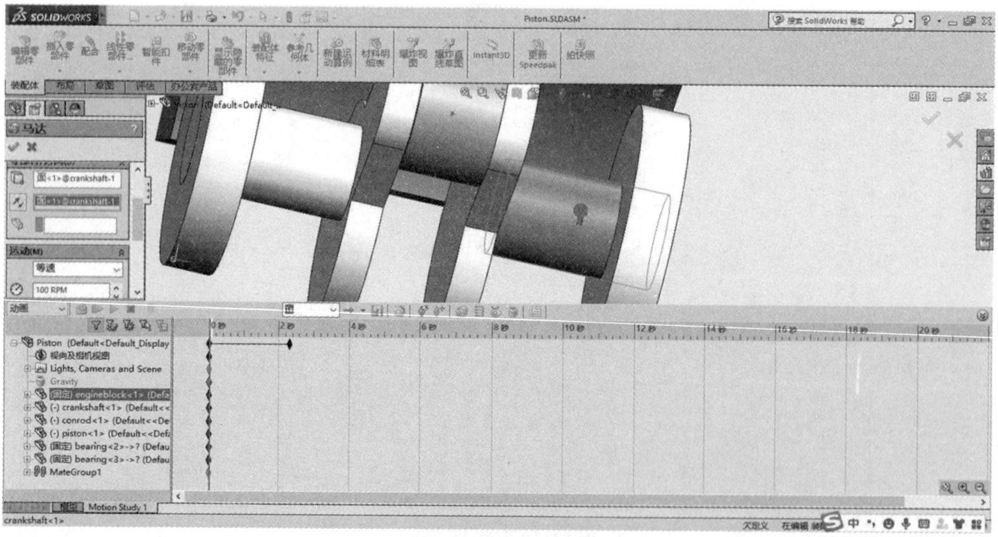

图 4-13　拖动键码设置时间段

(10)单击“爆炸视图”(见图 4-14)。

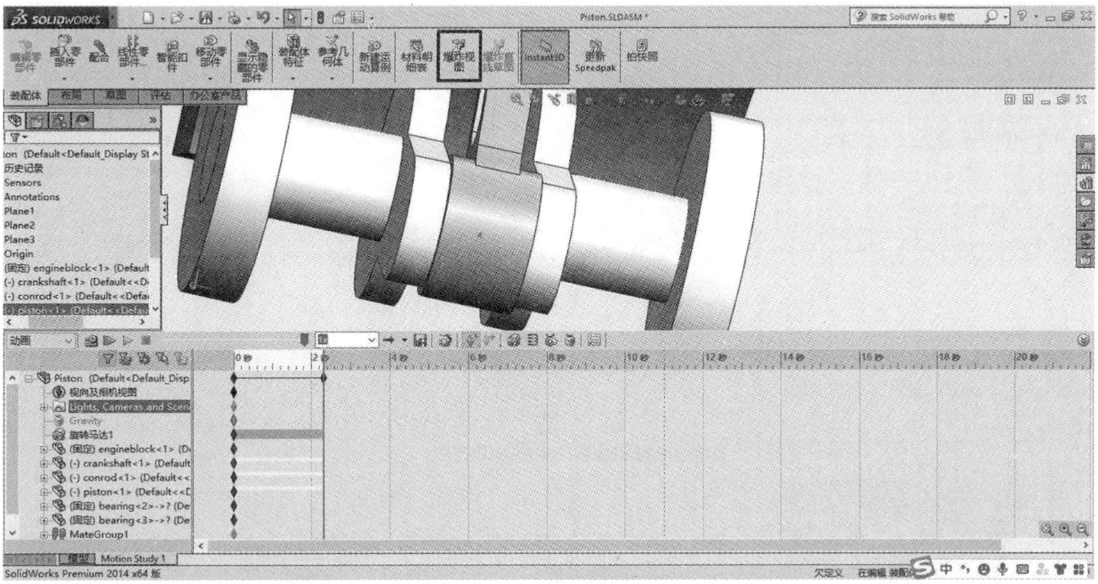

图 4-14 单击“爆炸视图”

(11)选择需要运动的零件——拉动或选择三维中出现的坐标方向——单击完成。小细节:拉动方向后鼠标会出现一个类似回车的标识,立即单击右键即可完成;运动距离不满意可直接输入数据;若漏选或者该步骤不满意,完成后选择需编辑的步骤,右键编辑该步骤修改。注意爆炸前先考虑好路线,如以实际装配路线为爆炸路线。完成后,打钩确认(见图 4-15)。

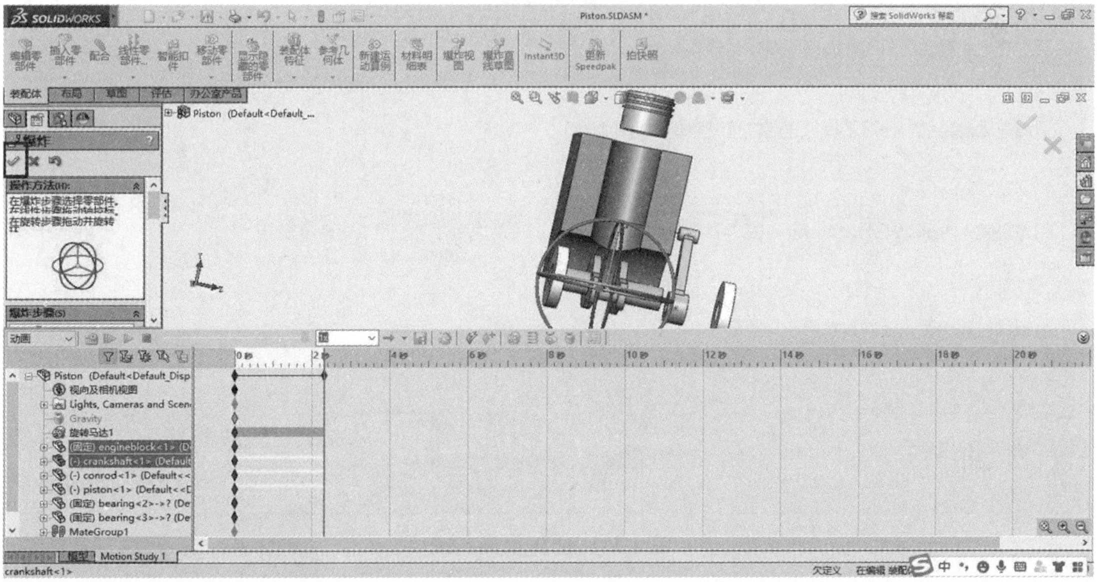

图 4-15 编辑爆炸步骤

(12)单击“动画向导”,如图 4-16 所示。

图 4-16　单击“动画向导”

(13)选择动画类型,单击“下一页”,如图 4-17 所示。

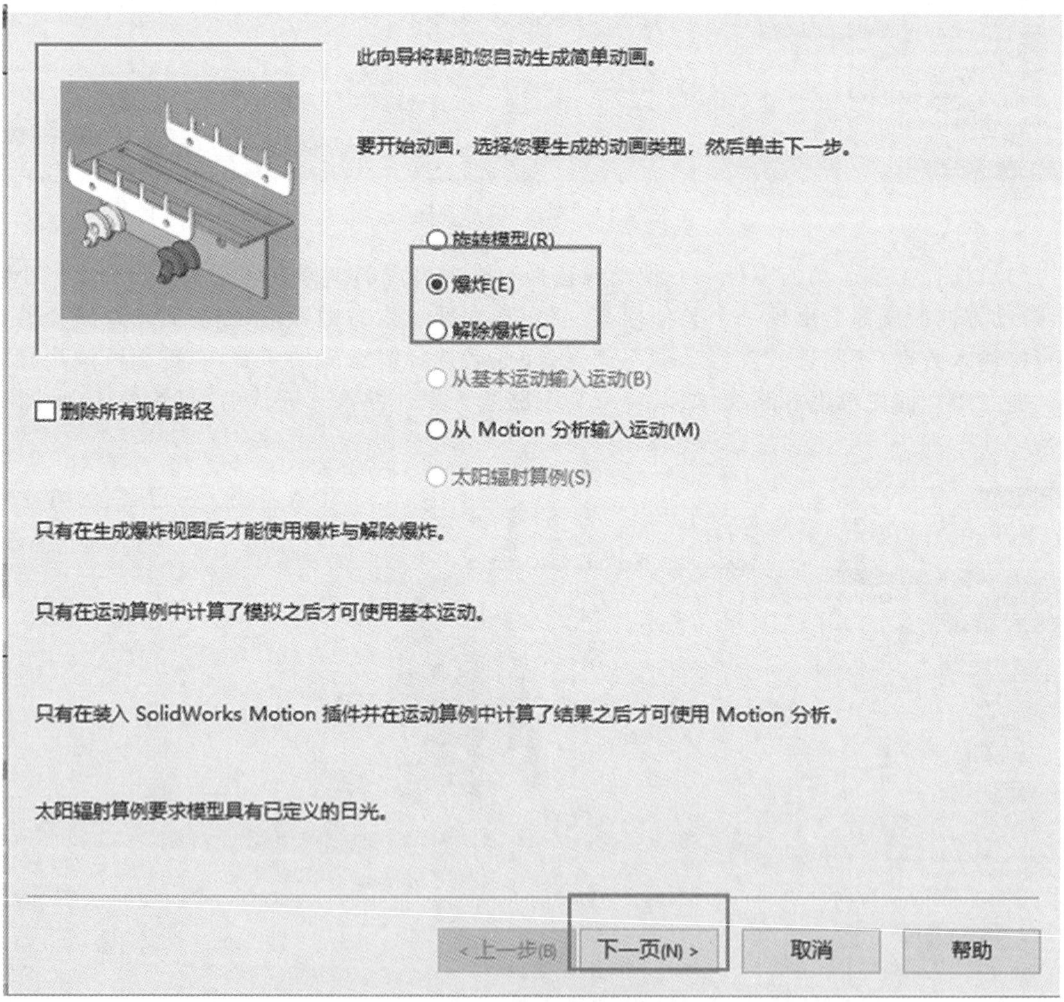
此向导将帮助您自动生成简单动画。
要开始动画，选择您要生成的动画类型，然后单击下一步。
旋转模型(R)
爆炸(E)
解除爆炸(C)
从基本运动输入运动(B)
删除所有现有路径
从 Motion 分析输入运动(M)
太阳辐射算例(S)
只有在生成爆炸视图后才能使用爆炸与解除爆炸。
只有在运动算例中计算了模拟之后才可使用基本运动。
只有在装入 SolidWorks Motion 插件并在运动算例中计算了结果之后才可使用 Motion 分析。
太阳辐射算例要求模型具有已定义的日光。
< 上一步(B)
下一页(N) >
取消
帮助

图 4-17　选择动画类型

(14)设置时长,时长直接影响爆炸动作快慢,完成后直接生成键码,如图 4-18 所示。

(15)根据需求调整视图或每一步的快慢等,完成视频制作。

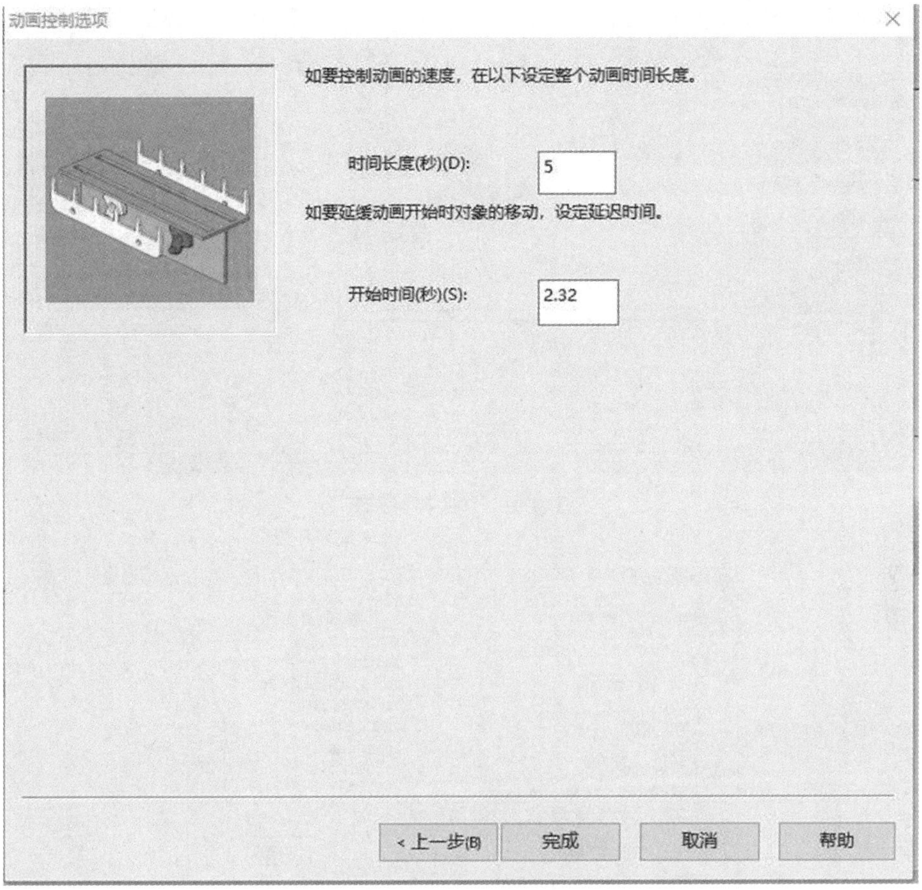
动画控制选项
如要控制动画的速度，在以下设定整个动画时间长度。
时间长度(秒)(D):
5
如要延缓动画开始时对象的移动，设定延迟时间。
开始时间(秒)(S):
2.32
< 上一步(B)
完成
取消
帮助

图 4-18　设置时长

【任务实施】

➢ 按照上述方法完成其他零件与零件之间的运动仿真约束。

任务 2　输出与保存

【任务学习】

单击图 4-19 所示的“保存”按钮，会出现一个视频的配置界面，根据需要设置文件名，文件类型一般情况下保持默认就可以了，单击“保存”，视频的文件名是“装配体 2”，如图 4-20 所示。

出现一个视频格式的设置界面，为了能够在更多的电脑上兼容，就保存成“全帧(非压缩的)”，在下拉菜单中选中，如图 4-21 所示，然后单击“确定”。

对应目标文件夹便会生成视频文件(见图 4-22)。

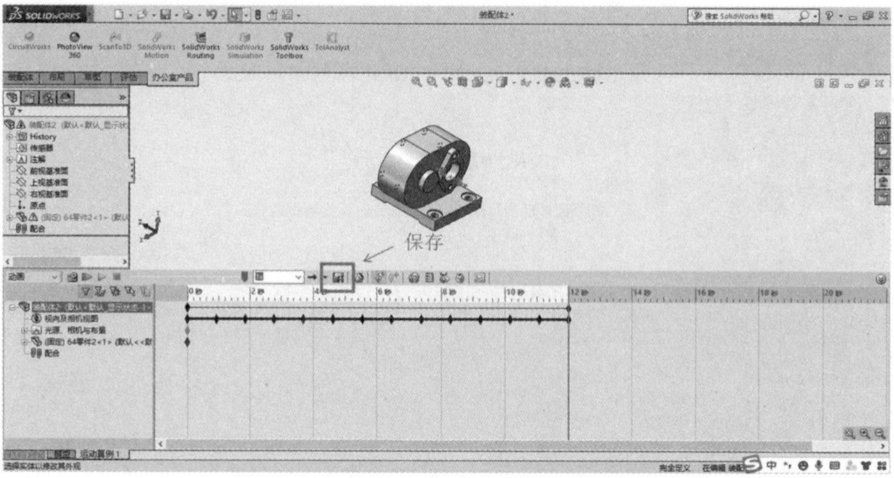

图 4-19 “保存”按钮

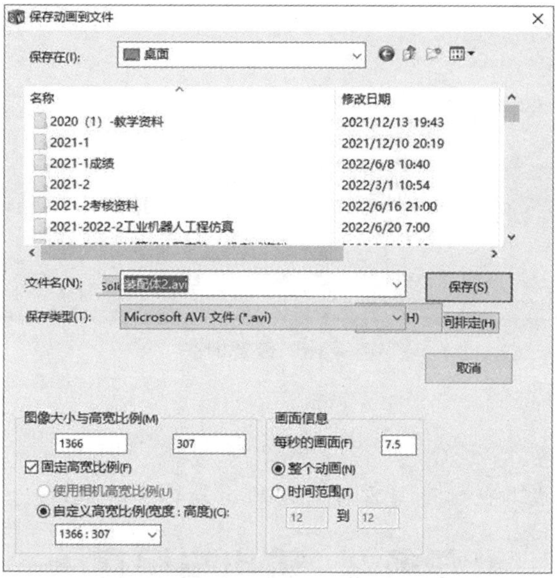

图 4-20 设置文件名

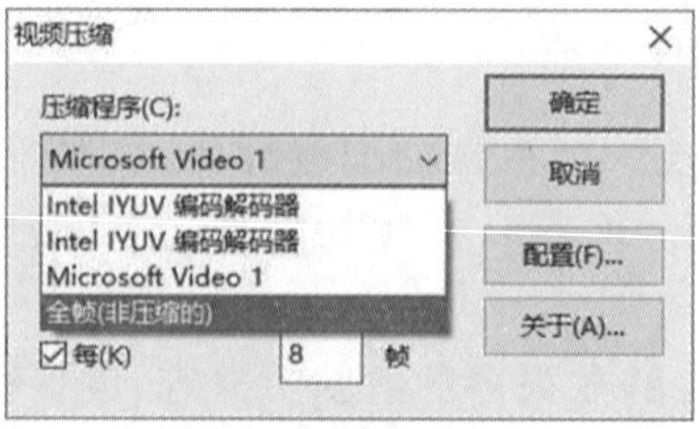

图 4-21 选择视频格式

图 4-22 生成的视频文件

【任务实施】

➢ 按照上述方法完成其他零部件之间运动仿真的输出练习。

项目五
工程图

5

本项目旨在介绍 SolidWorks 软件将零件或装配体的三维模型转变成二维工程图的方法。在实际生产中，用来指导生产的主要技术文件并不是三维零件模型和装配体模型，而是工程图。利用零件设计和装配体设计模块完成产品的设计后，就需要生成工程图。SolidWorks 软件在工程图和零件或装配体模型之间提供了全相关的功能，即对三维模型的修改会自动更新工程视图；反之，在工程图中修改零件或装配体的尺寸时，系统也将自动对三维模型中的相应尺寸加以更新。

知识目标

- 了解工程图创建原理、方法和途径；
- 了解工程图作图环境设置的方法和途径；
- 掌握标准三视图的创建方法和技巧；
- 掌握辅助视图的创建方法和技巧；
- 掌握剖面视图的创建方法和技巧；
- 掌握工程图注解的标注方法和技巧。

能力目标

- 了解工程图作图环境的设置和操作；
- 掌握标准三视图的相关操作和技巧；
- 掌握辅助视图的相关操作和技巧；
- 掌握剖面视图的相关操作和技巧；
- 掌握注解标注的操作和技巧。

任务1 工程图模板定制

【任务学习】

1. 工程图基础

工程图包含一个或多个由零件或装配体生成的视图。在生成工程图之前，必须先保存与它有关的零件或装配体的三维模型。要生成一张新的工程图，可以有以下四种操作方法。

工程图基础

(1)选择"文件"→"新建"菜单，在弹出的"新建 SOLIDWORKS 文件"对话框中，选择"工程图"，单击"确定"按钮。

(2)在标准工具栏上，单击"新建"按钮，再按(1)中的介绍进行操作。

(3)使用快捷键 Ctrl+N，进入"新建 SOLIDWORKS 文件"对话框进行操作。

(4)在标准工具栏上，单击"新建"按钮右侧的命令下标符号，弹出三种新建工具栏展开图标，从中选择 从零件/装配体制作工程图，进入工程图设计模块。此方法只适用于当前图形区窗口已经打开了零件或装配体三维模型的情况。

下面介绍 SolidWorks 工程图中常用的几个术语：图纸、图纸格式和视图。

(1)图纸。在 SolidWorks 中，可以将"图纸"理解为一张实际的绘图纸，用来放置视图、尺寸和注解。

(2)图纸格式。图纸格式包括图框、标题栏、注释文字和材料明细表的定位点。

(3)视图。视图是将三维模型按一定的投射方向在投影面上所得到的投影，用来表达零件或装配体的结构和形状。也可以通过"模型视图"来反映零件或装配体的结构和形状。视图包括在工程图图纸上的视图比例、视图方向和视图位置。

在 SolidWorks 中，一个工程图文件中可以包含多张图纸，每张图纸包含一个图纸格式和一个或多个视图。

2. 图纸格式设定

1)图纸格式的选择

新建工程图(可以采用上面介绍的四种方法中的一种)，弹出"图纸格式/大小"对话框，如图 5-1 所示。在该对话框中可以选择图纸格式和图纸大小。

工程图基础实操

选中"标准图纸大小"单选按钮时，列表中将显示 SolidWorks 提供的各种标准的图纸格式，包括 ANSI、ISO、DIN 和 GB 等多种标准规定的图纸格式，用户可根据需要进行选择。

选中"只显示标准格式"复选框时，列表框中将只显示 ISO 规定的各种幅面大小的图纸格式，如图 5-2 所示。

如果用户想要选择自己已有的图纸格式，则可单击"浏览"按钮，从弹出的 Windows 打开文件对话框中，选择所需要的图纸格式。

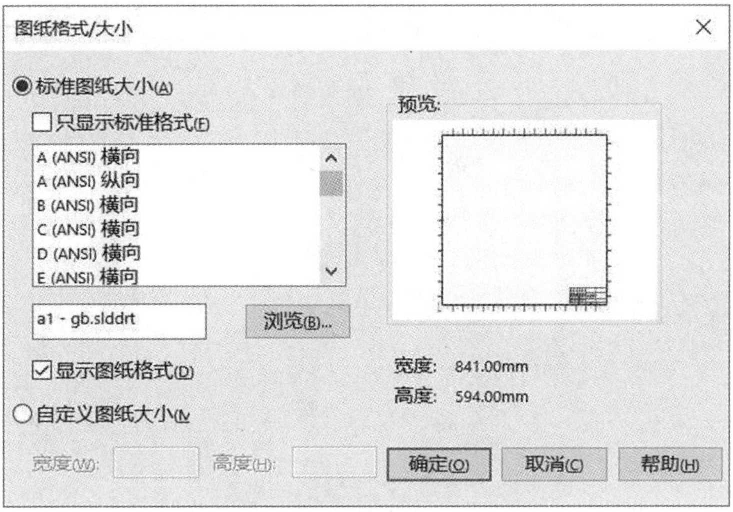

图 5-1 “图纸格式/大小”对话框

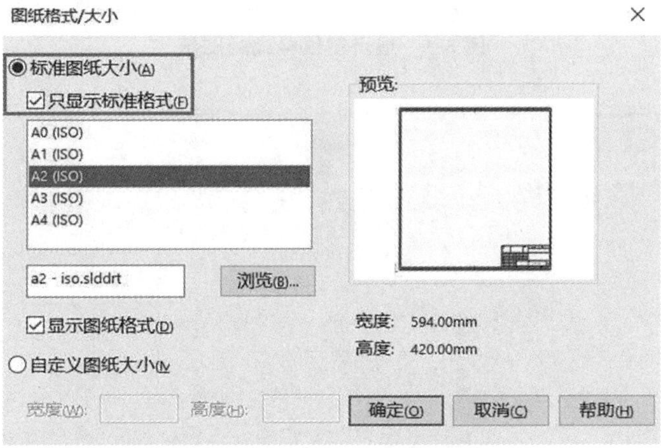

图 5-2 只显示 ISO 规定的图纸格式

选中“显示图纸格式”复选框，单击“确定”按钮后，在打开的工程图纸中将显示出图纸格式，否则不显示图纸格式。两种操作的对比结果如图 5-3 和图 5-4 所示。

选中“自定义图纸大小”单选按钮时，用户可以在“宽度”和“高度”文本框中输入一定数值来设定图纸大小。

选择或设置完成后，单击“确定”按钮，即可进入工程图设计窗口。

2)修改图纸格式

图纸大小、图纸格式、绘图比例、投影类型等图纸细节在绘图时或以后都可以随时在“图纸属性”对话框中更改。

(1)修改图纸属性。

在特征管理器中右击“图纸”的图标，或右击工程图图纸的空白区域，或右击工程图窗口底部的“图纸”标签，在弹出的快捷菜单中选择“属性”命令，将出现如图 5-5 所示的“图纸属性”对话框。可以在“图纸属性”对话框中，设置图纸属性。

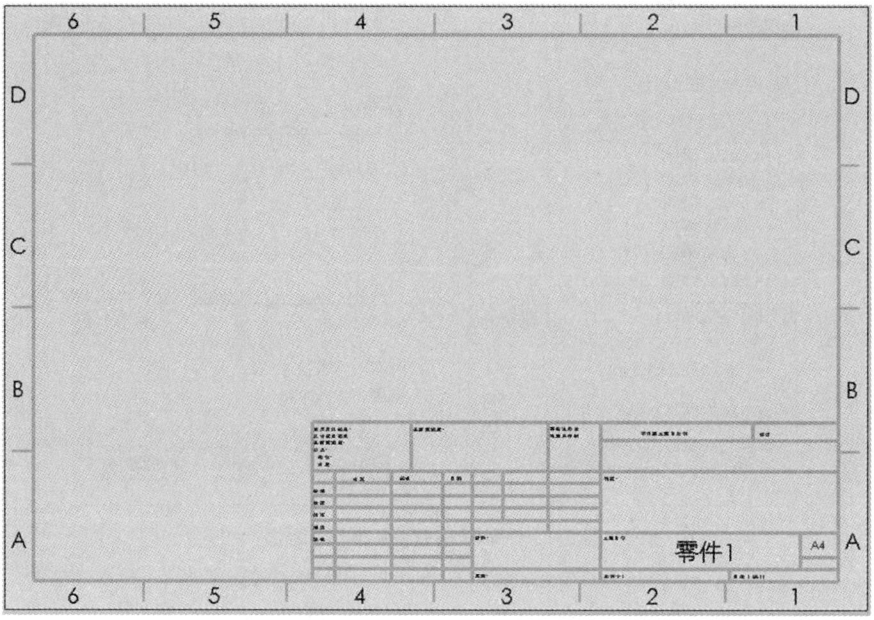

图 5-3　显示图纸格式的图纸

图 5-4　不显示图纸格式的图纸

(2)设置多张工程图纸。

任何时候都可以在工程图中添加图纸，其操作步骤如下。

选择菜单栏中的“插入”→“图纸”命令，或右击如图 5-6 所示的特征管理器中的图纸标签，或下方的图纸图标，在弹出的快捷菜单中选择“添加图纸”命令，即可添加一张图纸，在特征管理器中多了一个图纸标签，图纸下方的图纸图标也多了一个。

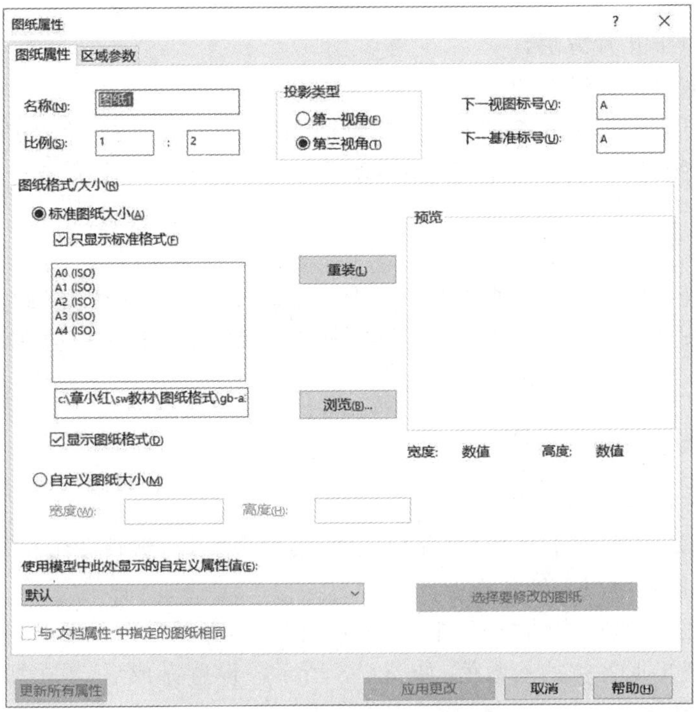

图 5-5 “图纸属性”对话框

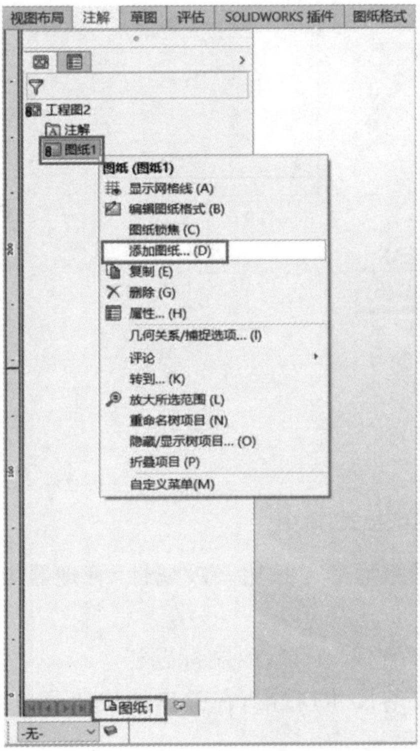

图 5-6 插入图纸

(3)激活图纸。

激活图纸有以下几种方法：

a. 在图纸下方单击要激活的图纸；

b. 右击图纸下方要激活图纸的图标，在弹出的快捷菜单中选择“激活图纸”命令；

c. 右击特征管理器中的图纸标签或图纸图标，在弹出的快捷菜单中选择“激活图纸”命令。

(4)删除图纸。

右击特征管理器中要删除图纸的标签或图纸图标，在弹出的快捷菜单中选择“删除”命令。要删除激活图纸，还可以右击图纸区域任何位置，在弹出的快捷菜单中选择“删除”命令。

3. 自定义图框和标题栏

自定义图框和标题栏的操作步骤如下：

(1)右击特征管理器中的“图纸 1”，在弹出的菜单中选择“编辑图纸格式”命令，如图 5-7 所示，系统自动转换到编辑图纸状态。

(2)单击“草图”工具栏中的“边角矩形”工具，在图形区域任意位置绘制矩形。在“矩形”属性管理器中设置矩形各点的参数值，如图 5-8 所示。设置完成后，单击“确定”按钮。创建的矩形，即图框如图 5-9 所示。

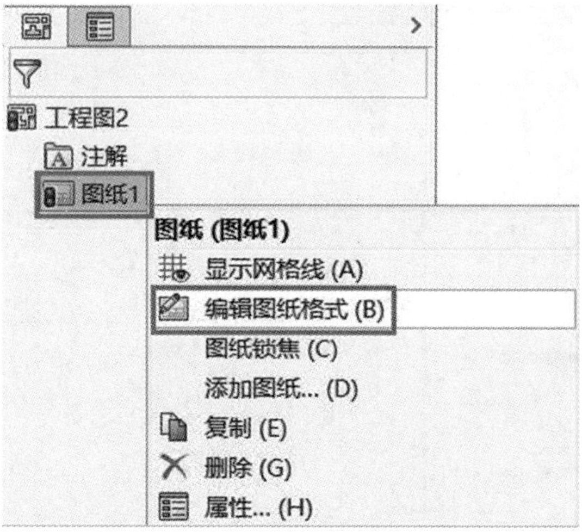

图 5-7 选择“编辑图纸格式”命令

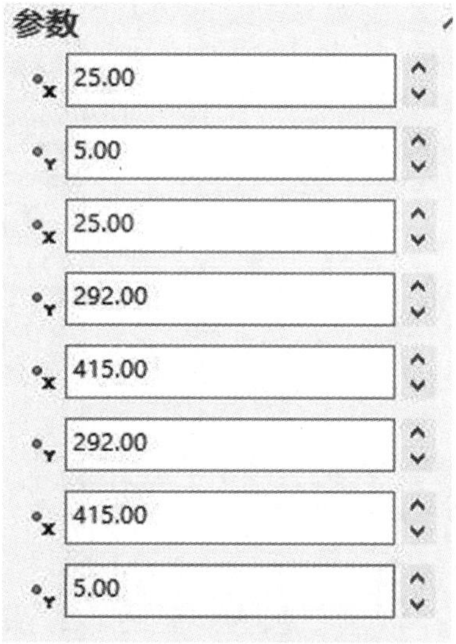

图 5-8 设置矩形参数

(3)按住 Ctrl 键依次选择矩形的 4 条边，在“属性”管理器中，选择“固定”约束类型，如图 5-10 所示。

(4)如图 5-11 所示，使用“直线”工具，绘制标题栏。

(5)按住 Ctrl 键选择标注的尺寸，右击，在弹出的快捷菜单中选择“隐藏”命令，将标注的尺寸隐藏。结果如图 5-12 所示。

图 5-9　图框

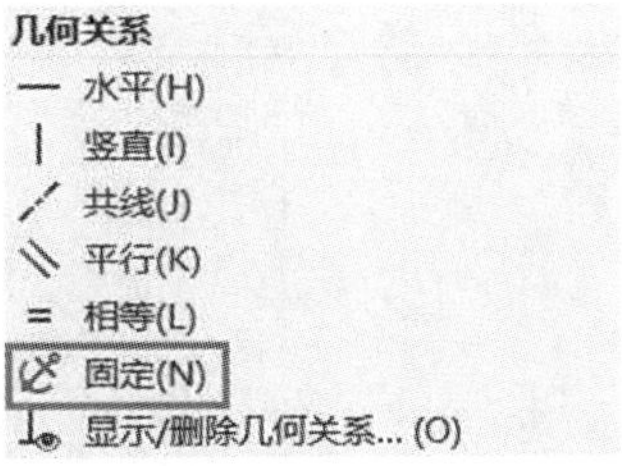

图 5-10　添加“固定”约束

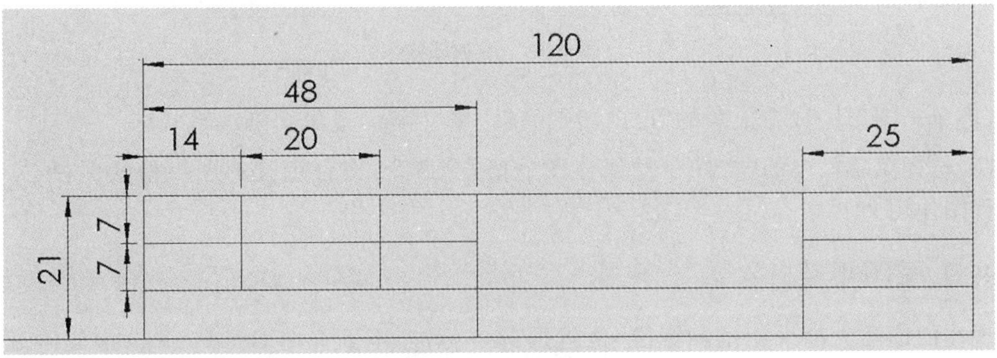

图 5-11　绘制标题栏

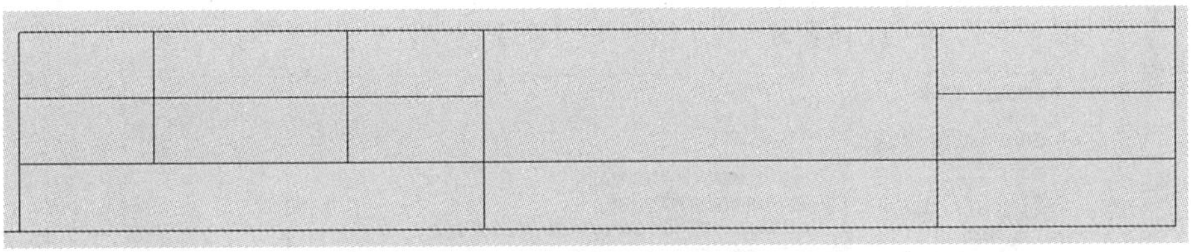

图 5-12　隐藏尺寸的标题栏

(6)单击“注解”工具栏中的“注释”按钮,在标题栏合适位置单击,出现“格式化”对话框,输入文字,例如输入“制图”,如图 5-13 所示。在下一个位置单击,输入其他文字,完成标题栏中的注释。完成后,单击“确定”按钮,退出添加文字注释,结果如图 5-14 所示。

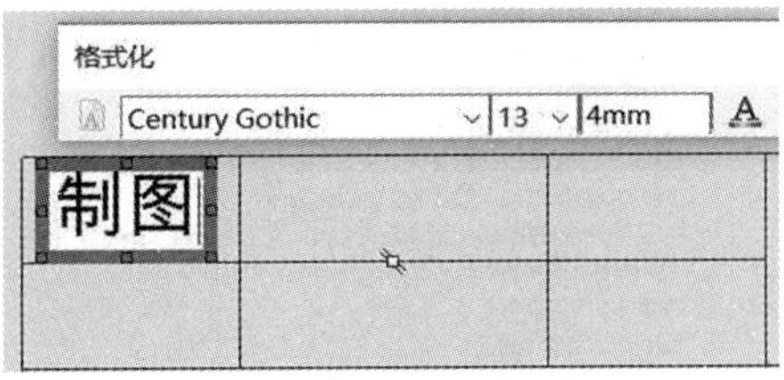

图 5-13　输入注释

图 5-14 添加注释

(7)单击图形区域右上角的“退出图纸编辑”按钮，退出图纸编辑状态。

(8)选择菜单栏中的“文件”→“保存图纸格式”命令，将自定义的图纸格式保存，方便其他工程图使用。

4. 工程图规范

现在的标准大都采用国际标准，也就是 ISO 标准，下面介绍 SolidWorks 中如何对工程图进行规范化设置。

选择菜单栏中的“工具”→“选项”命令，出现“系统选项”对话框，在“系统选项”对话框中，单击“工程图”选项，将会出现图 5-15 所示的“系统选项-工程图”对话框。

图 5-15 “系统选项-工程图”对话框

1)系统选项设置

· 单击复选框,可以设置工程图功能。

· 选择“工程图”下方“显示类型”,可以对显示样式、切边、显示品质等进行设置,如图 5-16 所示。

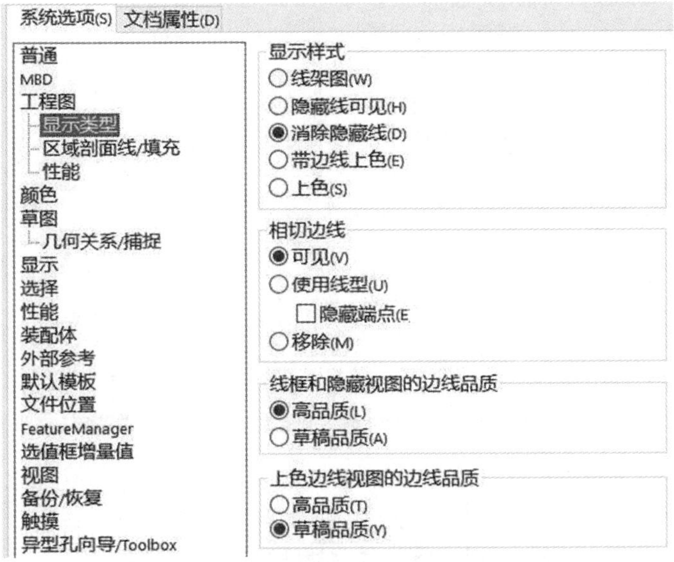

图 5-16 显示类型

· 选择“区域剖面线/填充”,可以对剖面线进行设置,如图 5-17 所示。

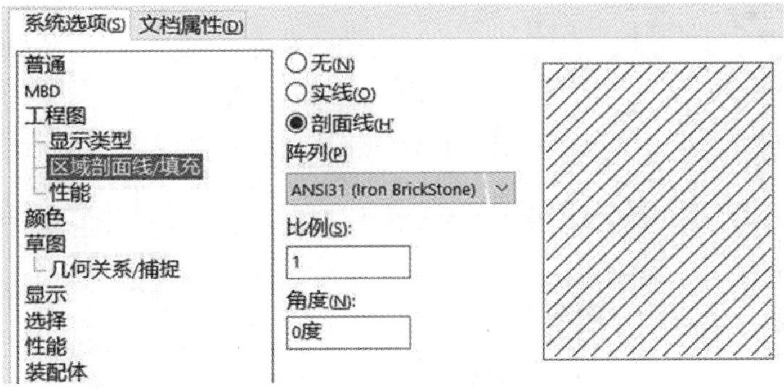

图 5-17 设置剖面线

2)文档属性

·“文档属性”选项卡主要用来设置与工程零件详图和工程装配详图有关的尺寸、注释、零件序号、箭头、虚拟交点、注释显示、注释字体、单位、工程图颜色等,如图 5-18 所示。

· 选择“注解”→“零件序号”,可设置装配图中零件序号的标注样式,如图 5-19 所示。

· 选择“尺寸”,可以设置工程图尺寸标注相关内容,如图 5-20 所示。

图 5-18 “文档属性”选项卡

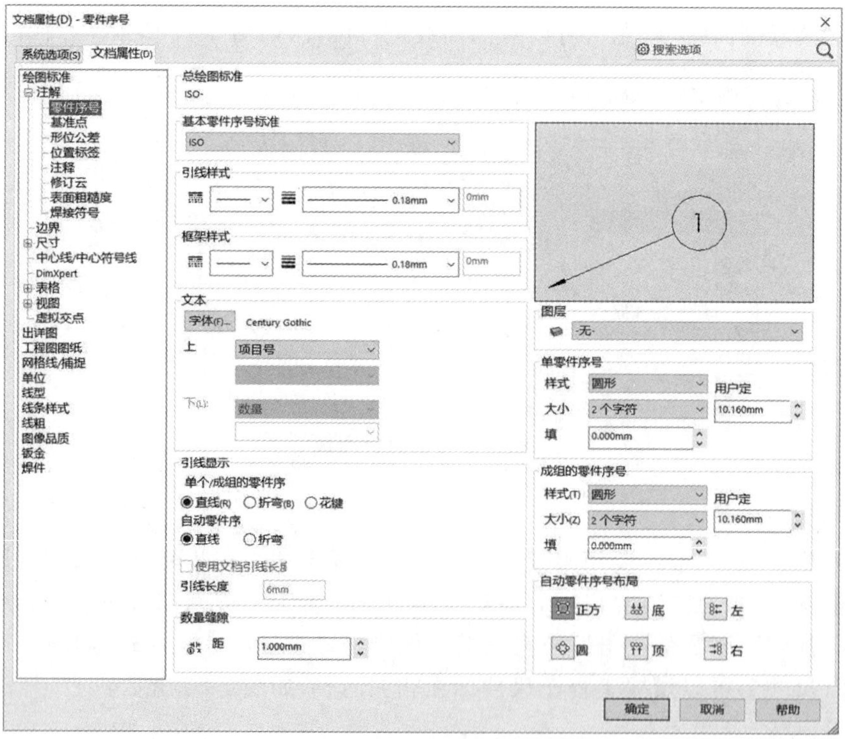

图 5-19 “零件序号”设置

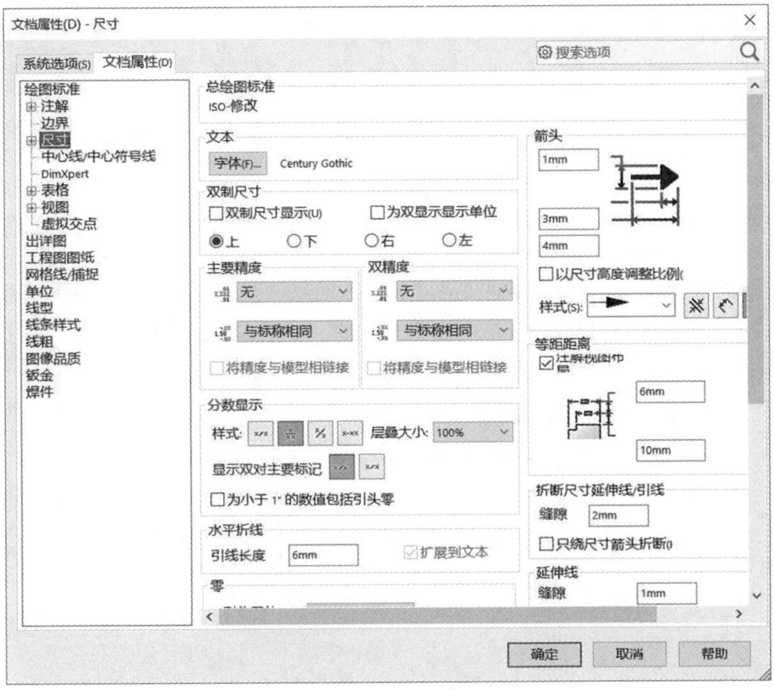

图 5-20 “尺寸”设置

· 选择“出详图”，可以设置工程图显示装配螺纹线、基准点、基准目标等，如图 5-21 所示。

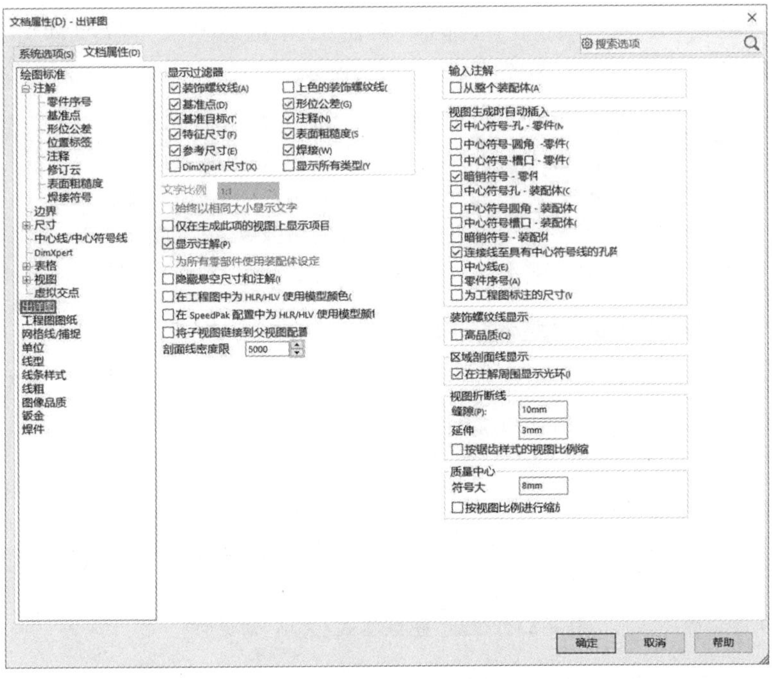

图 5-21 “出详图”设置

【任务实施】

➢定制一个 A3 工程图模板，并将模板保存，命名为“定制 A3 工程图模板”。

（1）打开 SolidWorks，在开始界面的主页上，新建面板上左键单击“工程图”，进入工程图界面，如图 5-22 所示。

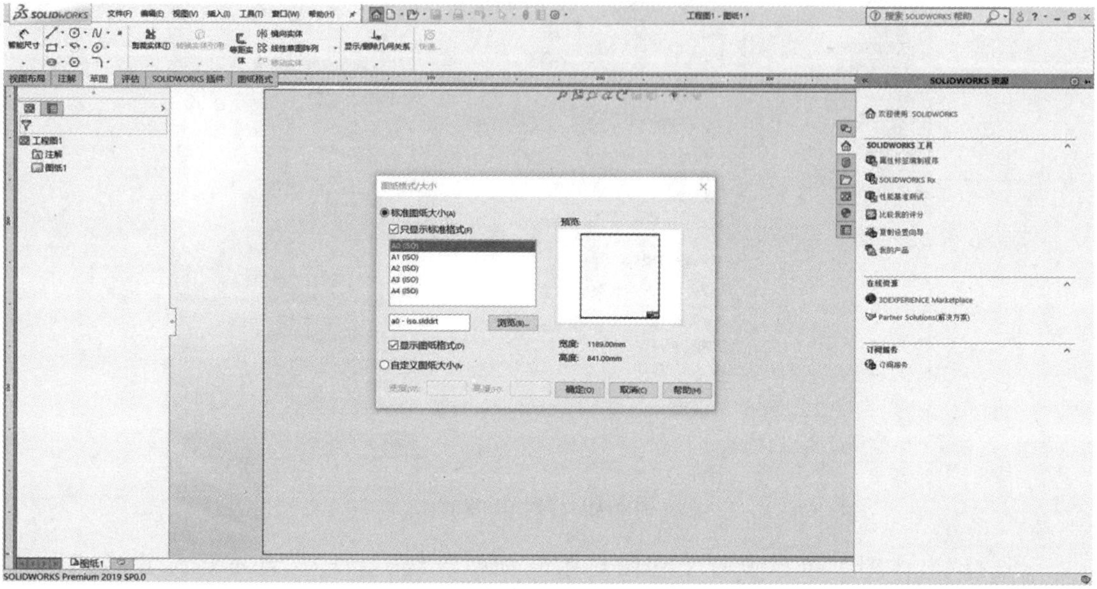

图 5-22　工程图初始界面

（2）在“图纸格式/大小”对话框中，选择“自定义图纸大小”，“宽度”和“高度”分别设为 420 mm 和 297 mm，单击“确定”按钮，如图 5-23 所示。

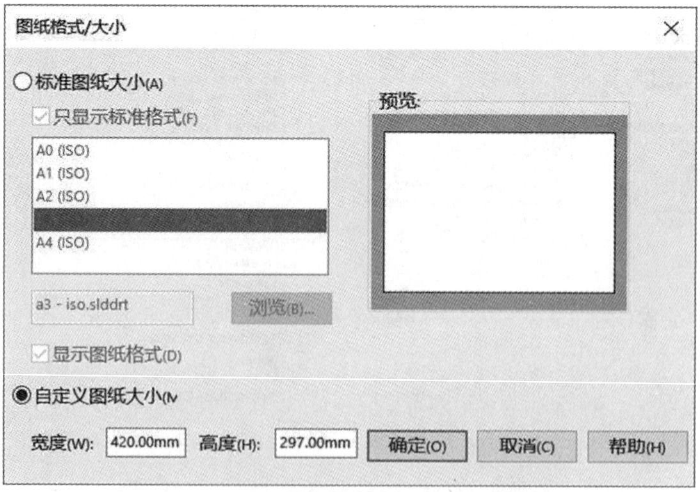

图 5-23　设置“图纸格式/大小”对话框

（3）在左侧视图属性管理器中，右键单击“图纸 1”，在弹出的快捷菜单中，选择“属性”，将比例设为“1∶1”，单击“应用更改”按钮，如图 5-24 所示。

(4)在左侧视图属性管理器中,右键单击“图纸 1”,在弹出的快捷菜单中,选择“编辑图纸格式”,进入图纸格式编辑状态。在“草图”工具栏中,单击“边角矩形”工具,绘制矩形,矩形参数设置如图 5-25 所示。

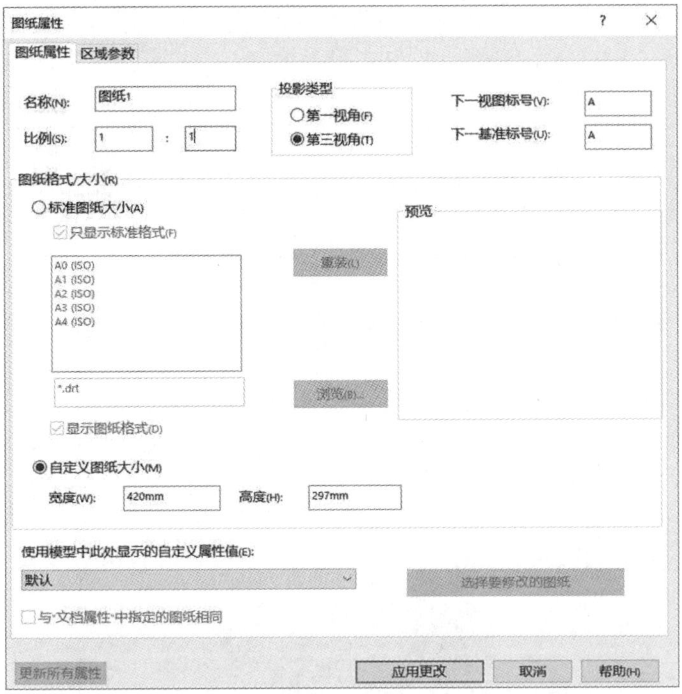

图 5-24 “图纸属性”设置

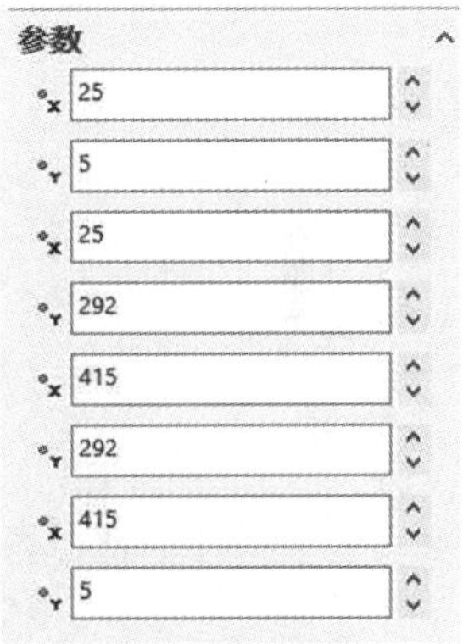

图 5-25 设置矩形参数

(5)在“草图”工具栏中,选择“直线”工具,绘制如图 5-26 所示的标题栏图框。

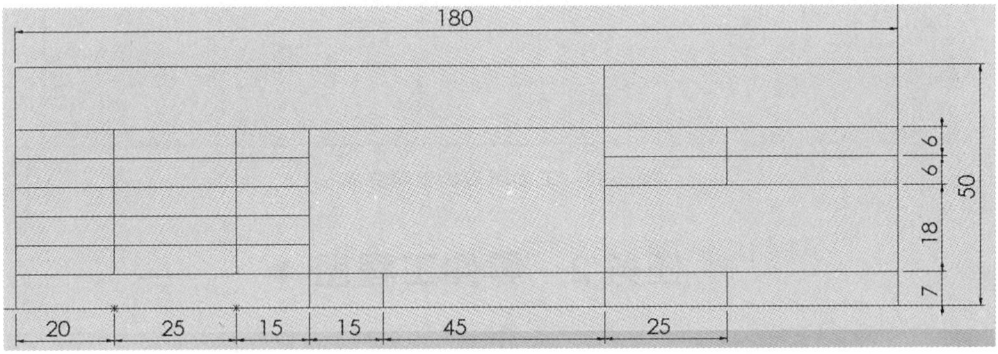

图 5-26 绘制标题栏图框

(6)在“注解”工具栏中,单击“注释”工具,填写标题栏的注释,如图 5-27 所示。

(7)图纸格式绘制完成后,删除标题栏标注的尺寸。在视图属性管理器中,右键单击“图纸 1”,在弹出的快捷菜单中选择“编辑图纸格式”,回到编辑图纸状态,如图 5-28 所示。

(8)单击菜单栏中的“文件”→“保存图纸格式”,将模板命名为“定制 A3 工程图模板”。

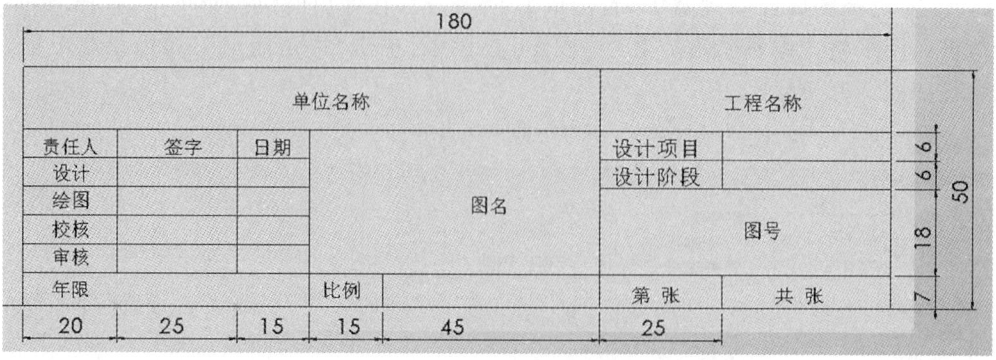

图 5-27　填写标题栏注释

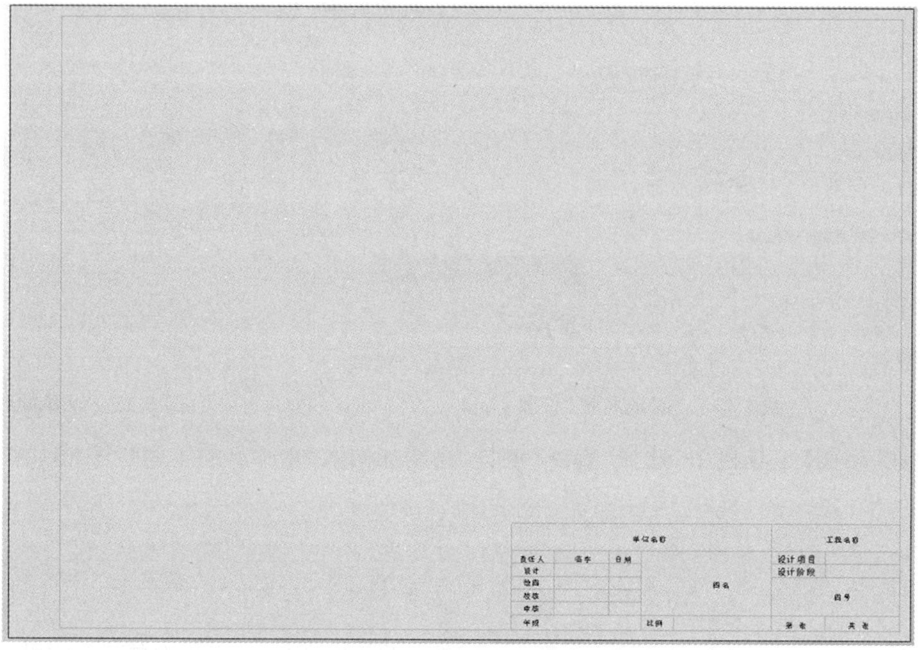

图 5-28　工程图模板创建完成

任务 2　零件工程图

【任务学习】

1. 视图操作

1)移动视图

移动视图有以下两种方法：

方法一：按住 Alt 键，将鼠标放置到视图中，当显示视图的虚线框时，按下鼠标左键，同时移动鼠标，即可移动视图。

方法二：将鼠标放置到视图边界处，当鼠标指针变成形状时，按下鼠标左键，同时移动鼠标，即可移动视图。被选择的视图显示虚线边框，如图 5-29 所示，视图的属性出现在相应的视图的属性管理器中。

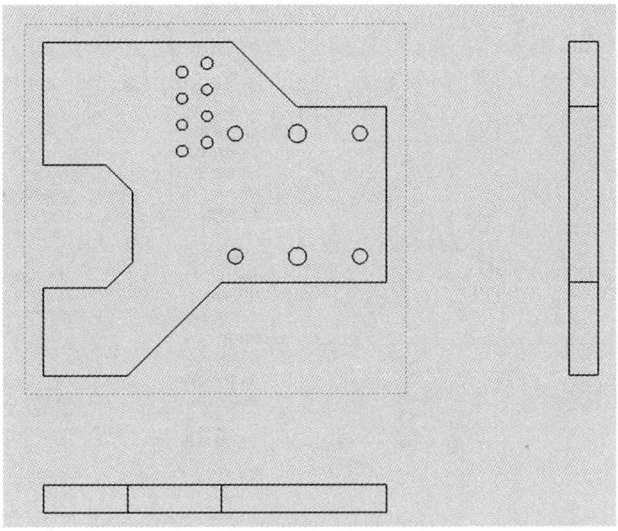

图 5-29　选择视图的效果

移动视图时，应遵循以下原则：

(1)对于标准三视图，主视图与其他两个视图有固定的对齐关系。当移动主视图时，其他视图也会跟着移动；而其他两个视图可以独立移动，但只能水平或垂直于主视图移动。

(2)辅助视图、投影视图、剖面视图和旋转剖视图与生成它们的母视图对齐，并只能沿投影方向移动。

(3)断裂视图遵循断裂之前的视图对齐状态。剪裁视图和交错位置视图保留原视图的对齐。

(4)命名视图、局部视图、相对视图和空白视图可以在图纸上自由移动，不与任何其他视图对齐。

(5)子视图相对于父视图而移动。若想保留视图之间的确切位置，可在拖动时按住 Shift 键。

2)对齐视图

(1)解除对齐关系：对于已对齐的视图，只能沿投影方向移动，但可以通过解除对齐关系，独立移动视图。要解除俯视图和主视图的对齐关系，可以采用以下方法：

方法一：在俯视图边界内部，右键单击，在弹出的快捷菜单中选择“视图对齐”→“解除对齐关系”，如图 5-30 所示。

方法二：选择俯视图，选择菜单栏中的“工具”→“对齐视图”→“解除对齐关系”命令，此时俯视图可以独立移动。解除视图对齐关系后移动的视图如图 5-31 所示。

如果要再回到原来的对齐关系，在俯视图边框内，右键单击，在弹出的快捷菜单中选择“视图对齐”→“默认对齐”命令，或选择菜单栏中的“工具”→“对齐视图”→“默认对齐关系”命令，俯视图回到默认对齐状态。

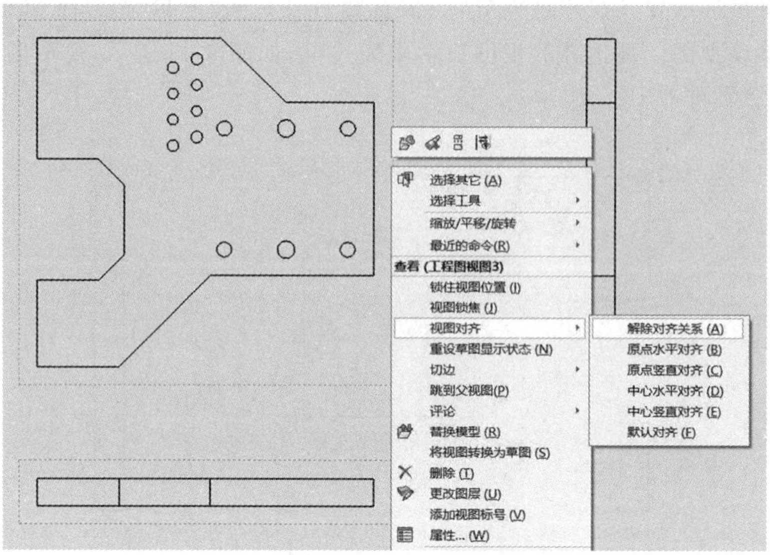

图 5-30 “解除对齐关系”选项

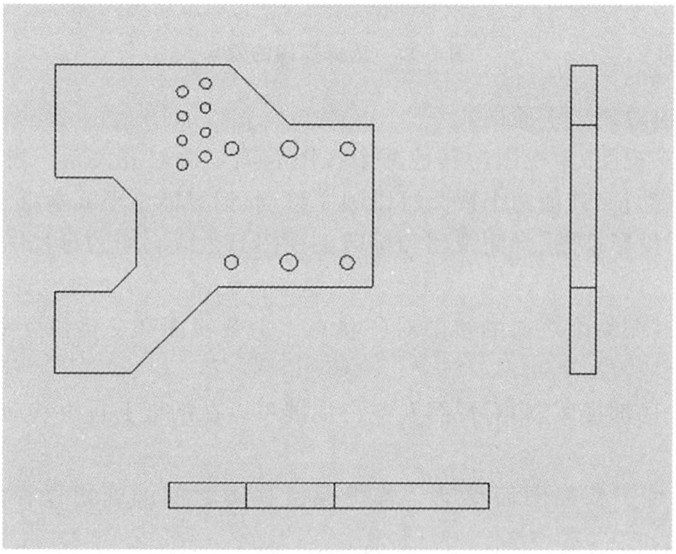

图 5-31 移动视图

(2)对齐视图：对于默认为未对齐的视图，或解除了对齐关系的视图，可以更改对齐关系。使一个视图与另一个视图对齐，操作步骤如下：

在工程视图边框内，右键单击，在弹出的快捷菜单中选择“视图对齐”→水平对齐或“视图对齐”→竖直对齐命令，或先选择一个视图，然后选择菜单栏中的“工具”→“对齐视图”→水平对齐或竖直对齐命令。

①右键单击俯视图，在弹出的快捷菜单中选择“视图对齐”→“原点竖直对齐”命令，如图5-32 所示，鼠标指针为形状。

②左键单击要对齐的参考视图(主视图)，俯视图即和主视图竖直方向对齐。如果移动参考视图，对齐关系将保持不变。

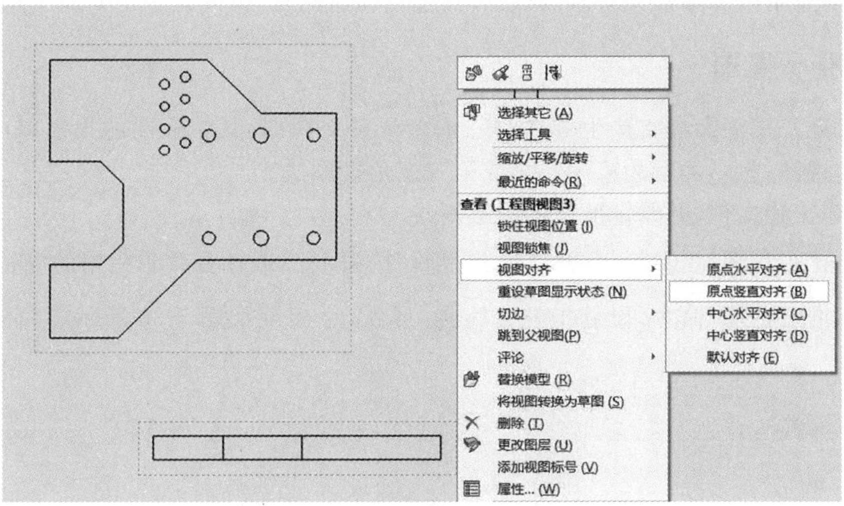

图 5-32 选择“原点竖直对齐”

3)隐藏和显示视图

工程图中的视图可以被隐藏或显示。隐藏和显示视图的操作步骤如下：

(1)右键单击特征管理器中的视图。

(2)在弹出的快捷菜单中选择“隐藏”命令，如图 5-33 所示。如果该视图有从属视图(如局部视图、剖面视图等)，则出现对话框，询问是否也要隐藏从属视图。

(3)视图被隐藏后，当指针经过隐藏的视图时，指针形状变为

，并且视图边界高亮显示。

(4)要再次显示视图，可在隐藏视图边框内，右键单击，在弹出的快捷菜单中选择“显示”命令，如图 5-34 所示。或者右键单击特征管理器中被隐藏的视图，在弹出的快捷菜单中选择“显示”命令，如图 5-35 所示。

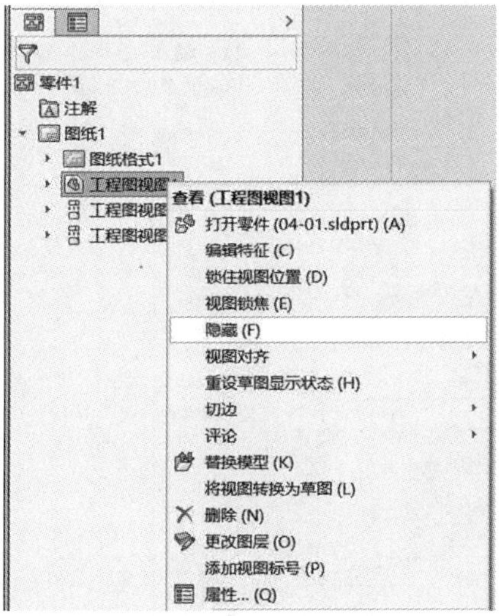

图 5-33 选择“隐藏”命令

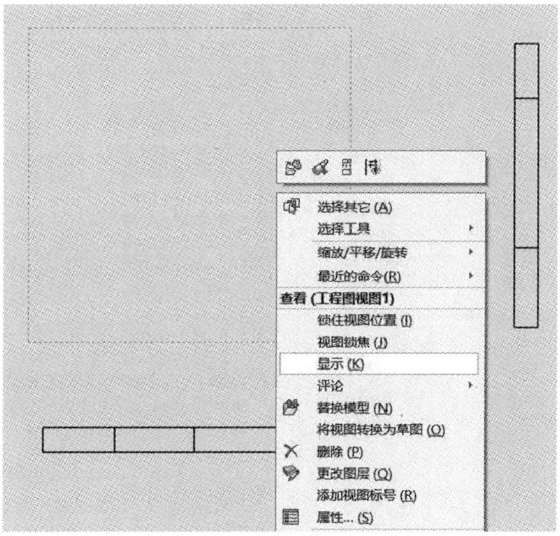

图 5-34 选择“显示”命令

(5)当要显示的隐藏视图有从属视图时，会出现对话框，询问是否也要显示从属视图。

2. 标准三视图

利用标准三视图命令将产生零件的三个默认正交视图，其主视图的投射方向为零件或装配体的前视图，投影类型为第一视角或第三视角投影法。

(1)新建工程文件，并制定所需的图纸格式。

(2)单击“工程图”工具栏中的“标准三视图”按钮，或选择菜单栏中的“插入”→“工程视图”→“标准三视图”命令，鼠标指针变为形状，会出现如图 5-36 所示的“标准三视图”属性管理器。

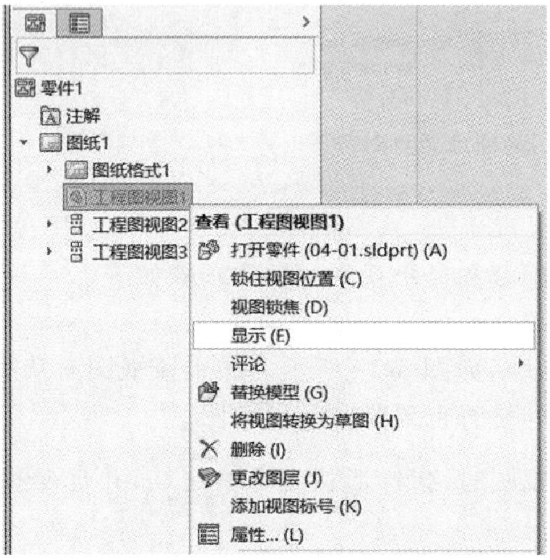

图 5-35　选择“显示”命令

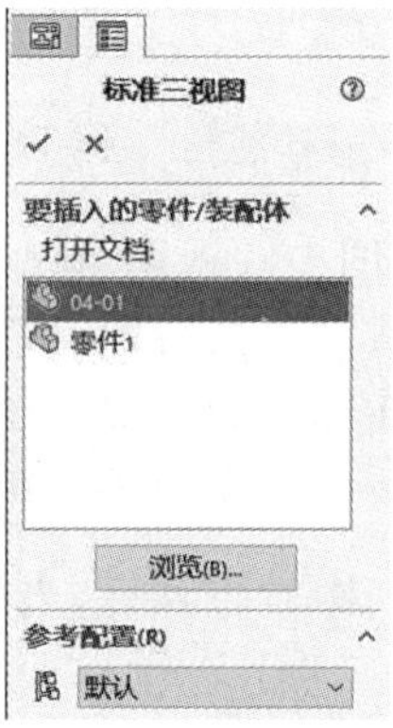

图 5-36　“标准三视图”属性管理器

(3)单击“浏览”按钮，会出现如图 5-37 所示的“打开”对话框。

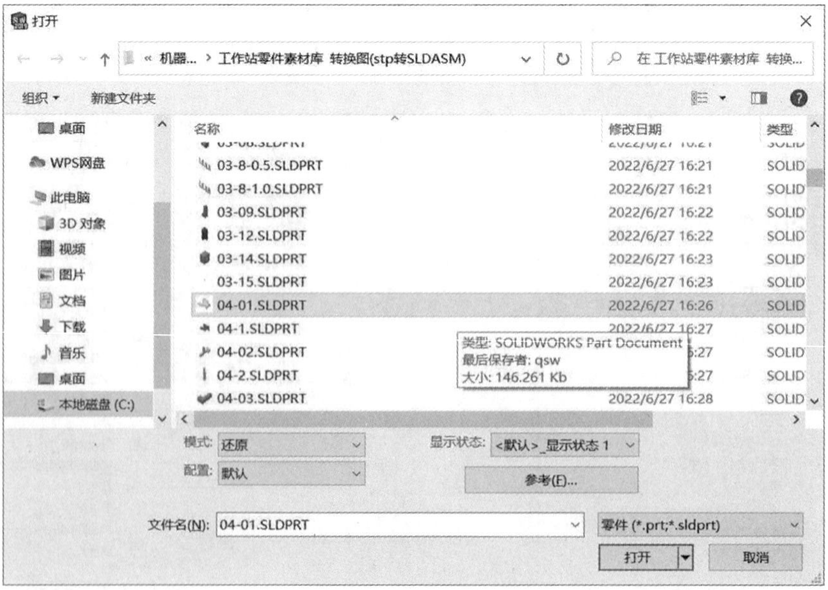

图 5-37　“打开”对话框

(4)在“打开”对话框中,选择文件放置的位置,并选择要插入的模型文件“标准三视图”,然后单击“打开”按钮,即可得到如图 5-38 所示的标准三视图。

(5)也可以先将模型文件打开,然后在打开文档列表中,双击模型文件,或者选择模型文件,然后单击“确定”按钮 ✓ ,即可得到标准三视图。

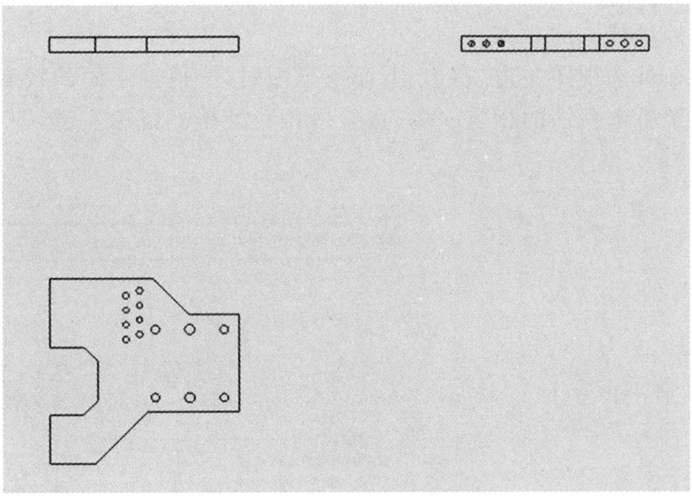

图 5-38　标准三视图

3. 投影视图

投影视图是根据已有视图,通过正交投影生成的视图。投影视图的投影法,可在“图纸属性”对话框中指定使用第一视角或第三视角投影法。

要生成投影视图,其操作步骤如下:

(1)在打开的工程图中选择要生成投影视图的现有视图。

(2)单击“工程图”工具栏中的“投影视图”按钮 ,或选择菜单栏中的“插入”→“工程视图”→“投影视图”命令,弹出如图 5-39 所示的“投影视图”属性管理器,并显示视图预览框。

(3)在属性管理器的“箭头”面板中设置如下参数。

①“箭头”复选框:选中该复选框,以显示投影方向的视图箭头。

② (标号):输入要随父视图和投影视图显示的文字。

(4)在如图 5-40 所示的“显示样式”面板中设置如下参数。

①“使用父关系样式”:取消选中该复选框,以选取与父视图不同的样式和品质设定。

②显示样式:包括线架图、隐藏线可见、消除隐藏线、带边线上色、上色。

(5)根据需要在如图 5-40 所示的“比例”面板中设置视图的相关比例。

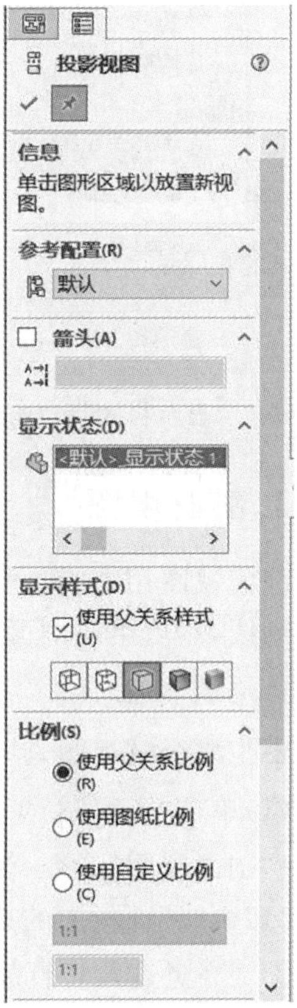

图 5-39　“投影视图”属性管理器

①“使用父关系比例”：选中该选项可以应用为父视图所使用的相同比例。如果更改父视图的比例，则所有使用父视图比例的子视图比例将更新。

②“使用图纸比例”：选中该选项可以应用为工程图图纸所使用的相同比例。

③“使用自定义比例”：选中该选项可以应用自定义的比例。

(6)设置完相关参数后，选择投影的方向，将指针移动到所选视图的相应一侧。当移动指针时，可以自动控制视图的对齐。

(7)当指针放在被选视图左边、右边、上面或下面时，会得到不同的投影视图。按所需投影方向，将指针移到所选视图的相应一侧，在合适位置处单击鼠标左键，即可生成投影视图，如图 5-41 所示。

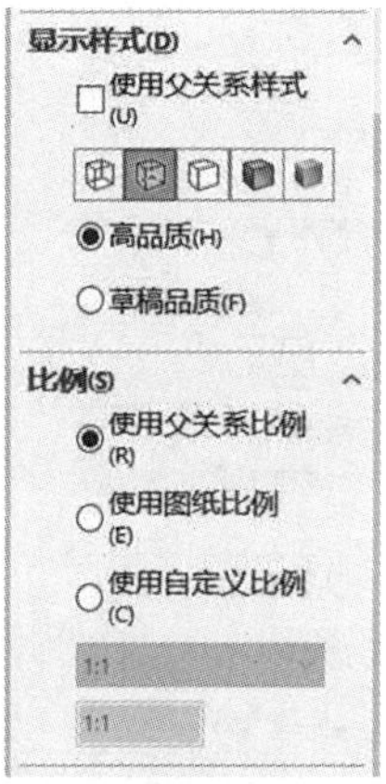

图 5-40 “显示样式”和“比例”设置

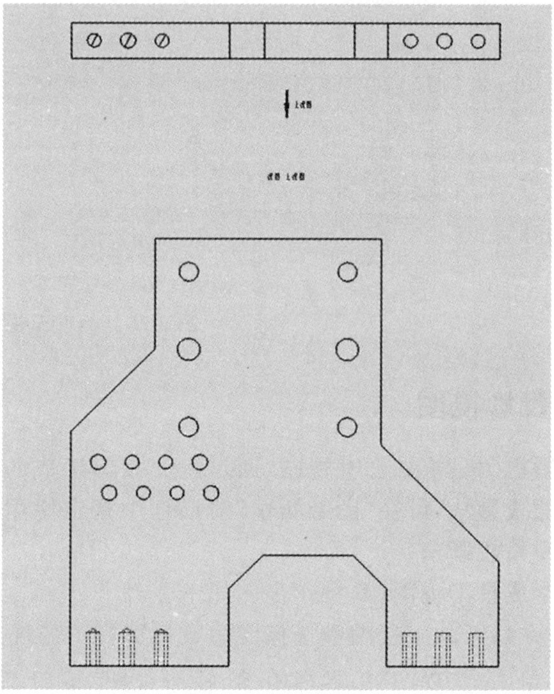

图 5-41 投影视图

4. 剖面视图

剖面视图用来表达零件的内部结构。生成剖面视图时，必须先在工程视图中绘制适当的切割线，然后生成剖面视图。

1)全剖视图

要生成全剖视图，其操作步骤如下：

(1)单击“工程图”工具栏中的“剖面视图”按钮 ，或选择菜单栏中的“插入”→“工程视图”→“剖面视图”命令，弹出如图 5-42 所示的“剖面视图辅助”属性管理器。

“切割线”面板中的选项如下：

① (竖直)：竖直放置切割线，如图 5-43 所示。

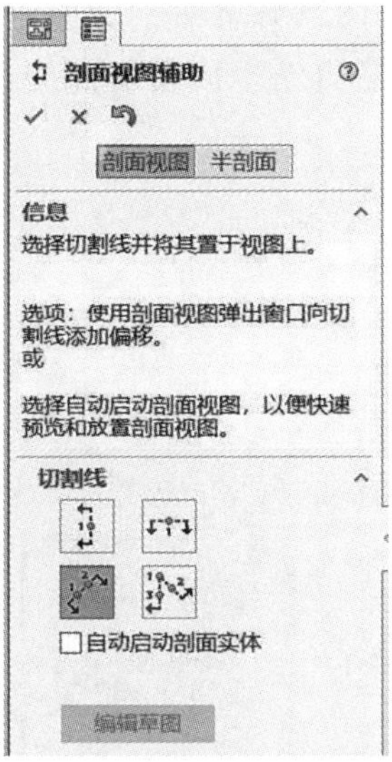
剖面视图辅助
剖面视图
半剖面
信息
选择切割线并将其置于视图上。
选项：使用剖面视图弹出窗口向切割线添加偏移。
或
选择自动启动剖面视图，以便快速预览和放置剖面视图。
切割线
自动启动剖面实体
编辑草图

图 5-42 “剖面视图辅助”属性管理器

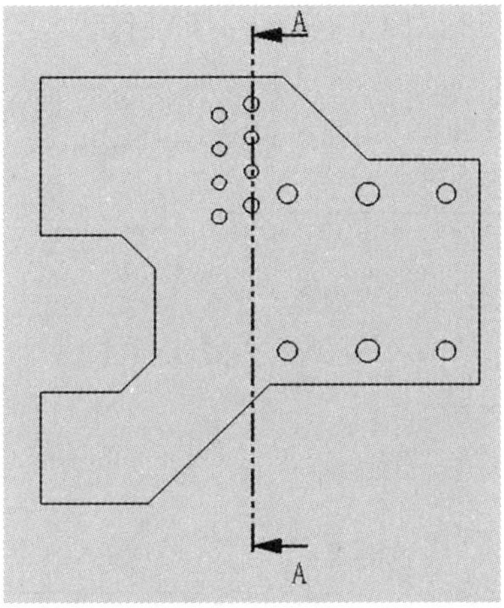
A
A

图 5-43 竖直剖

②(水平)：水平放置切割线，如图 5-44 所示。

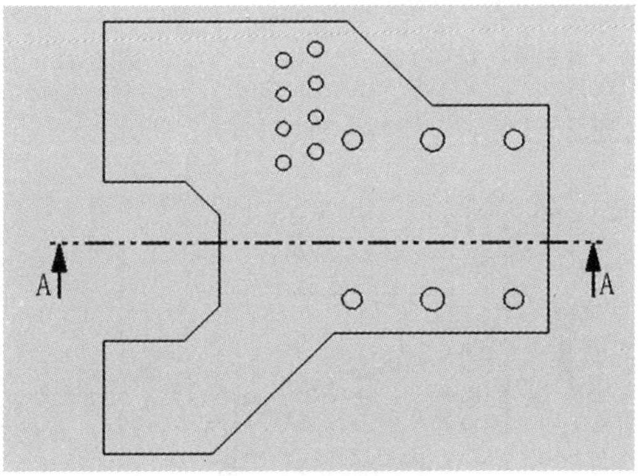
A
A

图 5-44 水平剖

③(辅助视图)：斜放切割线，得到斜剖视图，如图 5-45 所示。

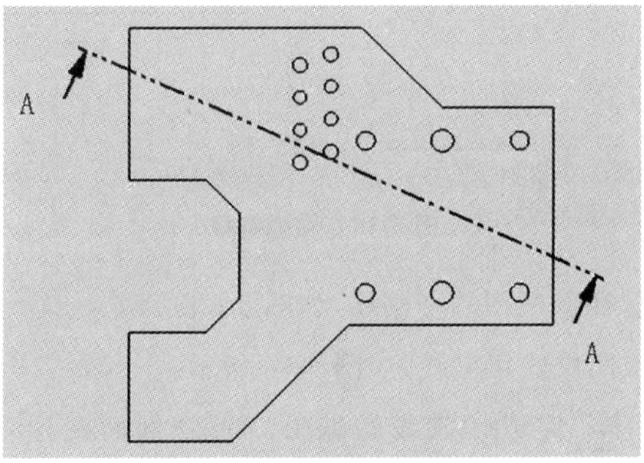
A
A

图 5-45 斜剖(辅助视图)

④ (对齐)：放置多条切割线，得到旋转剖视图，如图 5-46 所示。

⑤勾选“自动启动剖面实体”复选框时，放置剖面线后自动生成相应的剖视图，取消选中时，能对切割线进行调整，如图 5-47 所示。

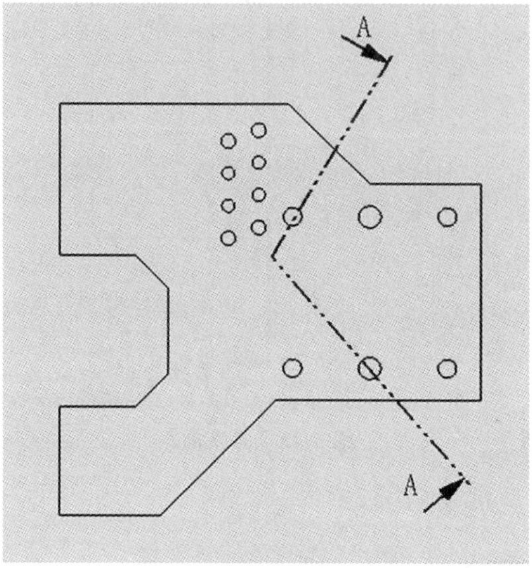

图 5-46　旋转剖(对齐)

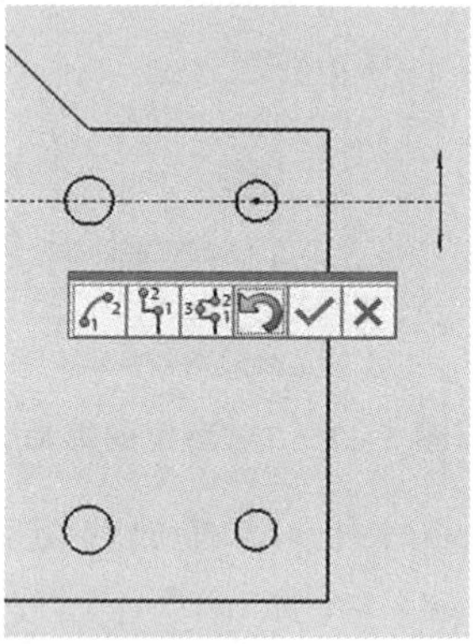

图 5-47　切割线偏移属性管理器

· (圆弧偏移)：做圆弧形偏移切割线，如图 5-48 所示。

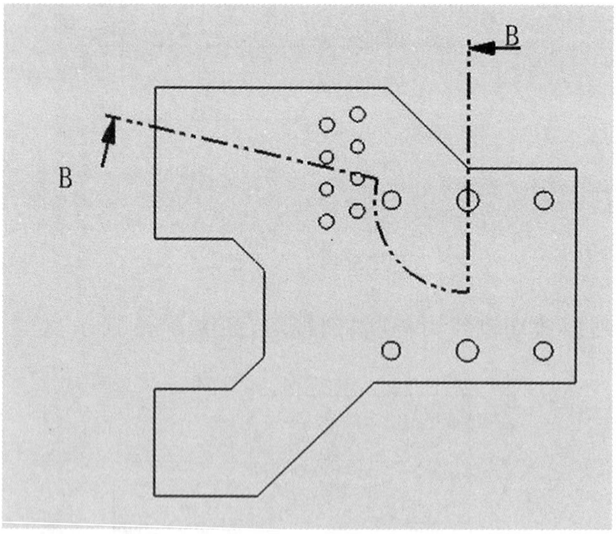

图 5-48　圆弧偏移

· (单偏移)：做阶梯剖视图的切割线，如图 5-49 所示。

· (凹口偏移)：做凹口式切割线，如图 5-50 所示。

(2)单击“确定”按钮完成切割线的编辑，弹出“剖面视图”属性管理器，如图 5-51 所示。

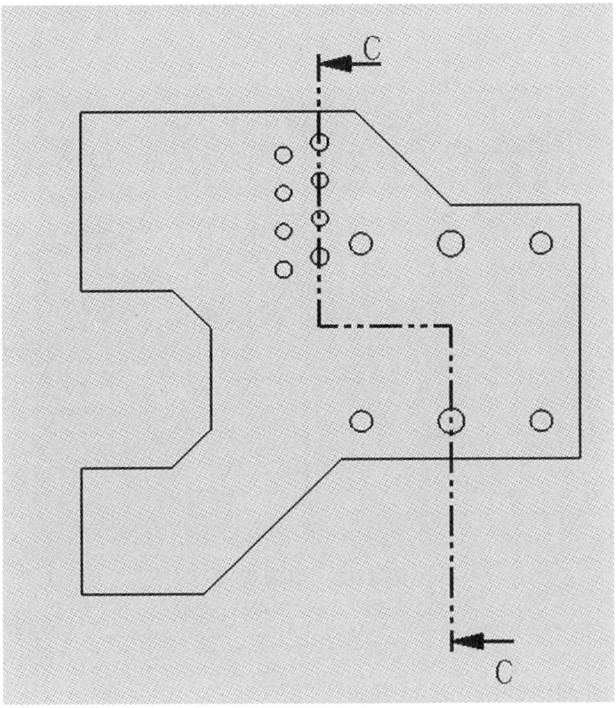

图 5-49 单偏移

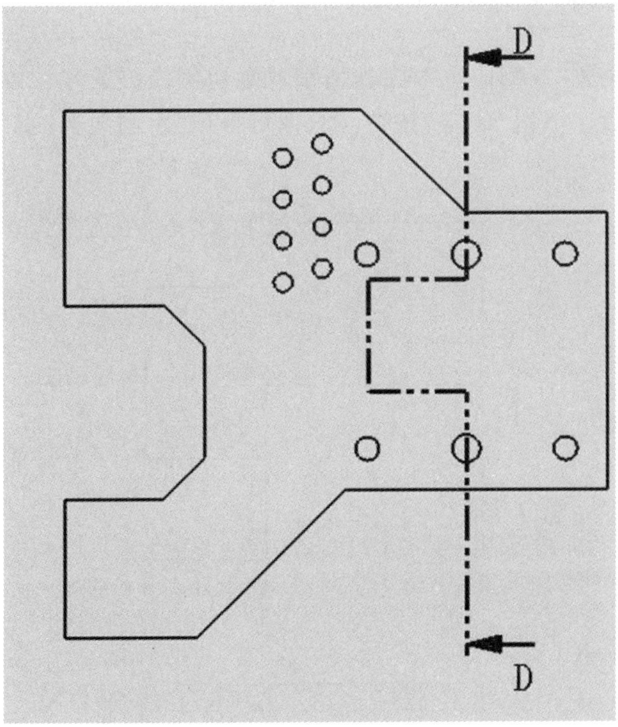

图 5-50 凹口偏移

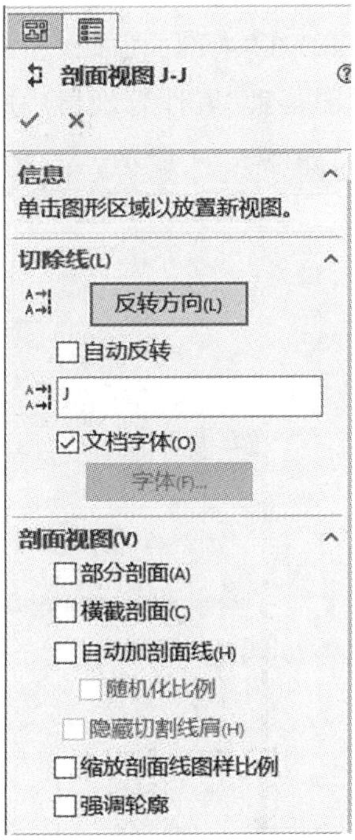

图 5-51 “剖面视图”属性管理器

(3)设置剖面视图的方向和标号等参数后，单击“确定”按钮，即可得到剖面视图，如图 5-52 所示。

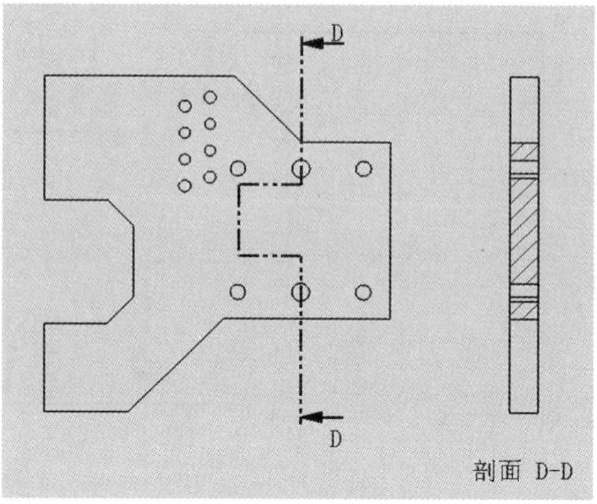

图 5-52　剖面视图

2)半剖视图

要生成半剖面视图，其操作步骤如下：

(1)单击“工程图”工具栏中的“剖面视图”按钮，或选择菜单栏中的“插入”→“工程视图”→“剖面视图”命令，在弹出的“剖面视图辅助”属性管理器中，单击“半剖面”，如图 5-53 所示。

(2)在“半剖面”面板中选择剖切位置“左侧向上”，在视图中放置切割线位置并设置“剖面视图辅助”属性管理器中的其他参数。单击“确定”按钮，即可得到“左侧向上”半剖面视图，如图 5-54 所示。

图 5-53　“半剖面”面板

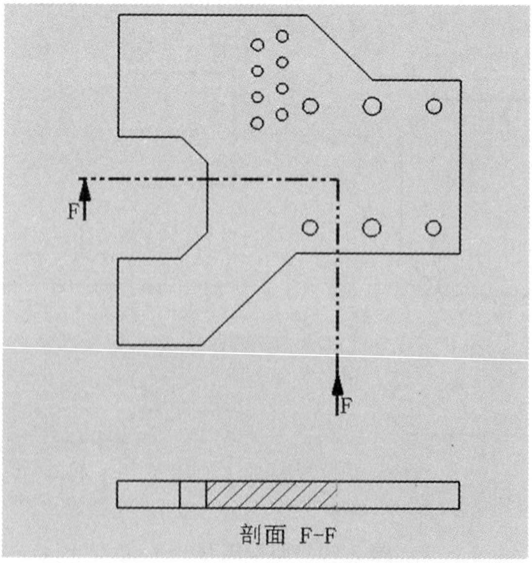

图 5-54　左侧向上半剖面视图

3)断开剖视图

(1)单击“工程图”工具栏中的“断开的剖视图”按钮，或选择菜单栏中的“插入”→“工程视图”→“断开的剖视图”命令，此时鼠标指针会变为形状，在需要剖开的位置画封闭的样条曲线，如图 5-55 所示。

(2)完成封闭样条曲线的绘制后，会弹出如图 5-56 所示的“断开的剖视图”属性管理器。

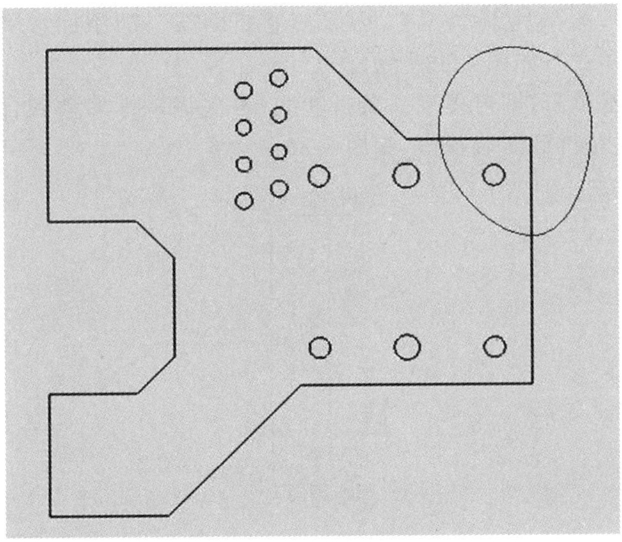

图 5-55　绘制样条曲线

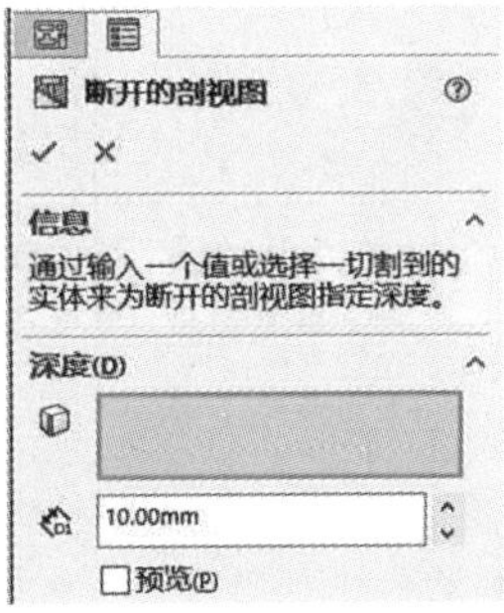
断开的剖视图
信息
通过输入一个值或选择一切割到的实体来为断开的剖视图指定深度。
深度(D)
10.00mm
预览(P)

图 5-56　“断开的剖视图”属性管理器

- (深度)：输入剖切的深度。
- 预览：选中时会在需要断开的视图上显示剖切的预览并在其余视图上显示剖切位置，如图 5-57 所示。

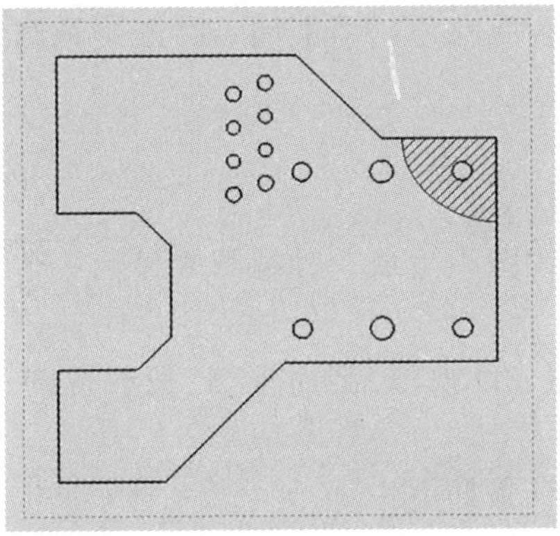

图 5-57　断开的剖切视图预览

(3)完成其他参数设置后，单击“确定”按钮，即可得到断开的剖视图。

5. 断裂视图

对于较长的零件(如轴、杆、型材等)，若其长度方向的形状一致或按一定规律变化，可用断裂视图命令将其断开后缩短绘图，而与断裂区域相关的参考尺寸和模型尺寸反映实际的模型数值。

要生成断裂视图，其操作步骤如下：

（1）在打开的工程图中选择要生成断裂视图的现有视图。

（2）单击“工程图”工具栏中的“断裂视图”按钮，或选择菜单栏中的“插入”→“工程视图”→“断裂视图”命令，弹出“断裂视图”属性管理器。

（3）在“断裂视图”属性管理器中，选择“切除方向”，“添加竖直折断线”或“添加水平折断线”，设置“缝隙大小”，选择“折断线样式”，如图 5-58 所示。

（4）将鼠标移动到所需位置，左键单击，即可得到一条折断线；再次将鼠标移动到合适位置，左键单击，得到第二条折断线，同时得到断裂视图，如图 5-59 所示。

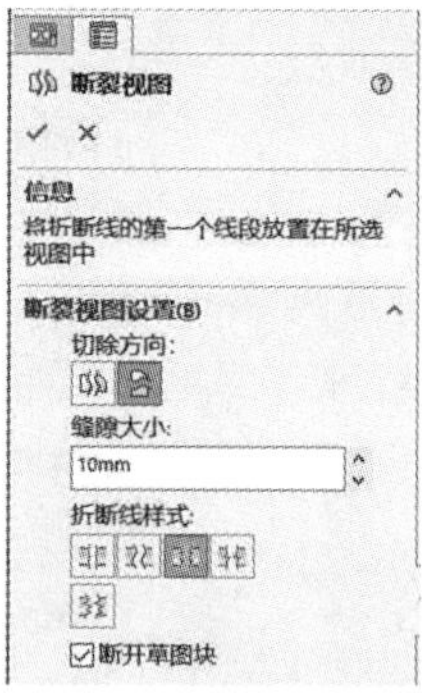

图 5-58　设置断裂视图参数

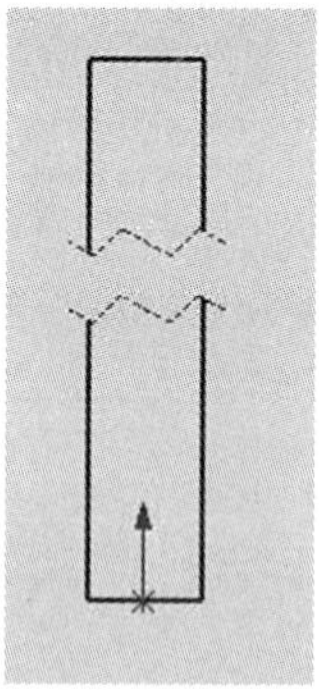

图 5-59　断裂视图

生成的断裂视图如果想要修改，可以有如下方法：

①改变折断线的形状：右键单击折断线，在弹出的快捷菜单中选择一种折断线样式即可。

②改变折断线的位置：拖动折断线即可。

③改变折断线间距的宽度：直接单击折断线，在“断裂视图”属性管理器中，修改“缝隙大小”数值即可。

6. 局部视图

在实际应用中，可以在工程图中生成一种视图来显示一个视图的某个部分，通常是以放大比例显示。

局部视图可以是正交视图、3D 视图、剖面视图、裁剪视图、爆炸装配体视图或另一局部视图。

要生成局部视图，其操作步骤如下：

（1）在工程图中要放大的区域，用草图工具绘制一个封闭轮廓。

（2）选择放大轮廓的草图实体。

（3）单击“工程图”工具栏中的“局部视图”按钮，或选择菜单栏中的“插入”→“工程视图”→“局部视图”命令，弹出如图 5-60 所示的“局部视图”属性管理器。

（4）在该属性管理器中“局部视图图标”面板中设置相关参数，如图 5-61 所示。

① 依照标准（样式）：选择一个显示样式，然后选择圆或者轮廓。

• 圆：若草图绘制成圆，有 5 种样式可供使用，即依照标准、断裂圆、带引线、无引线和相连。

• 轮廓：若草图绘制成其他封闭轮廓，如矩形、椭圆形等，样式也有依照标准、断裂圆、带引线、无引线和相连 5 种。但如果选择“断裂圆”，封闭轮廓会变成圆。

② (标号)：编辑与局部圆或局部视图相关的字母。

③ (字体)：取消勾选“文字字体”复选框时，可以对标号选择文件字体以外的字体。

(5)在如图 5-62 所示的“局部视图”面板中设置相关参数。

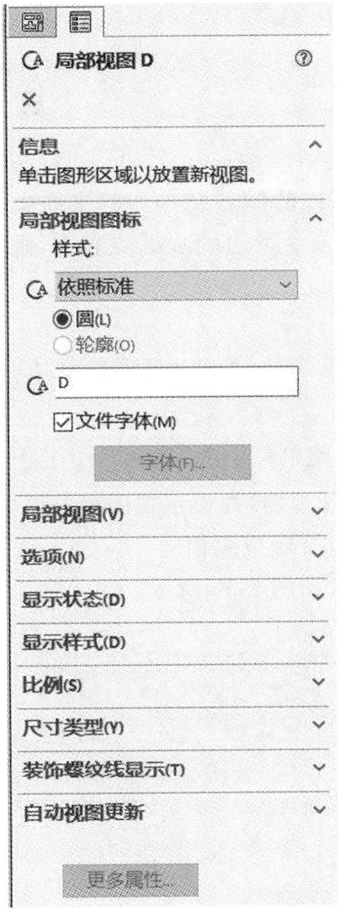

图 5-60 “局部视图”属性管理器

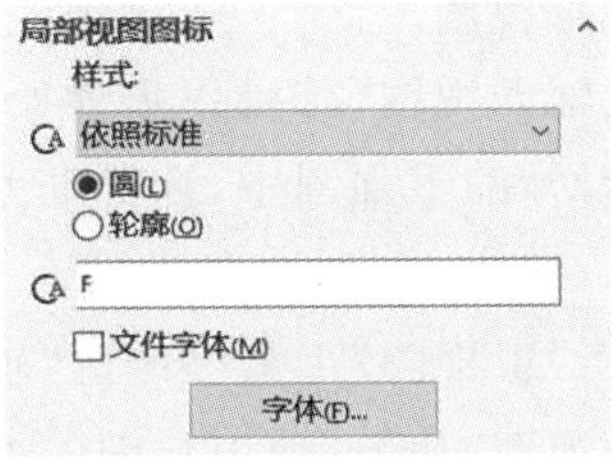

图 5-61 “局部视图图标”面板

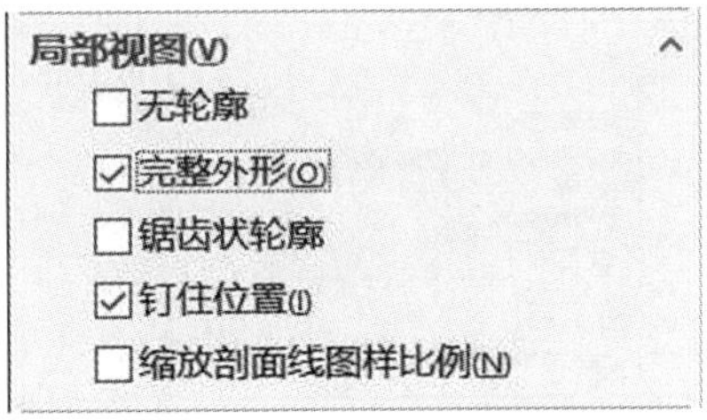

图 5-62 “局部视图”面板

• 完整外形：选择此选项，局部视图轮廓外形会全部显示。

• 钉住位置：选择此选项，可阻止父视图改变大小时局部视图移动。

• 缩放剖面线图样比例：选择此选项，可根据局部视图的比例来缩放剖面线图样比例。

(6)在工程图中移动鼠标，显示视图的预览框。当视图位于所需位置时，单击以放置视图，即可生成局部视图，如图 5-63 所示。

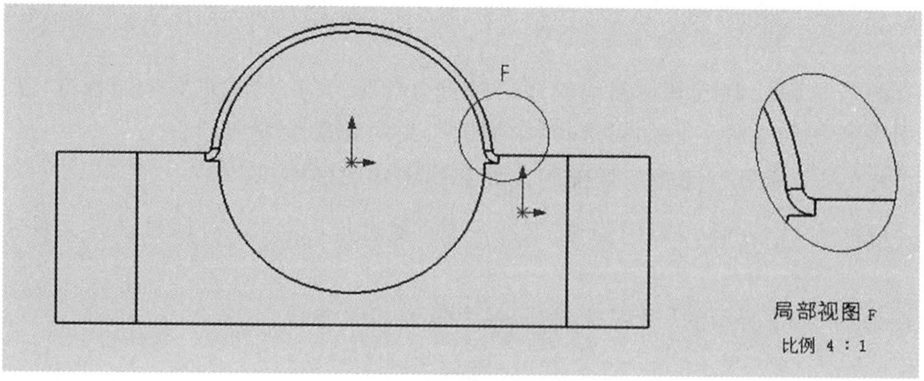

图 5-63 局部视图

7. 辅助视图

辅助视图的用途相当于机械视图中的斜视图，用来表达零件的倾斜结构。其本质类似于投影视图，是垂直于现有视图中参考边线的正投影视图。如果参考边线水平或竖直，则生成的就是投影视图。

要生成辅助视图，其操作步骤如下：

(1)在打开的工程图中，选择非水平或竖直的参考边线。参考边线可以是零件的边线、侧影轮廓线、轴线。

(2)单击“工程图”工具栏中的“辅助视图”按钮，或选择菜单栏中的“插入”→“工程视图”→“辅助视图”命令，弹出如图 5-64 所示的“辅助视图”属性管理器，并显示视图预览框。

(3)在该属性管理器中设置相关参数，设置方法及其内容与投影视图相同。

(4)将鼠标移动到合适位置，左键单击，即可得到辅助视图，如图 5-65 所示。

图 5-64 “辅助视图”属性管理器

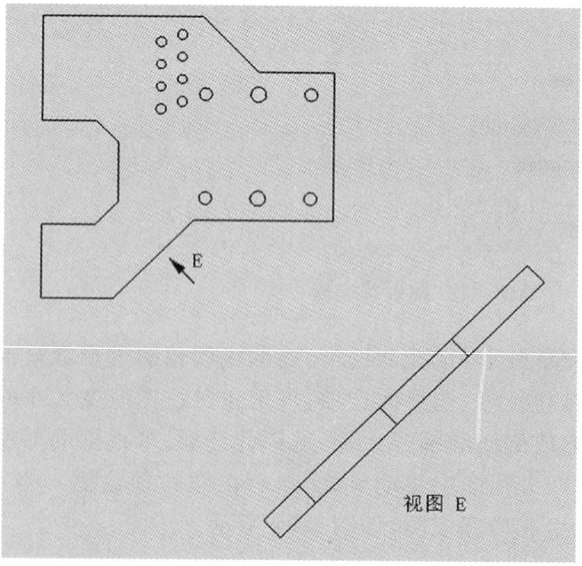

图 5-65 辅助视图

8. 工程图尺寸标注

(1)在打开的工程图中，左键单击“注解”工具栏中的“模型项目”按钮 ，弹出如图 5-66 所示的“模型项目”属性管理器。

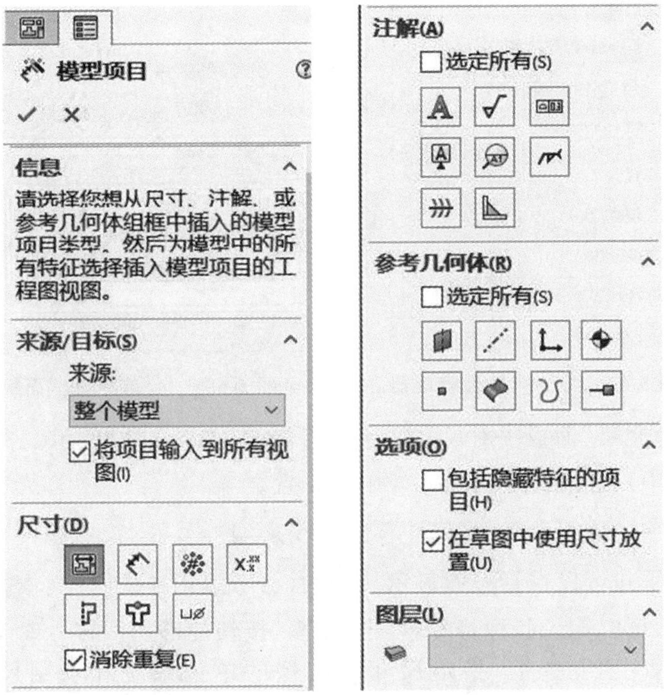

图 5-66 “模型项目”属性管理器

①在“来源/目标”面板中选择模型项目尺寸的来源。

a. 整个模型：从整个模型零件输入尺寸，包括草图和特征中的尺寸。

b. 所选特征：只从选定的特征中输入尺寸。

②在“尺寸”面板中选择需要输入工程图的尺寸类型。

③在“选项”面板中主要有如下选项。

a.“包括隐藏特征的项目”：插入隐藏特征的项目。取消选中此选项以防止插入属于隐藏模型项目的注解，过滤隐藏模型项目将会降低系统性能。

b.“在草图中使用尺寸放置”：将模型尺寸从零件中插入工程图的相同位置。

(2)选中尺寸可以对尺寸位置进行移动或删除。

(3)尺寸可以移动到其他视图位置上。按住 Shift 键，选择视图中的尺寸，然后按住鼠标左键，可将尺寸移动到另一视图上。

(4)当完成尺寸标注或单击任意已经标注的尺寸时，将弹出“尺寸”属性管理器，如图 5-67 所示。

①在“公差/精度”面板中对尺寸进行公差标注，如图 5-68 所示。

图 5-67 “尺寸”属性管理器

图 5-68 “公差/精度”面板

②在“标注尺寸文字”面板中对尺寸文字进行修改，如图 5-69 所示。

- (尺寸置中)：标注尺寸在尺寸线中间位置。
- (等距文字)：使用引线，将尺寸移到引线末端。
- (添加括号)：可以带括号而显示从动的(参考引用)尺寸。文本框下方是尺寸的对正按钮和符号按钮，可以输入各种符号，单击“更多”按钮能够访问符号库。

③选择“双制尺寸”复选框，指定尺寸以文档的单位系统和双制尺寸单位显示。如图 5-70 所示，两种单位均在“文档属性-单位”对话框的“文档属性”中指定，如图 5-71 所示。

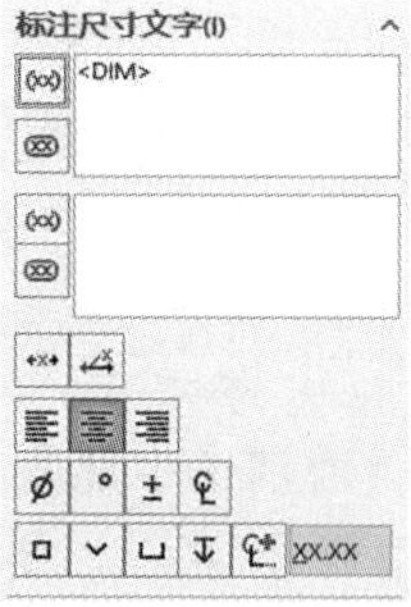

图 5-69 “标注尺寸文字”面板

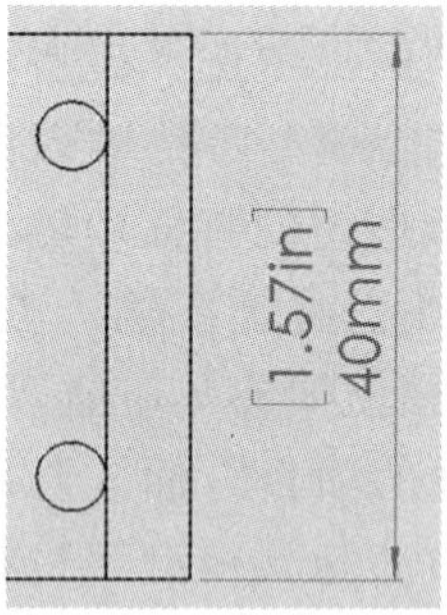

图 5-70 双制尺寸

9. 工程图注释标注

(1)单击“注解”工具栏中的“注释”按钮 A，或者选择菜单栏中的“插入”→“注解”→“注释”命令，弹出如图 5-72 所示的“注释”属性管理器。

①在“文字格式”面板中对文字的大小、字体、粗细、角度、位置等进行设置。

②在“引线”面板中对注释的引线样式进行设置。

③在“引线样式”面板中对引线线型和线宽进行设置。

④在“边界”面板中对注释的边界样式进行设置。

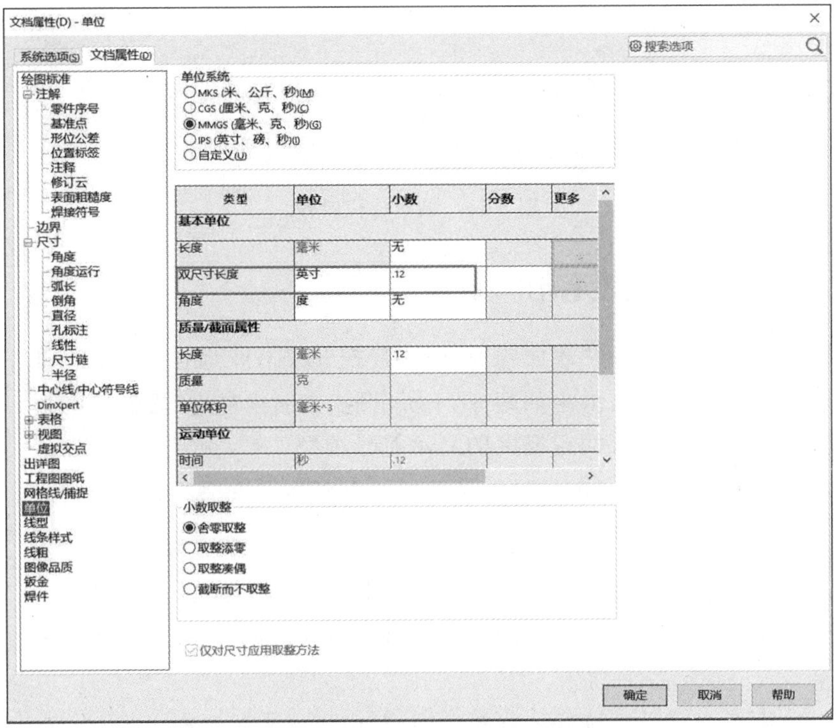

图 5-71 在“文档属性”中设置双尺寸单位

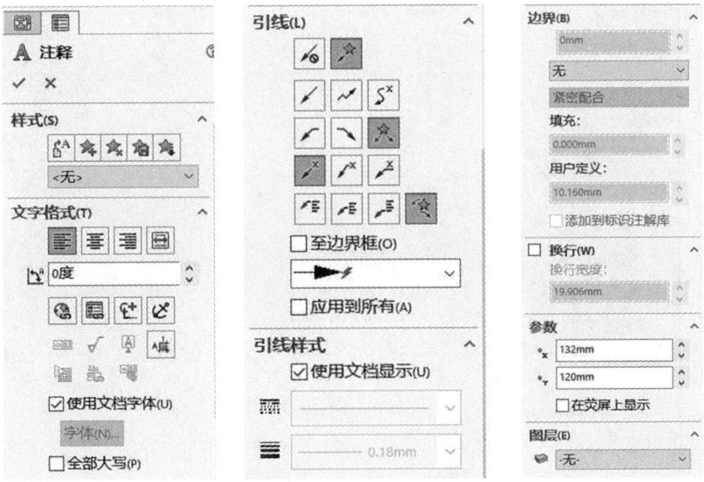

图 5-72 “注释”属性管理器

⑤在“参数”面板中对注释在视图中的位置进行设置。

(2)设置完参数后,如果注释有引线,单击引线放置位置,再次单击即可放置注释。

(3)输入需要的注释内容,在注释输入框外左键单击,即可完成输入,如图 5-73 所示。

(4)选择注释文字,在左侧“注释”属性管理器中,单击“文字格式”面板中的“字体”,即可修改注释文字格式。

(5)鼠标左键拖动注释文字,可将注释文字移动。

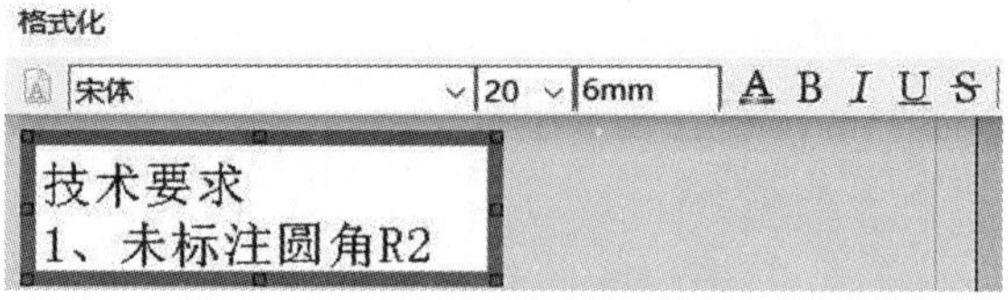

图 5-73 输入注释内容

10. 工程图表面粗糙度标注

(1)单击“注解”工具栏中的“表面粗糙度符号”按钮,或选择菜单栏中的“插入”→“注解”→“表面粗糙度符号”命令,弹出如图 5-74 所示的“表面粗糙度”属性管理器。

①在“符号”面板中设置表面粗糙度的显示符号类型。

(基本):表面粗糙度的基本符号,对零件的表面加工方法不做要求。

(要求切削加工):要求零件的表面必须切削加工。

(禁止切削加工):要求零件的表面禁止切削加工。

②在“符号布局”面板中设置表面粗糙度的显示符号,将鼠标移动到对应的输入框上,会显示输入框的含义,如图 5-75 所示。

③在“角度”面板中可设置符号的旋转角度,其中正值表示逆时针旋转,负值表示顺时针旋转,如图 5-76 所示。

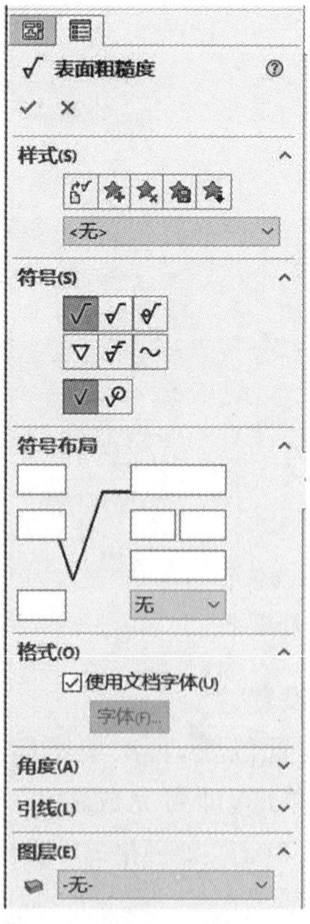

图 5-74 “表面粗糙度”属性管理器

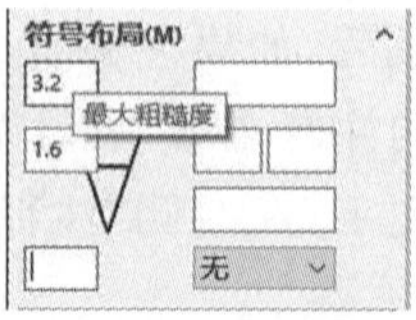

图 5-75 “符号布局”面板

(2)将设置好的表面粗糙度符号放在工程图的所需位置,如图 5-77 所示。

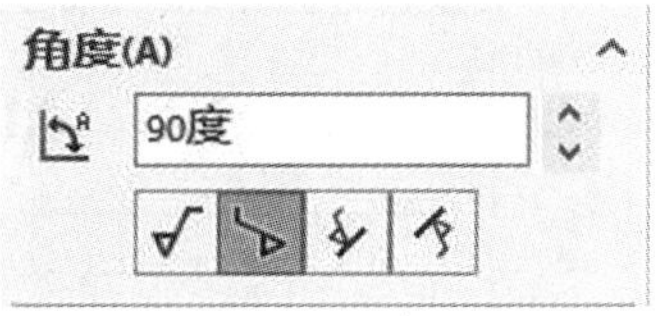

图 5-76 "角度"面板

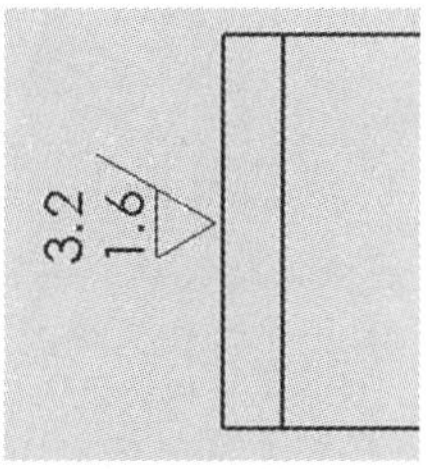

图 5-77 表面粗糙度标注完成

11. 工程图形位公差标注

(1)单击"注解"工具栏中的"形位公差"按钮 ,或选择菜单栏中的"插入"→"注解"→"形位公差"命令,弹出如图 5-78 所示的"形位公差"属性管理器和如图 5-79 所示的公差"属性"对话框。

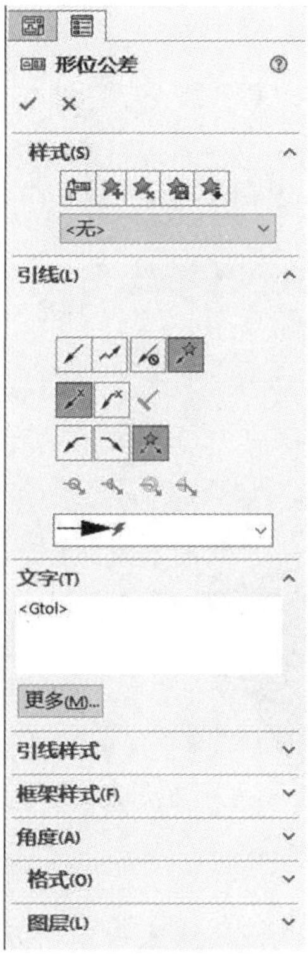

图 5-78 "形位公差"属性管理器

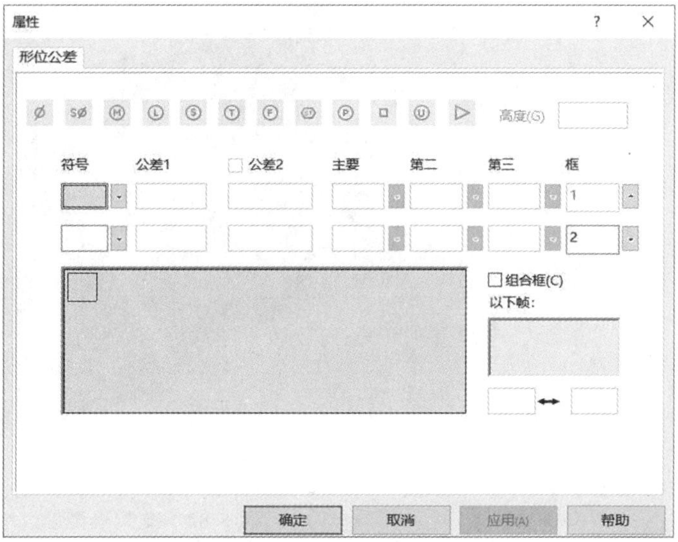

图 5-79 公差"属性"对话框

(2)在形位公差"属性"对话框中依次选择符号,输入公差值。如公差需要基准的,可以在后方继续输入基准代号。如需要输入符号,可在对话框上方选取,如图 5-80 所示。

(3)在形位公差"属性"管理器中设置形位公差的参数。

(4)将创建好的形位公差放置在工程图中所需的位置,如图 5-81 所示。

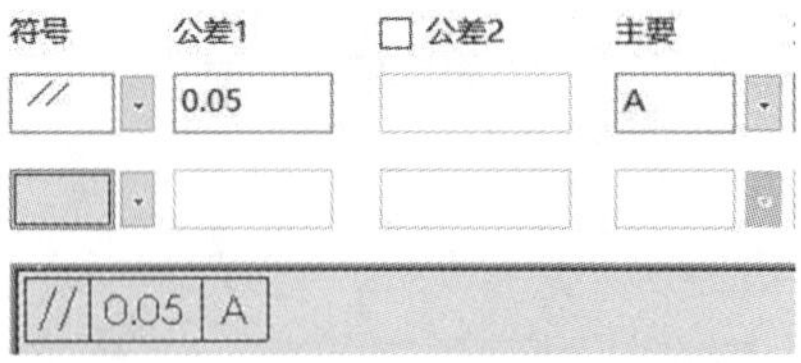

图 5-80　设置公差符号和公差值

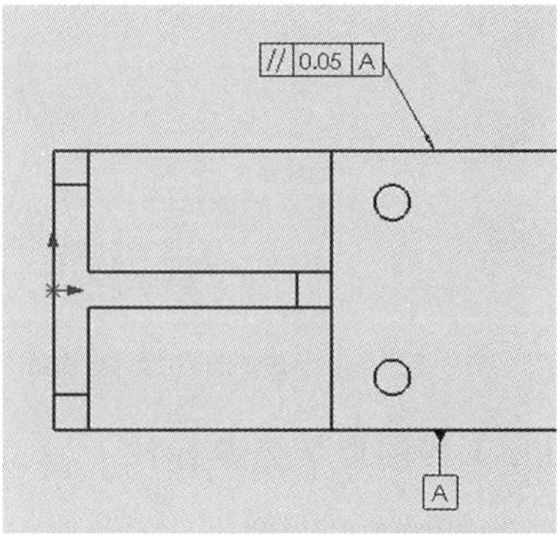

图 5-81　“形位公差”标注完成

【任务实施】

➢ 本任务将以支架零件图为例，介绍零件工程图的绘制。

(1)打开“支架. sldprt”零件模型文件，如图 5-82 所示。

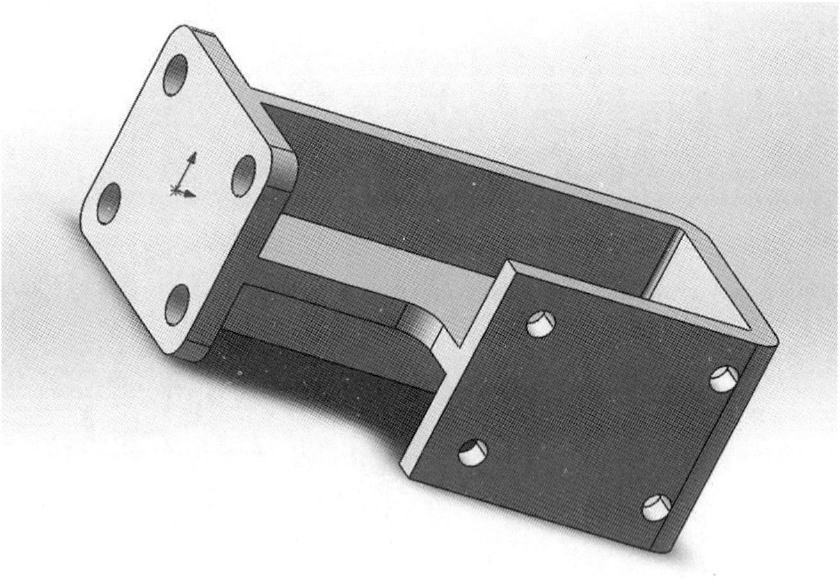

图 5-82　支架模型

(2)在菜单栏中，单击“文件”→“从零件制作工程图”，在弹出的“图纸格式/大小”对话框中，单击“浏览”，选择“定制 A3 工程图模板”，单击“确定”按钮。

(3)在右侧“视图调色板”下方，将“前视”“左视”和“下视”拖拽到图纸中，如图 5-83 所示。

(4)单击图纸最上方快捷工具“隐藏/显示项目”下拉列表中的“观阅原点”，隐藏原点。

(5)显示图层。在工具栏空白处单击右键，在弹出的快捷菜单中，选择“图层”，图层即在左下角状态栏中显示，如图 5-84 所示。

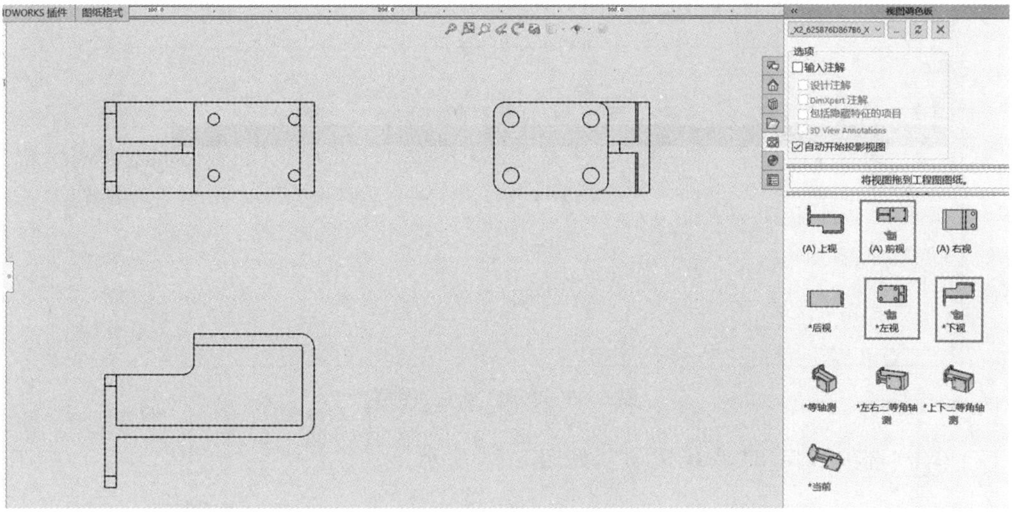

图 5-83 放置三视图

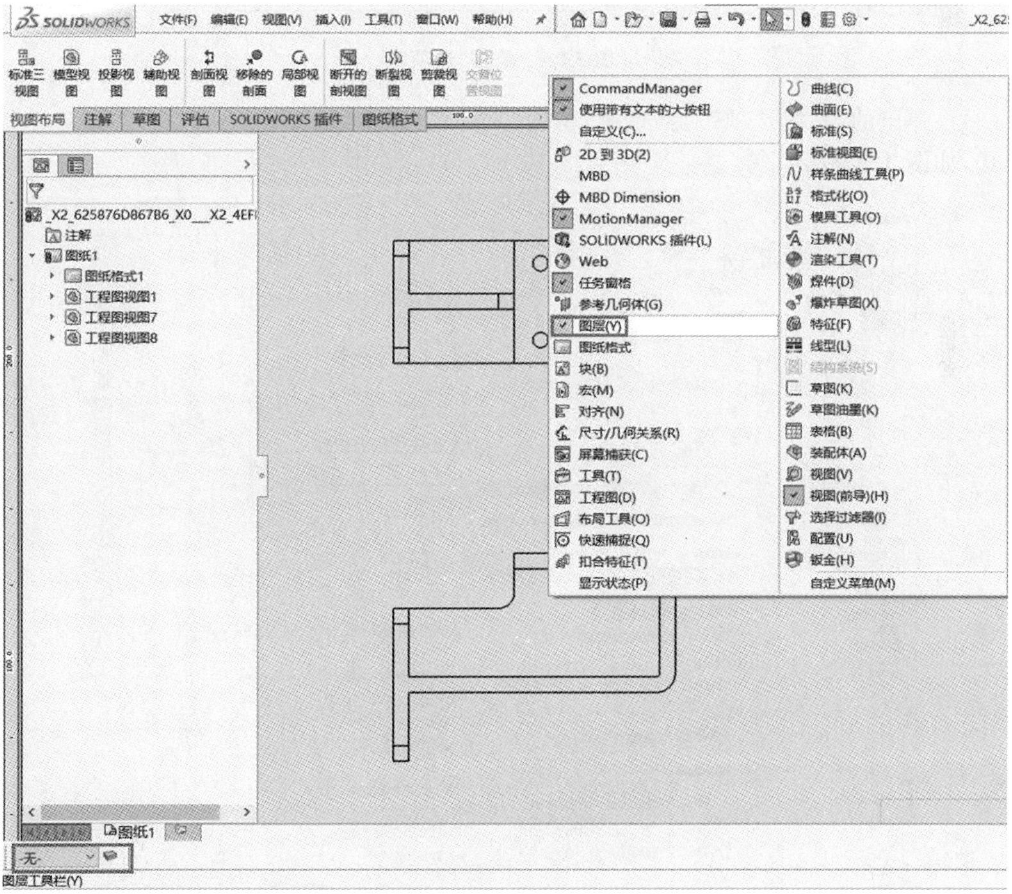

图 5-84 显示图层

(6)设置标注图层。单击“图层”按钮，在弹出的“图层”对话框中，单击“新建”，将图层名称设为“标注”，颜色设为红色，如图 5-85 所示。

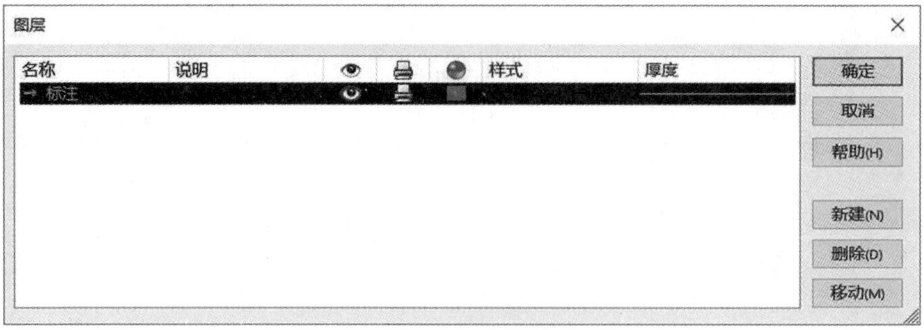

图 5-85　新建“标注”图层

(7)单击“选项”，弹出“系统选项”，如图 5-86 所示。

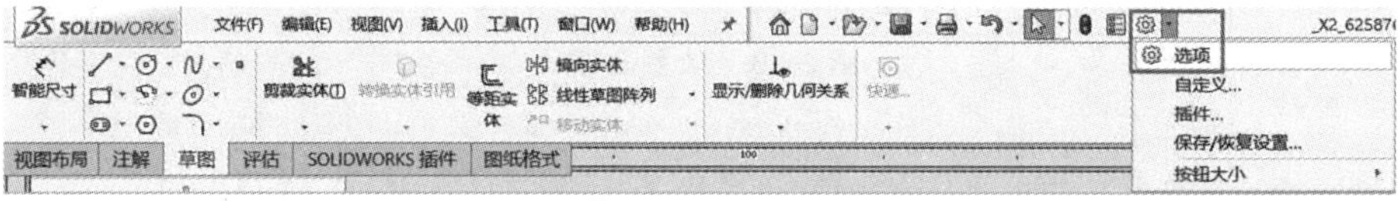

图 5-86　单击“选项”

(8)在弹出的“系统选项”对话框中，单击“文档属性”，单击“尺寸”，设置“主要精度”和箭头样式，如图 5-87 所示。

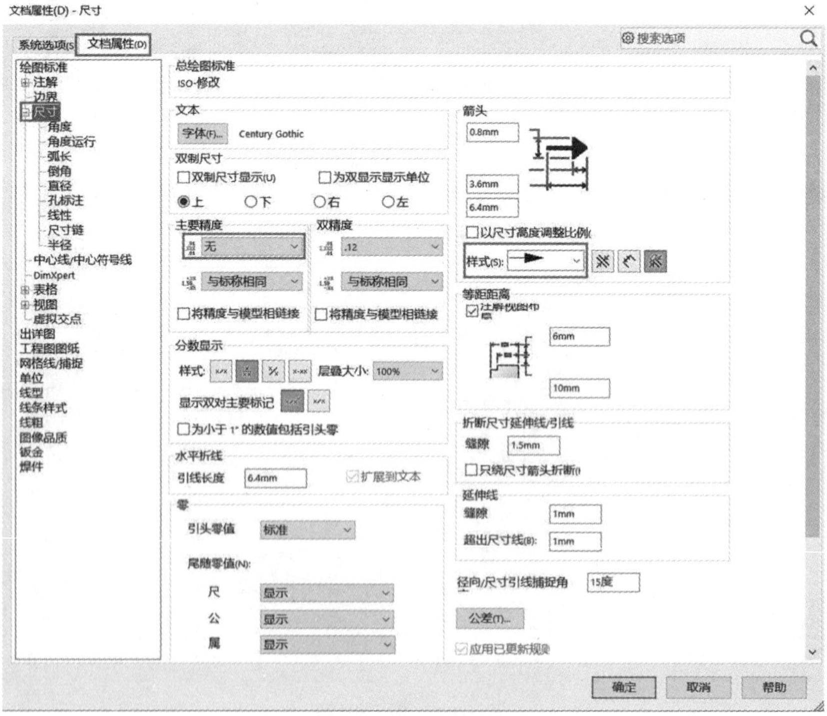

图 5-87　设置“尺寸”参数

(9)将半径文字设置为水平方向。单击“文档属性”中的“半径”；“图层”选择“标注”图层;在"文本位置"中,选择"文字水平",如图 5-88 所示。

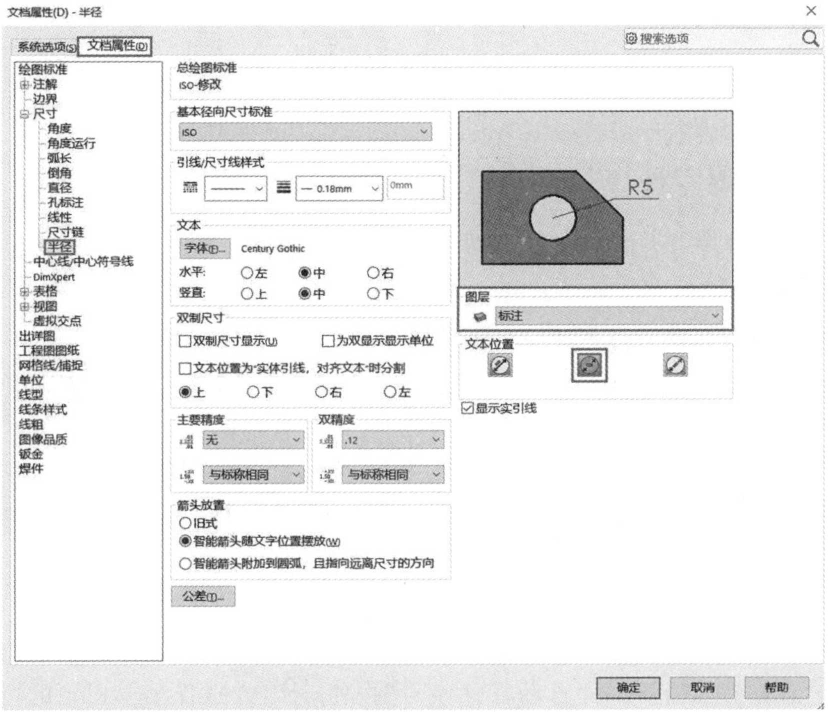

图 5-88 设置"半径"文字水平

(10)将"文档属性"中的"直径"和"线性"的"图层"都选择"标注"图层。

(11)在"注解"工具栏中,单击"智能尺寸",在零件图上添加尺寸标注;添加"表面粗糙度"和"形位公差";单击"注释",添加"技术要求",如图 5-89 所示。

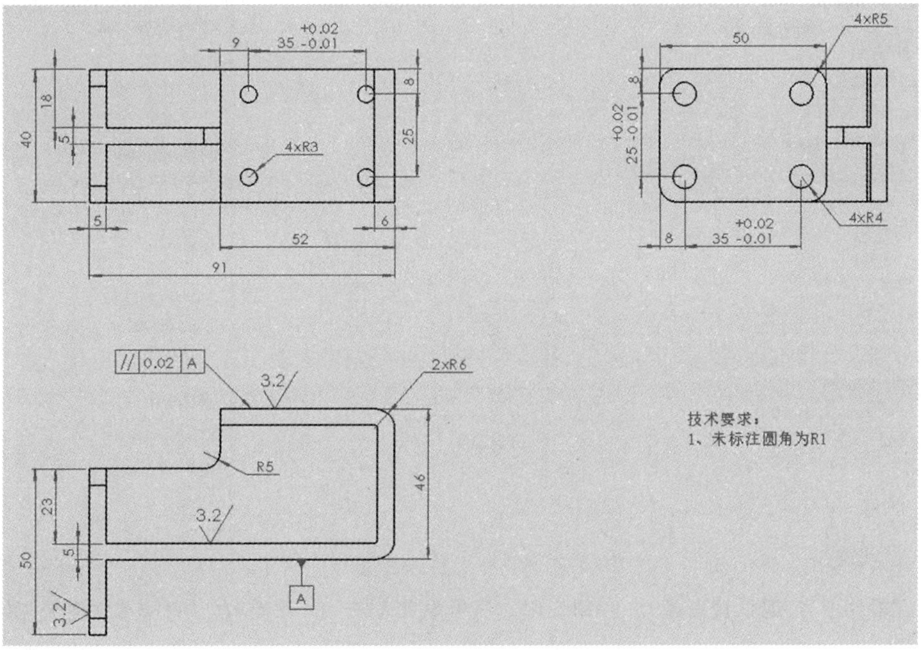

图 5-89 支架零件工程图

任务3 装配工程图(含BOM表输出)

【任务学习】

1. 装配工程图零件序号

装配体工程图零件序号创建方式有两种，零件序号和自动零件序号。

1）零件序号

“零件序号”方式每次只能创建一个零件的序号。

（1）单击“注解”工具栏中的“零件序号”按钮，或选择菜单栏中的“插入”→“注解”→“零件序号”命令，弹出如图5-90所示的“零件序号”属性管理器。

在“设定”面板中可以设置序号边框形状以及“零件序号文字”等内容。

（2）将鼠标移动到装配工程图某个零件对应位置，单击左键，再将鼠标拖动到合适位置，再次单击左键，即可对该零件进行编号，如图5-91所示。

2）自动零件序号

“自动零件序号”是自动提取一个视图所有零件的序号。

（1）单击“注解”工具栏中的“自动零件序号”按钮，或选择菜单栏中的“插入”→“注解”→“自动零件序号”命令，弹出如图5-92所示的“自动零件序号”属性管理器。

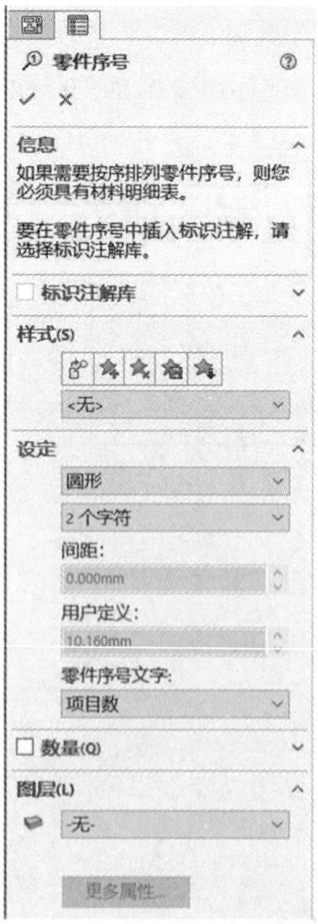

图5-90 “零件序号”属性管理器

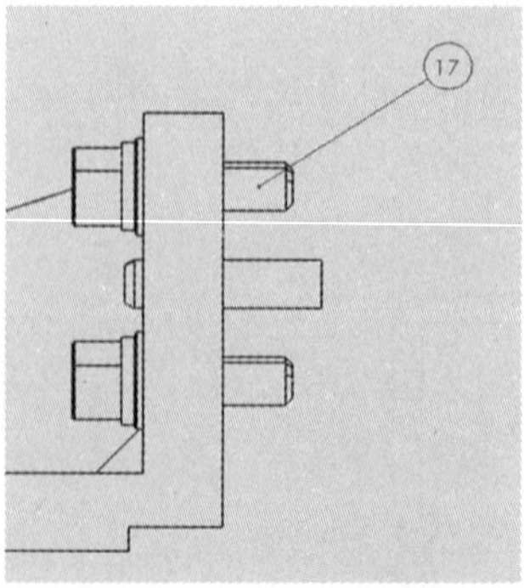

图5-91 序号设置完成

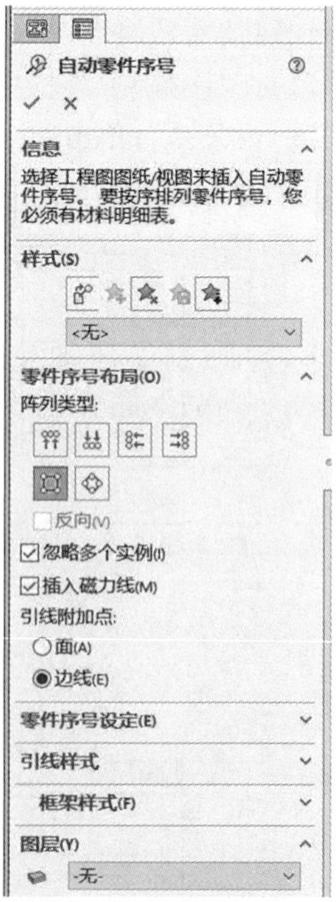

图5-92 “自动零件序号”属性管理器

①在“零件序号布局”面板中，可以设置“阵列类型”。

②在“零件序号设定”面板中可以设置序号边框形状以及“零件序号文字”等内容。

(2)将鼠标移动到装配工程图某个零件对应位置，单击左键，该视图所有零件序号创建完成，单击“确定”按钮 ，完成“自动零件序号”创建，如图 5-93 所示。

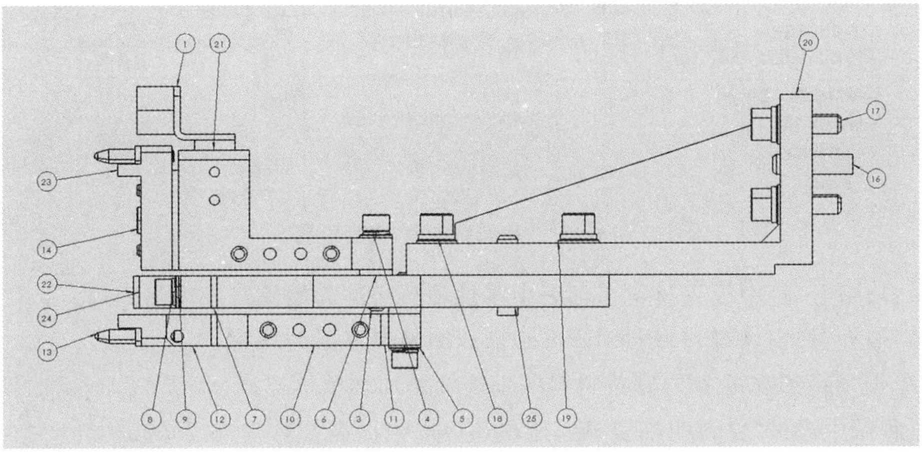

图 5-93 “自动零件序号”创建完成

2. 材料明细表

材料明细表一般出现在装配体模型的工程图中，用于提取工程视图中的装配体的零部件信息。SolidWorks 默认的材料明细表中包括“项目号”“零件号”“说明”和“数量”四个栏目，添加“材料明细表”的操作方法如下：

(1)在打开的装配体工程图文件中单击“插入”→“表格”→“材料明细表”菜单；或者单击“注解”工具栏上的“表格” 表格 图标命令下标符号 ，在弹出的快捷菜单中选择“表格”→“材料明细表” 材料明细表 图标；还可以在图纸区域中单击鼠标右键，从弹出的快捷菜单中选择“表格”→“材料明细表”命令。

(2)从当前图纸中选择一个装配体视图，为将要生成的“材料明细表”指定模型。

(3)从窗口左侧的“材料明细表”属性对话框中，设置“材料明细表”各项参数，如图 5-94 所示。

①“表格模板”栏中列出了默认的材料明细表模板，用户可以保持默认选择不做更改，也可选择自定义的材料明细表模板。

②选中“附加到定位点”复选框，材料明细表在工程图中的位置将由“材料明细表定位点”来确定。

③设置“材料明细表类型”。材料明细表类型有三种，其代表的含义如下：

a.“仅限顶层”：表示材料明细表将只显示装配体结构树中的顶层装配体和零件。

b.“仅限零件”：表示材料明细表中将显示所有的零件。

c.“缩进”：表示材料明细表中各零部件将按装配体结构树中的树状层次显示。

④“保留遗失项目/行”用于设置是否在工程图材料明细表中显示装配体模型中遗失的模型文件。

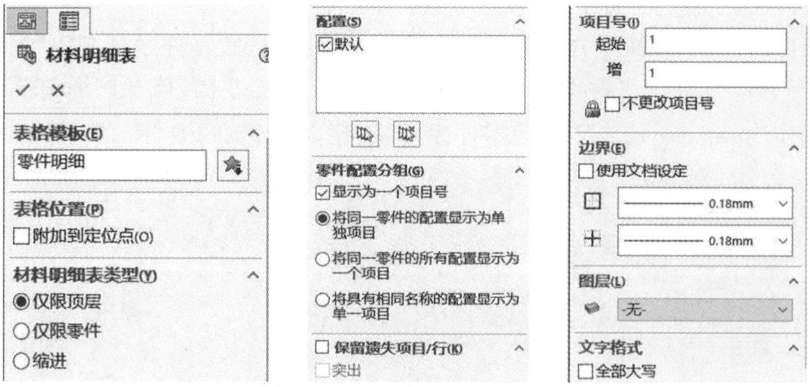

图 5-94 “材料明细表”属性设置

⑤从“项目号”栏中设置材料明细表中零件项目号的起始编号和增量编号。

⑥从“边界”栏中设置材料明细表的边框和网格分界线的线粗。

(4)单击“确定”按钮 ✓,完成材料明细表的添加。

在工程图中添加“材料明细表”后,用户还可以根据需要对其进行修改。

(1)修改材料明细表定位点。

①右键单击特征管理器中的“图纸 1”,在弹出的快捷菜单中选择“编辑图纸格式”命令,进入编辑图纸格式状态。

②右键单击标题栏右上角点,在弹出的快捷菜单中,选择“设定为定位点”→“材料明细表”,即该点为材料明细表的定位点,如图 5-95 所示。

③定位点设定完成后,右键单击特征管理器中的“图纸 1”,在弹出的快捷菜单中选择“编辑图纸格式”命令,进入编辑图纸状态。

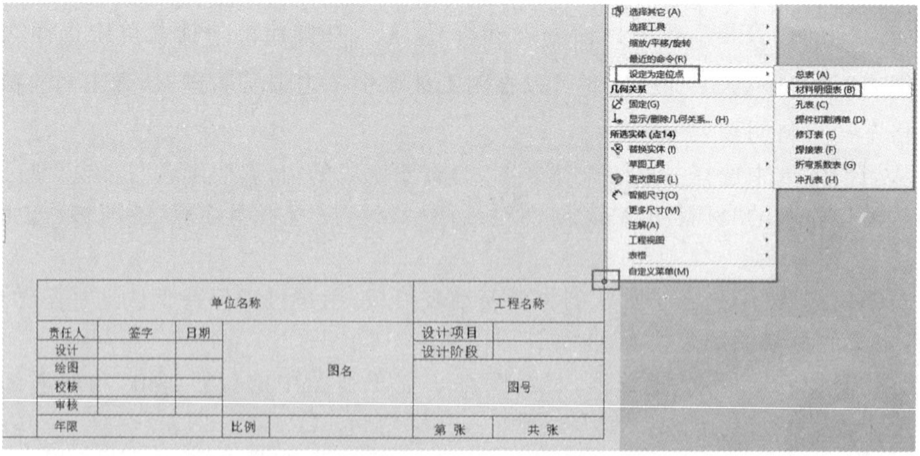

图 5-95 “设定为定位点”→“材料明细表”

(2)将材料明细表附加到定位点上。

选中已经添加的材料明细表,从窗口左侧的“材料明细表”属性对话框中可以修改表格的定位点位置,如图 5-96 所示。图中所列的“恒定边角”定位点将会与标题栏中设定的“材料明细表定位点”相重合。

(3)修改材料明细表的格式。

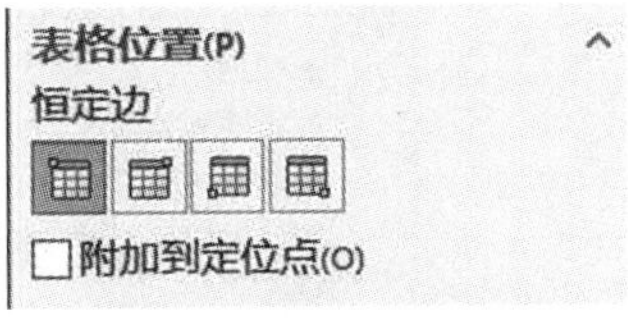

图 5-96　修改定位点位置

选中已经添加的材料明细表，在表格上方会显示材料明细表编辑工具，如图 5-97 所示。从该工具栏中可以设置表格文字的字体格式、字体大小、对齐方式、旋转角度、字符间距等。单击“显示/隐藏”按钮可以将选中的行或列隐藏，或者将已经隐藏的行或列再次显示。通过“表格标题栏设置”按钮，可以设置标题栏显示在表格最上方或者最下方。

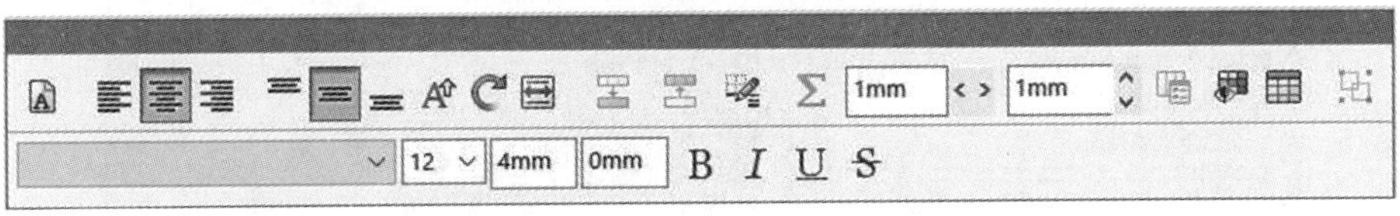

图 5-97　材料明细表编辑工具

(4)编辑材料明细表的行和列。

选中已经添加的材料明细表，或选中表中的某一行或某一列，单击鼠标右键，从弹出的快捷菜单中可以对表格的行和列进行编辑，如插入行或列、删除行或列等操作。材料明细表右键编辑菜单如图 5-98 所示。

(5)自定义材料明细表模板。

材料明细表可以根据需要自定义模板，并将定义好的模板保存下来，在其他装配工程图中可以调用。根据需要在现有的模板基础上去修改、添加或删除列。

①首先在工程图中插入一张材料明细表，然后根据需要，增加或删除列。即选中某一列，右键单击，在弹出的快捷菜单中选中“插入”→“左列(A)或者右列(B)”。在“列类型”对话框中，选择“列类型”和“属性名称”，如图 5-99 所示。

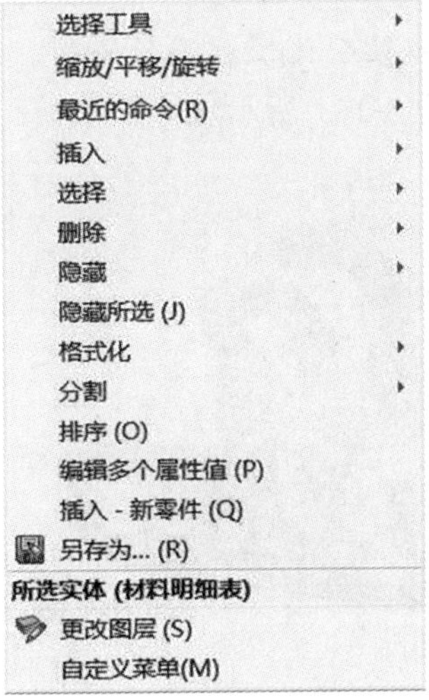

图 5-98　右键菜单列表

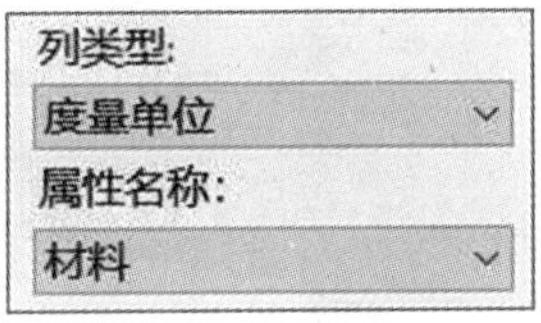

图 5-99　“列类型”对话框

②左键双击标题栏名称，可修改标题栏名称。

③材料明细表模板修改好后，选中“材料明细表”，右键单击，在弹出的快捷菜单中选中“另存为”，并命名为“自定义材料明细表”，如图 5-100 所示，其他装配工程图可调用。

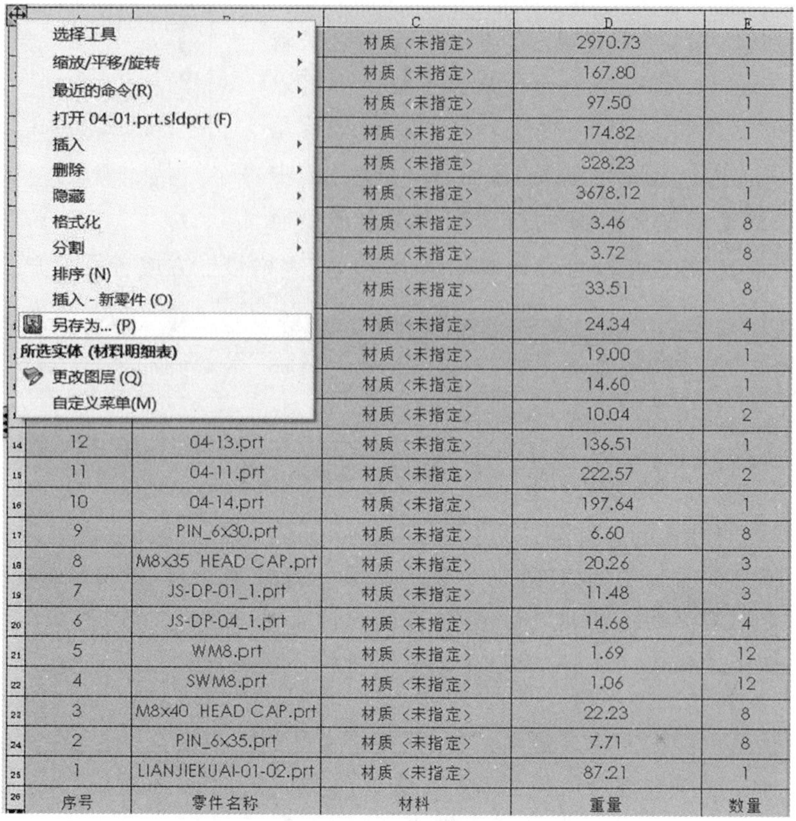

图 5-100　将自定义的材料明细表保存

【任务实施】

➢ 本任务将以 01-M. sldasm 装配体为例，介绍装配体工程图的绘制。

(1)打开 01-M. sldasm 装配体模型文件，如图 5-101 所示。

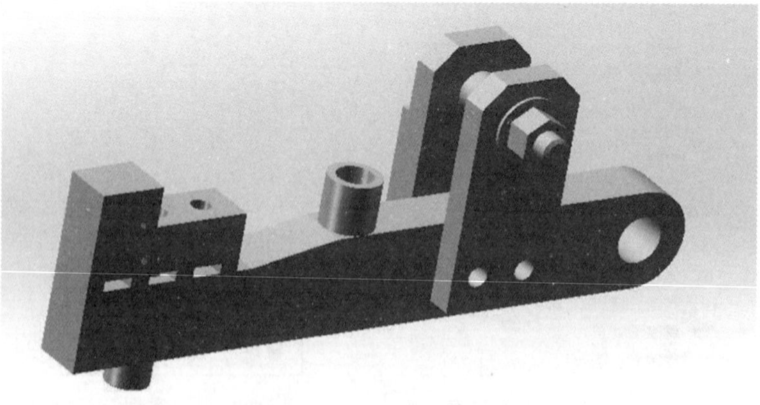

图 5-101　01-M 装配体模型

(2)在菜单栏中，单击"文件"→"从装配体制作工程图"，在工程图初始界面，"图纸格式/

大小”对话框中，单击“浏览”，在文件夹中选择“定制 A3 工程图模板”，单击“确定”按钮，如图 5-102 所示。

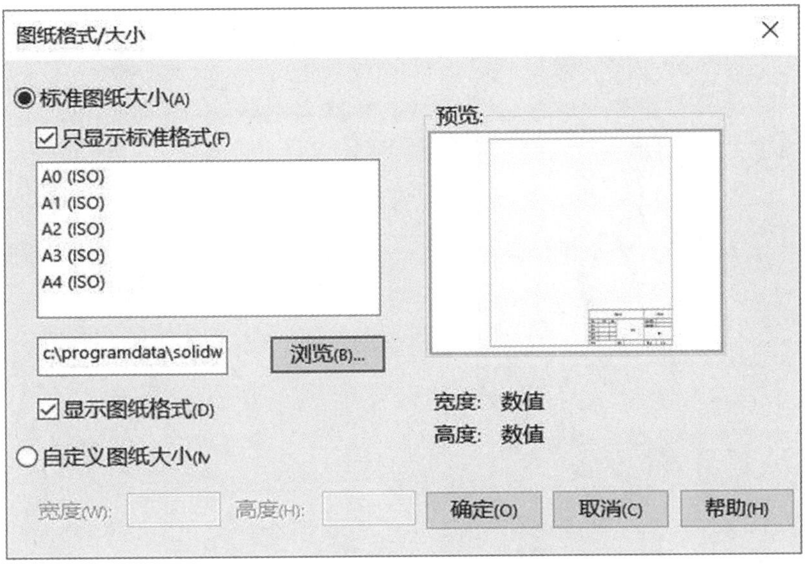

图 5-102 选择“定制 A3 工程图模板”

(3)在右侧“视图调色板”中，拖拽“前视”到图纸中，并放置另外两个视图，如图 5-103 所示。

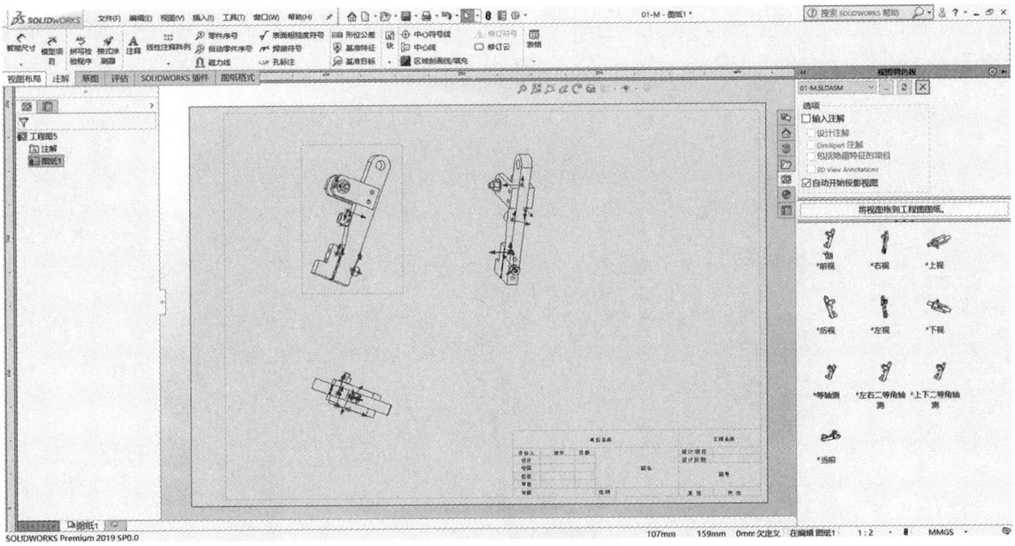

图 5-103 放置三视图

(4)在图纸最上方快捷工具中，单击“隐藏/显示项目”，单击“观阅原点”，取消“观阅原点”，如图 5-104 所示。

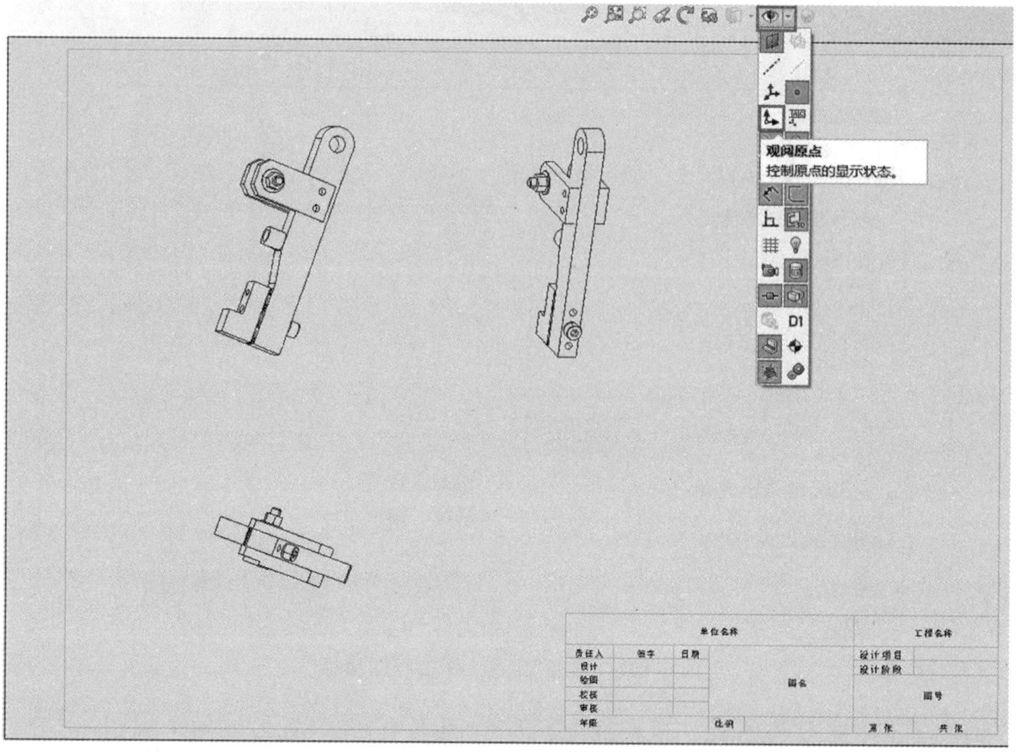

图 5-104　隐藏“观阅原点”

(5)对装配体零件进行编号，在“注解”工具栏中，单击“自动零件序号”，选择“前视图”，零件序号创建自动完成，如图 5-105 所示。

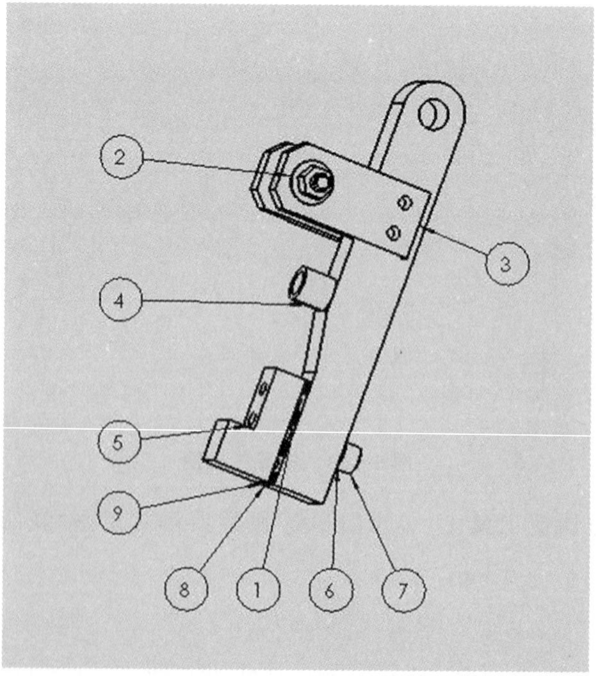

图 5-105　“自动零件序号”创建完成

(6)添加材料明细表。

①在“注解”工具栏中，单击“表格”下拉列表，选择“材料明细表”。

②选择“前视图”，在左侧“材料明细表”属性管理器“表格模板”选择“自定义材料明细表”模板，单击“确定”按钮 ✓，将材料明细表放在标题栏上方，如图 5-106 所示。

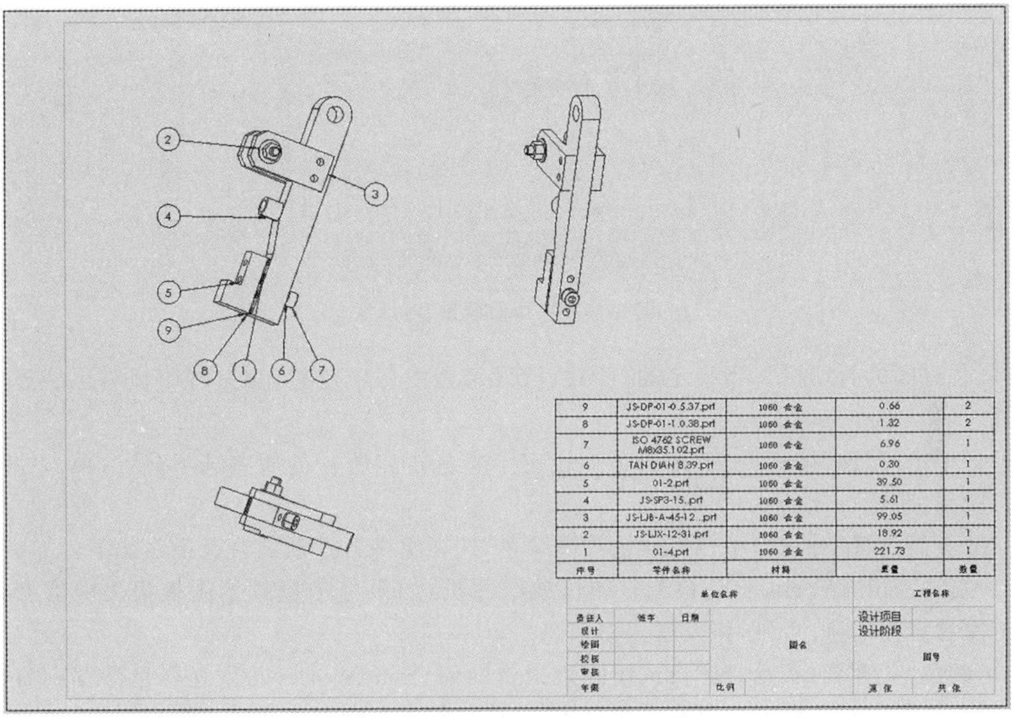

图 5-106 材料明细表放置完成

项目总结

【拓展提升】

工程图输出：

可以打印或绘制整个工程图纸，或只打印图纸中所选的区域，可以选择用黑白打印(默认值)或用彩色打印，也可以为单独的工程图纸制定不同的设定，或者使用电子邮件应用程序将当前 SolidWorks 文件发送给另一个系统。

1. 彩色打印工程图

彩色打印工程图的操作步骤如下：

(1)在工程图中，根据需要修改实体的颜色，然后选择菜单栏中的“文件”→“页面设置”命令，出现如图 5-107 所示的“页面设置”对话框。

(2)在“页面设置”对话框中输入合适的参数，然后单击“确定”按钮。

(3)选择菜单栏中的“文件”→“打印”命令，在“打印”对话框的“名称”下拉列表框中选择

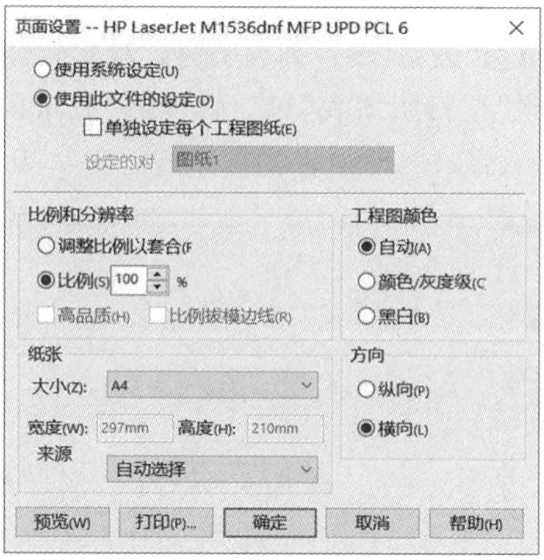

图 5-107 “页面设置”对话框

支持彩色打印的打印机。当指定的打印机已设定为使用彩色打印时，打印预览也能显示工程图。

(4)单击“属性”按钮，检查是否适当设定了彩色打印所需的所有选项，然后单击“确定”按钮进行打印。

在“页面设置”对话框中，对于“工程图颜色”选项组中各选项的含义说明如下：

· 自动：SolidWorks 自动检测打印机或绘图机，如果打印机或绘图机报告能够彩色打印，将发送彩色信息；否则，将发送黑白信息。

· 颜色/灰度级：不论打印机或绘图机报告如何，SolidWorks 将发送彩色数据到打印机或绘图机。黑白打印机通常以灰度级打印，彩色打印机或绘图机使用自动设定，以黑白打印时，使用此选项可彩色打印图形。

· 黑白：不论打印机或绘图机如何，SolidWorks 将以黑白发送所有实体到打印机或绘图机。

2. 打印工程图的所选区域

打印工程图所选区域的操作步骤如下：

(1)选择菜单栏中的“文件”→“打印”命令，出现“打印”对话框。在“打印”对话框的“打印范围”选项组中，选择“当前荧屏图像”单选按钮并选中“选择”复选框，如图 5-108 所示。

(2)单击“确定”按钮，出现“打印所选区域”对话框，如图 5-109 所示。

(3)选择比例因子以应用于所选区域。

对于“打印所选区域”对话框中各选项含义说明如下：

模型比例(1：1)：此项为默认值，表示所选的区域按实际尺寸打印。

图纸比例(1：1)：所选区域按它在整张图纸中的显示进行打印。如果工程图大小和纸张大小相同，将打印整张图纸。

自定义比例：所选区域按自定义的比例因子打印。输入需要的比例值，然后单击“应用比例”按钮。当改变比例因子时，选择框大小将相应改变。

(4)将选择框拖动到想要打印的区域。可以移动或缩放视图，或在选择框显示时更换图

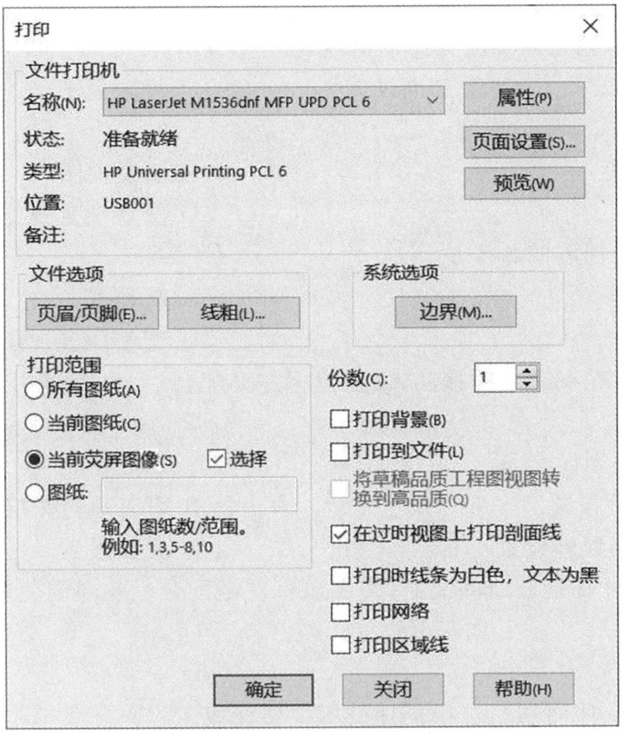

图 5-108 “打印”对话框

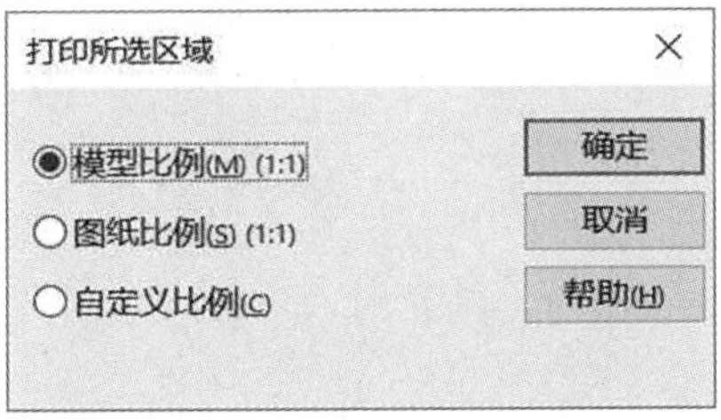

图 5-109 “打印所选区域”对话框

纸。另外,可拖动整个选择框,但不能拖动单独的边来控制选择区域。

(5)单击“确定”按钮,完成打印所选区域的操作。

【思考练习】

一、选择题

1. 添加 3 个标准的、正交的三视图的命令是(　　)。

A. 标准三视图　　B. 模型视图　　C. 投影视图　　D. 辅助视图

2. 根据现有零件或装配体添加正交或命名视图的命令是(　　)。

A. 标准三视图　　B. 模型视图　　C. 投影视图　　D. 辅助视图

3. 从一个已经存在的视图展开新视图的命令是(　　)。

A. 标准三视图　　B. 模型视图　　C. 投影视图　　D. 辅助视图

4. 从一线性实体(边线、草图实体等)展开一新视图的命令是(　　)。

A. 标准三视图　　B. 模型视图　　C. 投影视图　　D. 辅助视图

5. SolidWorks 中创建局部放大图的命令是（　　）。

A. 标准三视图　　B. 剖面视图　　C. 投影视图　　D. 局部视图

6. 剪裁现有视图，只显示视图一部分的命令是（　　）。

A. 断开的剖视图　　B. 断裂视图

C. 剪裁视图　　D. 交替位置视图

7. 用来做局部剖视图的命令是（　　）。

A. 断开的剖视图　　B. 断裂视图

C. 剪裁视图　　D. 交替位置视图

8. 如需要将尺寸在视图之间移动，需要鼠标左键配合（　　）键使用。

A. Ctrl　　B. Shift　　C. Alt　　D. 空格

9. 工程图中的线型（　　）。

A. 可以通过草图设置　　B. 可以通过图层设置

C. 可以通过文档属性设置　　D. 无法设置

10. 如需要将尺寸在视图之间复制，需要鼠标左键配合（　　）键使用。

A. Ctrl　　B. Shift　　C. Alt　　D. 空格

二、上机题

1. 在 SolidWorks 中将项目二中创建的零件转变成工程图。

2. 在 SolidWorks 中将项目三中创建的末端装配图转变成工程图。

项目六

点焊工作站系统建模

本项目旨在介绍工业机器人应用系统的组成、将各组成模块装配起来所需工艺步骤和验证装配体运动仿真的可达性。以机器人焊装工作站为例，首先介绍各组成模块的功能和设计特征，形成总体的设计方案；然后介绍如何使用前面章节所创建的库文件导出所需的零部件，以某个典型的焊装工作台为例，完成部件之间的装配；添加仿真约束条件，对各部件进行综合仿真设计，验证可达性；对可行的工业机器人应用系统进行工作前的路径规划和运控程序设计，从而实现工业机器人应用系统的设计和实例应用，培养学习者的综合应用能力。

知识目标

➢ 了解工业机器人应用系统组成和特点；

➢ 掌握工业机器人应用系统部件装配库调用与总装配过程；

➢ 掌握工业机器人应用系统综合仿真的设计方法与应用。

能力目标

➢ 具备设计工业机器人应用系统方案的能力；

➢ 具备正确从零部件库中调用机器人应用系统所需零部件并完成特定模块装配的能力；

➢ 具备对已完成装配的机器人应用系统进行运动仿真设计验证的能力。

任务1　工业机器人应用系统方案设计

【任务学习】

1. 工业机器人应用系统组成

如图 6-1 所示为某汽车零部件点焊工作站的总装图，包括 1—工业机器人本体、2—焊钳、3—工业机器人底座、4—焊装工作台 1、5—焊装工作台 2、6—焊装基座、7—料盘、8—安全围栏、9—货架、10—控制柜、11—叉车等部件、12—安全光栅。

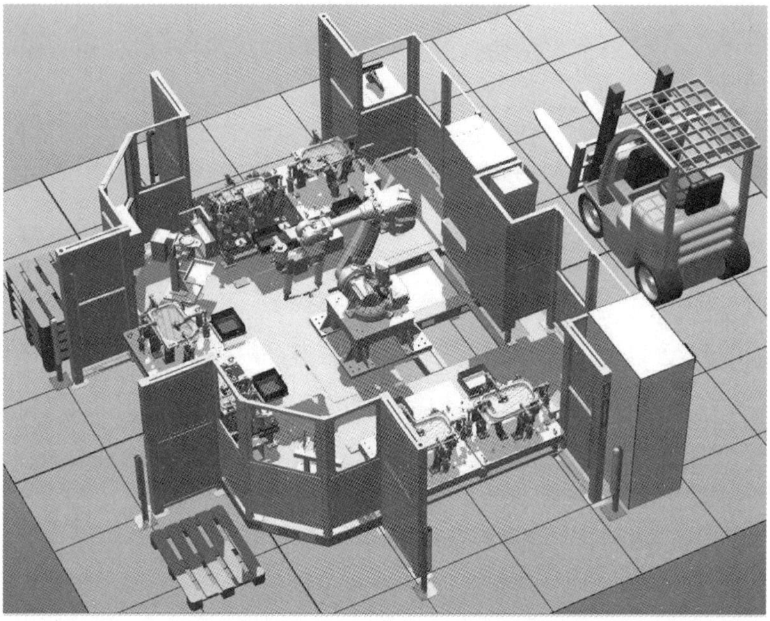

图 6-1　某汽车零部件点焊工作站的总装图

2. 工艺过程设计

为完成汽车零部件的焊接工艺，整个焊接工艺过程如图 6-2 所示。

主要过程如下：检测安全光栅是否正常工作且处于安全状态，启动工业机器人控制器和焊接控制系统，工业机器人末端的点焊钳处于待工作状态，焊钳随工业机器人按预先设计的路径运动到第一个焊接工作台上方，依次对工件的 4 个点位进行焊接，完成焊接后回到该工件上方的安全位置；紧接着，焊钳随工业机器人末端移动到第二个工作台上方，同样地完成第二个工件的焊接工作，以此类推，逐步完成 4 个工件的焊接工作；然后回到起始点，等待下一批工件装夹后的焊接工作。

【任务实施】

➢根据上述对某汽车零部件点焊工作站的了解与学习，请查找焊接机器人工作站的组成和各部分工作原理。

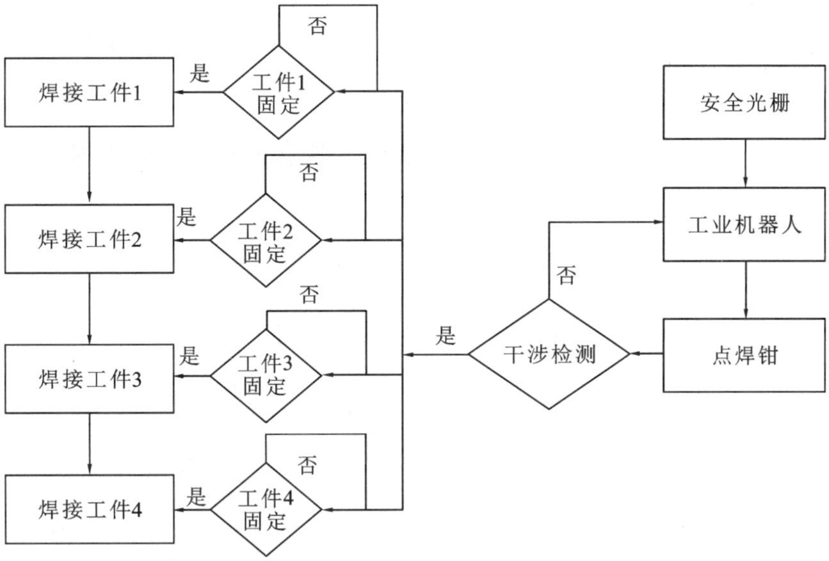

图 6-2　焊装工作站的焊接工艺过程

任务 2　零部件库调用与设计

【任务学习】

标准件库的创建：

为了方便我们后续使用所需要的装配体，我们可以将装配体导入库文件中。

(1)首先，在桌面新建一个命名为设计库的文件夹，并在文件夹中新建装配体。例如：将机器人装配体拖入新建的装配体文件夹中，如图 6-3 所示。

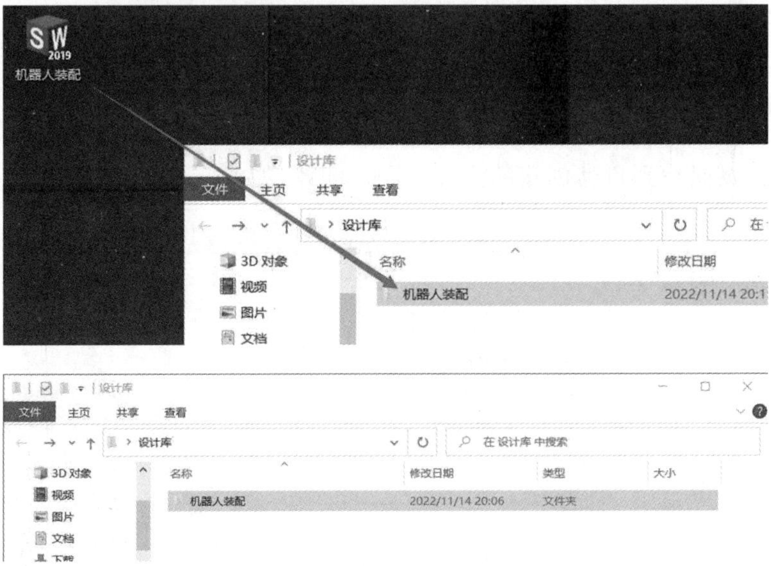

图 6-3　新建装配体

(2)打开 SolidWorks,单击页面右侧,然后,在出现的页面找到添加符号,单击,如图 6-4 所示。

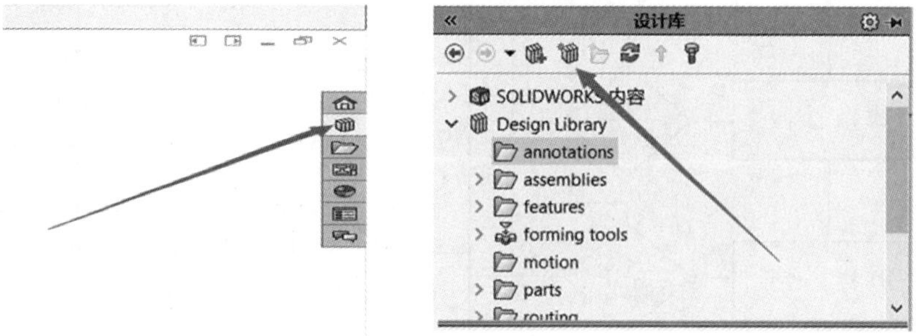

图 6-4 单击添加符号

(3)在桌面找到名为设计库的文件夹,如图 6-5 所示,单击“确定”,完成添加。

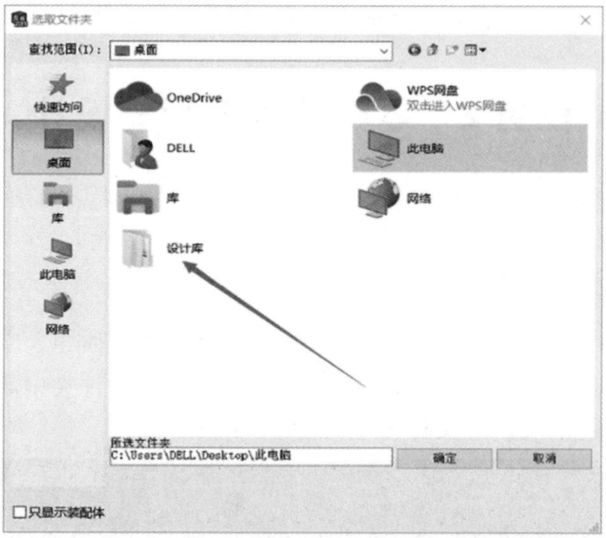

图 6-5 找到设计库

(4)最后,在页面找到自己创建的设计库和装配体,如图 6-6 所示。

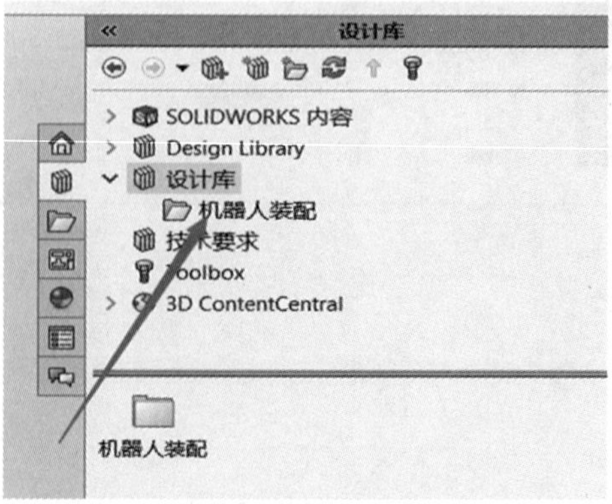

图 6-6 找到已创建的装配体

(5)当我们要使用装配体时，找到库文件中的设计库，在文件中找到机器人装配，从而得到我们所需要的装配体，如图 6-7 所示。

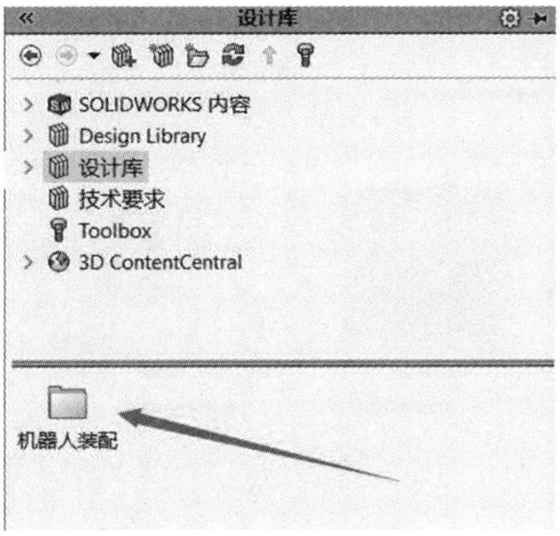

图 6-7 调用装配体

【任务实施】

➢根据上述对 SolidWorks 文件库调用的学习，请完成以自己命名的标准件库的创建与装配体的调用，可自己设计非标件，添加到自己所创建的设计库中。

任务 3 零部件装配

【任务学习】

(1)新建装配体文件。

打开 SolidWorks 软件文件列表，单击“文件”菜单中的“新建”功能，如图 6-8 所示，选择“装配体”选项。

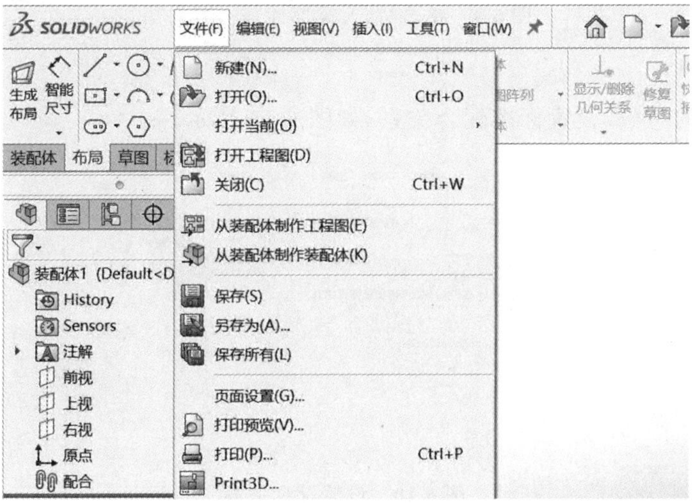

图 6-8 单击“文件”→“新建”

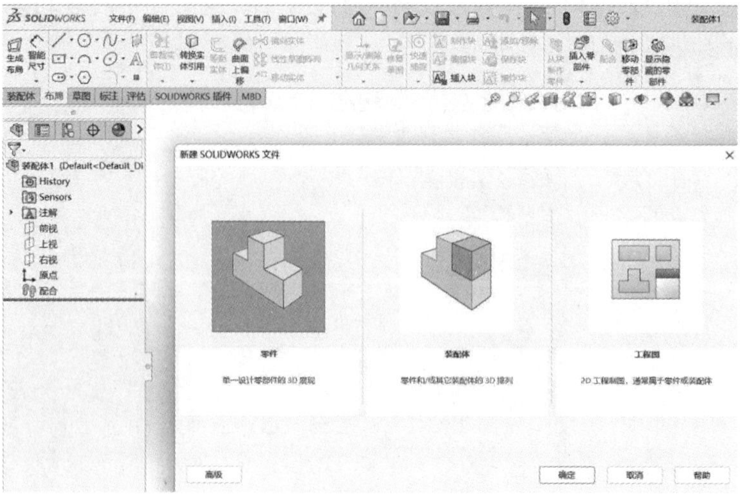

续图 6-8

(2)插入需要的零件。

在打开页面中,单击“插入零部件”,单击“浏览”按钮,如图 6-9 所示,在放零件的文件夹,选择你要装配的零件,按此方法插入多个零件并单击“配合”功能;或者单击“浏览”按钮,按住 Ctrl 键选中所有要插入的文件,单击“确定”全部插入并单击“配合”功能。

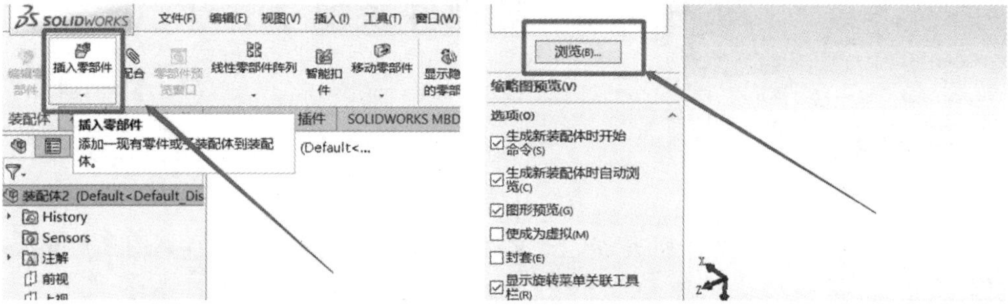

图 6-9 单击“插入零部件”→“浏览”

(3)配合关系。

选择要配合的对象,设置标准配合关系,如图 6-10 所示。

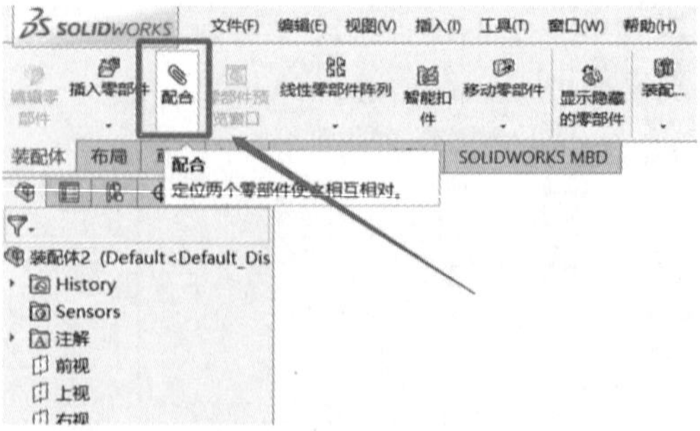

图 6-10 设置配合关系

设置高级配合:单击“高级配合”栏,选择高级配合关系,如图 6-11 所示。

(4)确定配合,完成装配。

若有机械配合,设置机械配合。设置机械配合关系后单击确定图标,即可完成零件装配,如图 6-12 所示。

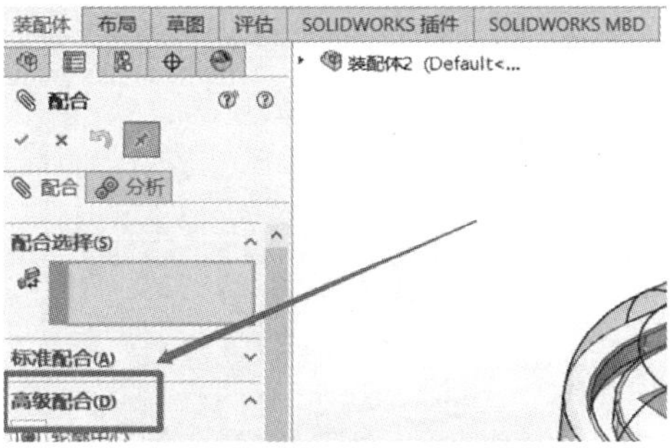

图 6-11 设置高级配合

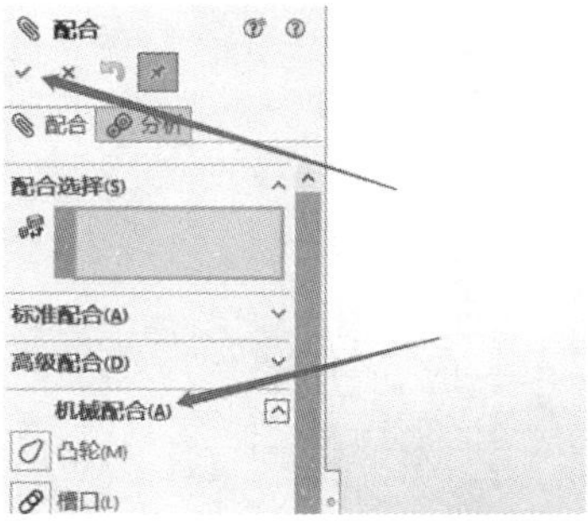

图 6-12 设置机械配合,完成装配

【任务实施】

(1)明确装配思路,先进行底座的装配,并固定底座,确定中心点,如图 6-13 所示。

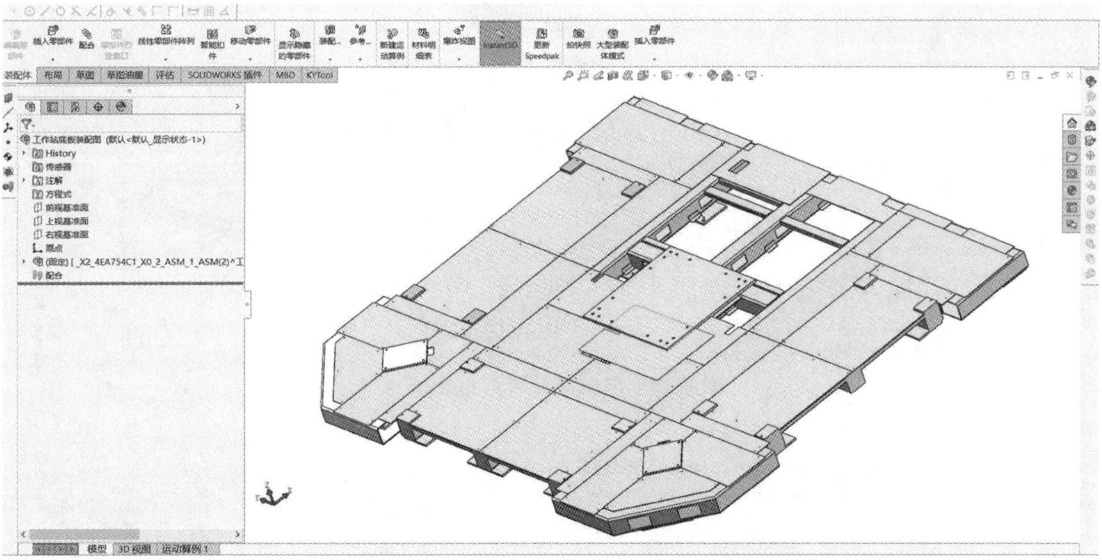

图 6-13 装配底座并固定

(2)导入机器人装配整体,与底座进行装配。机器人底座的下底面和基座上顶面的重合配合,如图 6-14 所示。

(3)机器人底座的下底面中的孔与基座上顶面的孔进行同轴心配合,完成后同侧面进行重合配合,如图 6-15 所示。

(4)导入护栏装配整体,与底座进行装配。护栏装配体的下底面和基座上顶面的重合配合,如图 6-16 所示。

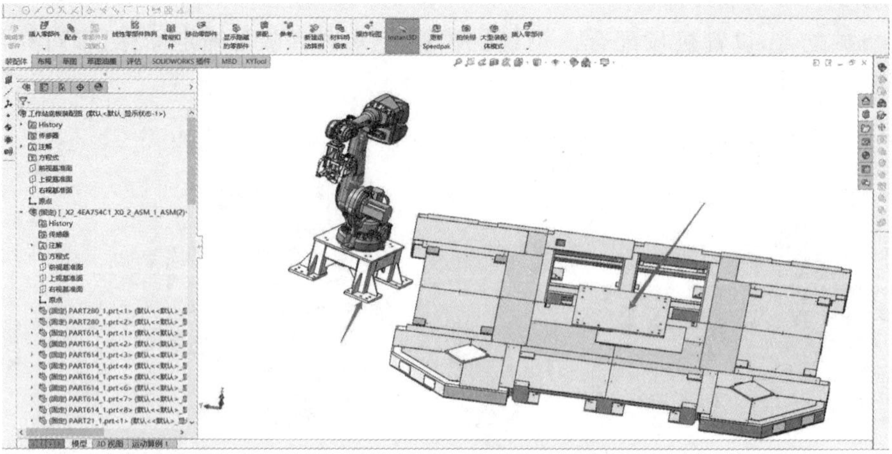

图 6-14　机器人与底座的重合配合

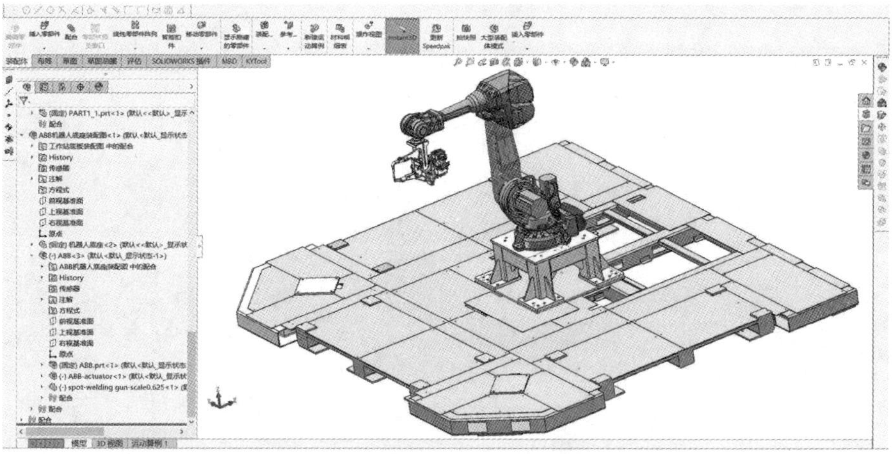

图 6-15　同轴心配合与重合配合

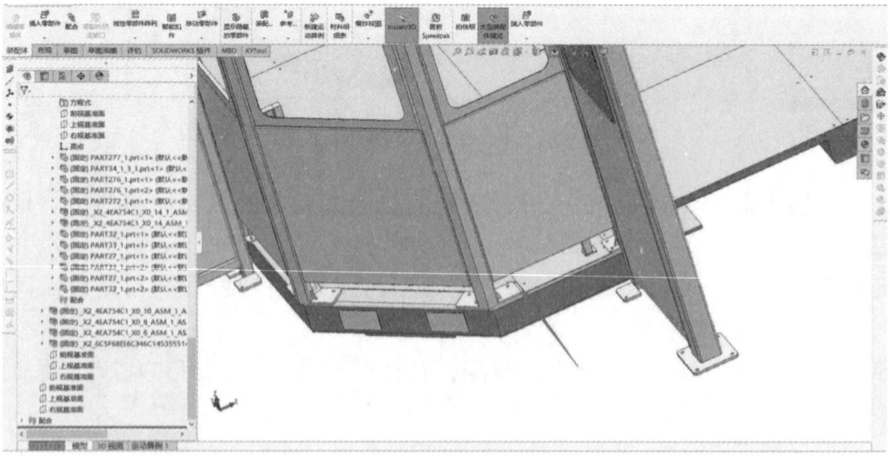

图 6-16　护栏与底座的重合配合

(5)进行护栏装配整体的定位。护栏装配整体下底面的侧面和基座上面进行重合配合，如图 6-17 所示。

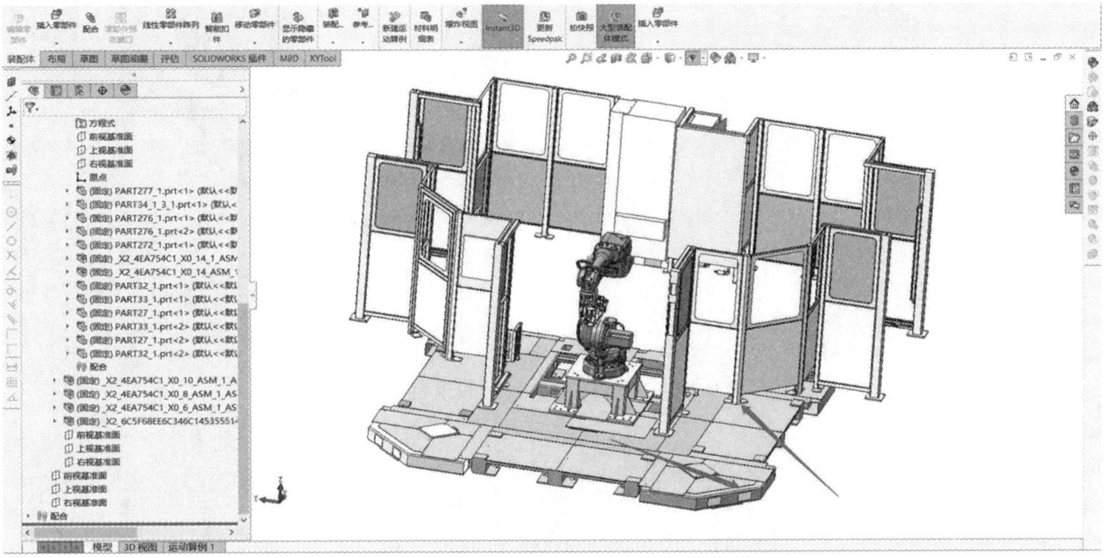

图 6-17 进行护栏装配整体的定位

(6)护栏装配整体的定位完成后的效果如图 6-18 所示。

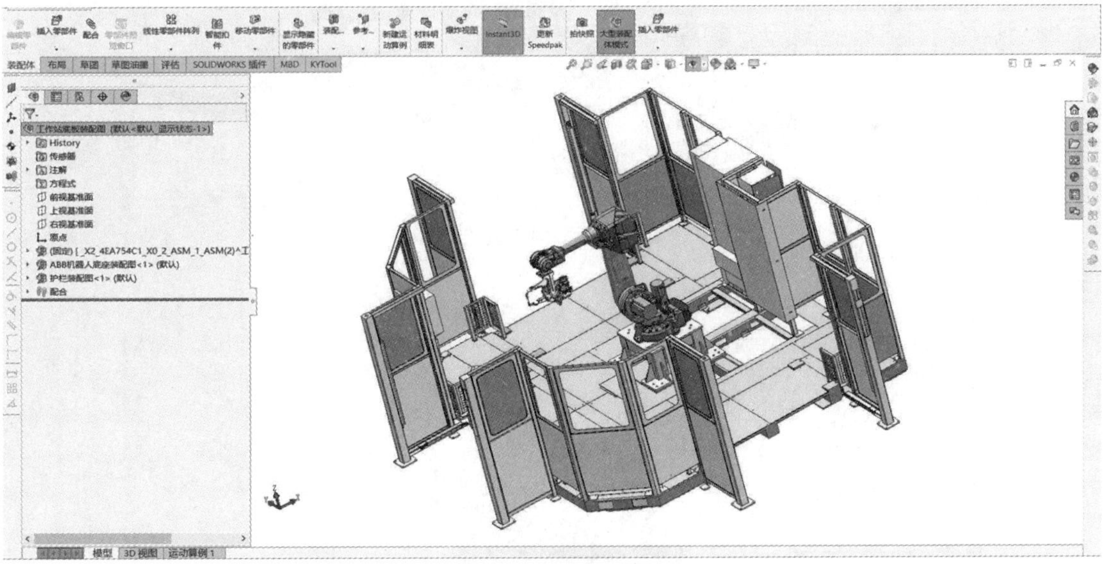

图 6-18 定位完成

(7)导入工作台装配整体 1，将工作台底面与底座的上表面进行装配。工作台的下底面和基座上顶面的重合配合，如图 6-19 所示。

(8)再进行工作台侧面与底座的侧面的装配。两对侧面配合后，即可完全定义。如图 6-20 所示。

(9)导入工作台装配整体 2，装配过程如工作台 1，装配完成后，整体如图 6-21 所示。

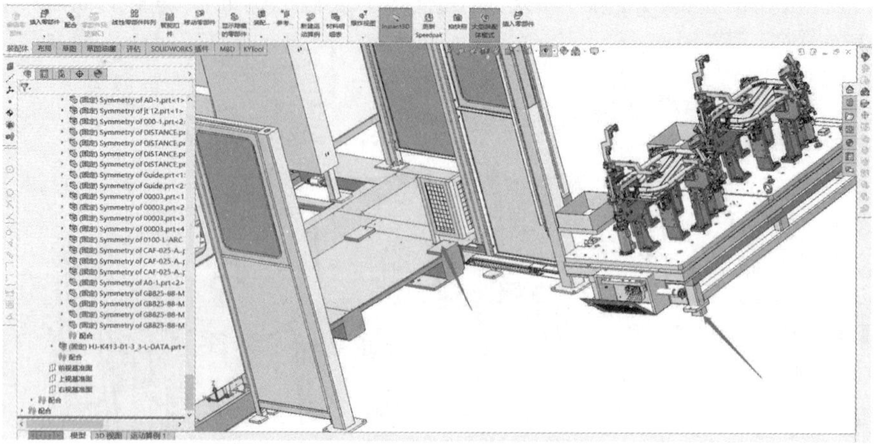

图 6-19　工作台 1 与底座的重合配合

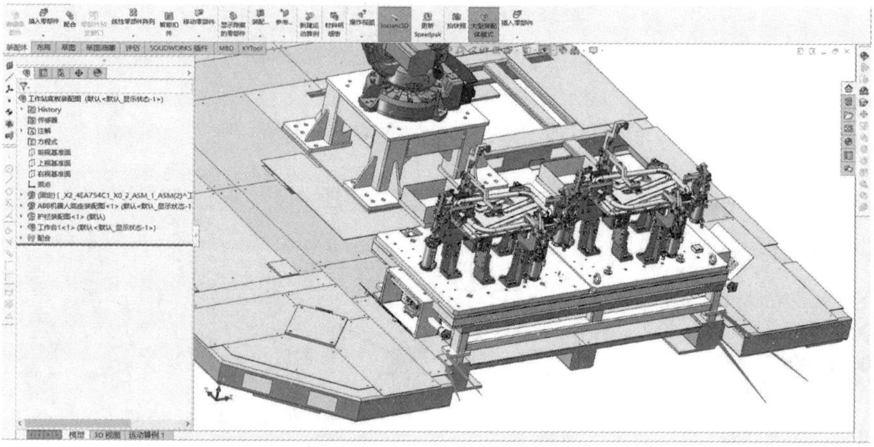

图 6-20　侧面配合

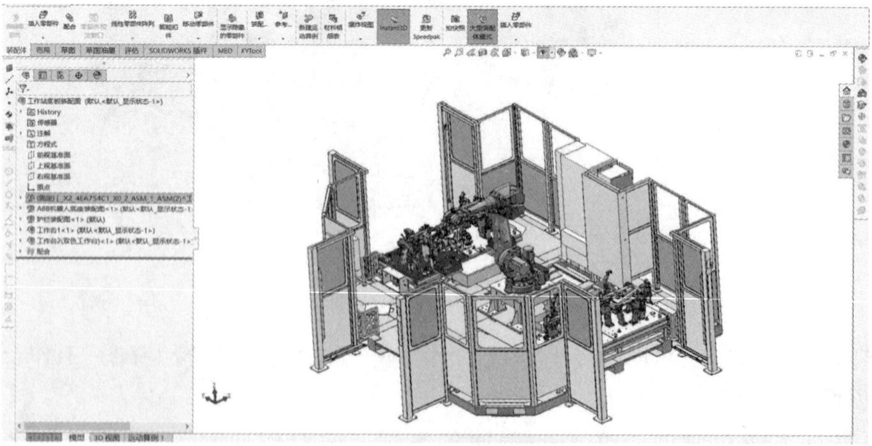

图 6-21　装配工作台 2

(10)导入机器人附件 1 装配整体,对工作台底面的四个孔与底座的上表面孔进行装配。

同时机器人附件 1 装配整体的下底面和基座上顶面进行重合配合，如图 6-22 所示。

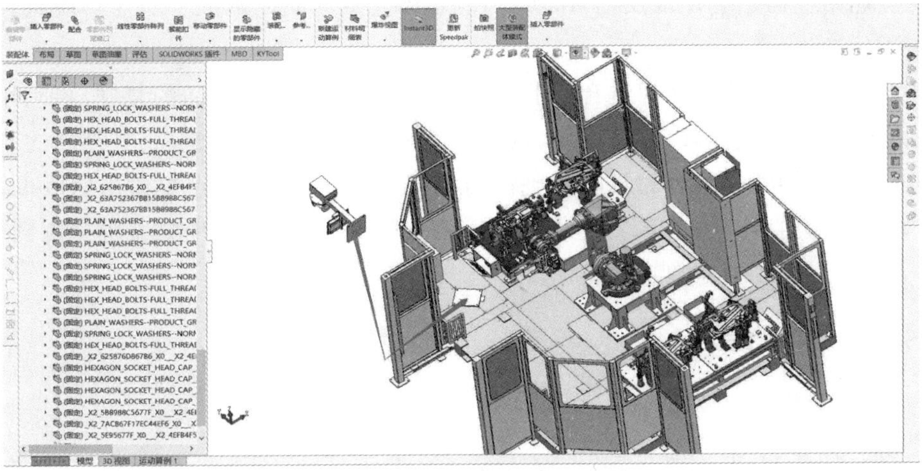

图 6-22　装配机器人附件 1

(11)导入机器人附件 2 装配整体，装配过程与机器人附件 1 同理。完成整体装配体，如图 6-23 所示。

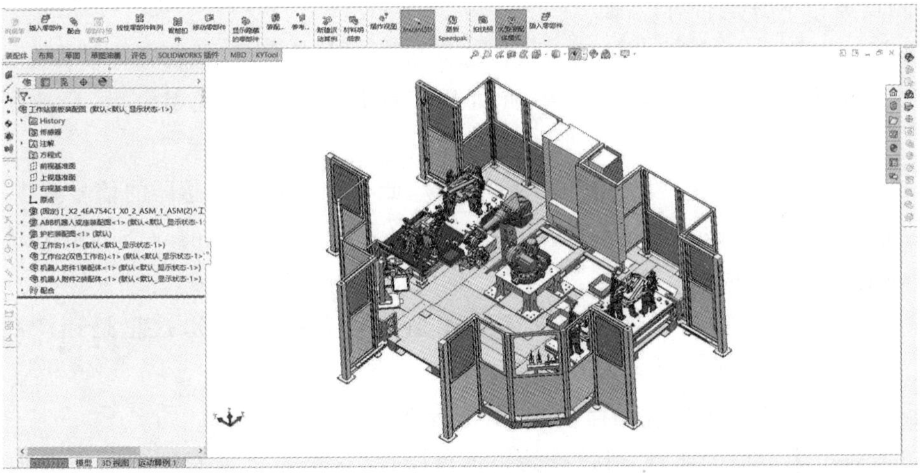

图 6-23　完成的整体装配体

任务 4　系统综合仿真设计

通过前面章节，完成了焊接机器人应用系统各零部件的建模、装配过程，下一步，将对整个应用系统在工业机器人仿真平台 RobotStudio 上，通过 Smart 组件模块进行运动仿真。

【任务学习】

1. Smart 组件逻辑控制说明

本节中 Smart 组件一共分为两个部分：机器人末端和焊装工作台。

点焊钳：在点焊钳上安装一个线传感器，利用线传感器碰到产品之后执行安装，即将产品吸附在点焊钳上面。利用取反信号，实行释放，即完成产品的取放。从而实现点焊钳的起焊和结束焊的动作。

焊装台：首先将产品放在焊装台的上面，利用 Source 完成对产品的复制，再利用 Queue 使得复制完成的对象变成队列，可以作为组进行操控，利用 LinearMover 将复制的产品放在一条线上运动，运动到焊装台的尽头碰到面传感器停止运动，等待点焊钳爪的吸取，吸取完成之后，焊装台检测不到的产品又继续运动，直到下一个产品被面传感器所检测到，一直循环，组成了一个流水线的完整状态。

2. Smart 组件设计

1）组成

点焊钳主要由 MyTool、LineSensor、Attacher、Detacher、LogicGate[NOT]组成。

MyTool：是所建立的工具，这里将它设置为角色，相当于一个主体其他的信号是在它的基础上建立的。

LineSensor：检测是否有任何对象与两点之间的连线段相交。此处用于安装在点焊钳上面，检测点焊钳下方是否有产品。

Attacher：安装一个对象，此处用于线传感器检测到产品之后，执行抓取的命令。

Detacher：拆除一个已安装的对象，此处用于线传感器信号置零之后，释放所抓取的产品。

LogicGate[NOT]：进行数字信号的逻辑运算，此处用于将线传感器的信号置零。

焊装台主要由 Timer、Source、Queue、LinearMover、PlaneSensor、SimulationEvents、LogicGate_2[NOT]组成。

Timer：在仿真时，在指定的距离间隔脉冲输出一个数据信号，这里是让产品十秒出一个。

Source：创建一个图形组件的拷贝，这里是指复制一个产品。

Queue：表示为对象的队列，可以作为组进行操控，这里是将复制的产品加入队列中去，方便控制它的运动方向。

LinearMover：移动一个对象到一条线上，这里是将复制的产品一起沿某一条线运动。

PlaneSensor：监控对象与平面相交，这里是让产品传送到面传感器之后停止运动。

SimulationEvents：仿真开始和停止时发出脉冲信号，在仿真开始的时候，让产品先复制一个加入队列当中。

LogicGate_2[NOT]：进行数字信号的逻辑运算，这里是指面传感器无信号时置零，让产品继续运动。

2）属性与连接

点焊钳与焊装台的属性与连接见表 6-1 和表 6-2。

表 6-1 点焊钳属性连接

源对象	源信号	目标对象	目标信号或属性
LineSensor	SensedPart	Attacher	Child
Attacher	Child	Detacher	Child

表 6-2 焊装台属性连接

源对象	源信号	目标对象	目标信号或属性
Source	Copy	Queue	Back

3)信号与连接

点焊钳信号与连接见表 6-3 和表 6-4,焊装台的信号与连接见表 6-5 和表 6-6。

表 6-3 点焊钳 I/O 信号

名称	信号类型	值
XQ	Digital Input	0

表 6-4 点焊钳 I/O 连接

源对象	源信号	目标对象	目标信号或属性
点焊钳	XQ	LineSensor	Active
LineSensor	SensorOut	Attacher	Execute
LogicGate [NOT]	Output	Detacher	Execute
点焊钳	XQ	LogicGate [NOT]	InputA

表 6-5 焊装台 I/O 信号

名称	信号类型	值
DW	Digital Output	0

表 6-6 焊装台 I/O 连接

源对象	源信号	目标对象	目标信号或属性
SimulationEvents	SimulationStarted	Source	Execute
Timer	Output	Source	Execute
Source	Executed	Queue	Enqueue
PlaneSensor	SensorOut	Queue	Dequeue
LogicGate_2 [NOT]	Output	LinearMover	Execute
LogicGate_2 [NOT]	Output	Timer	Active
PlaneSensor	SensorOut	焊装台	DW
PlaneSensor	SensorOut	LogicGate_2 [NOT]	InputA

4)信号设计

点焊钳信号设计图如图 6-24 所示。

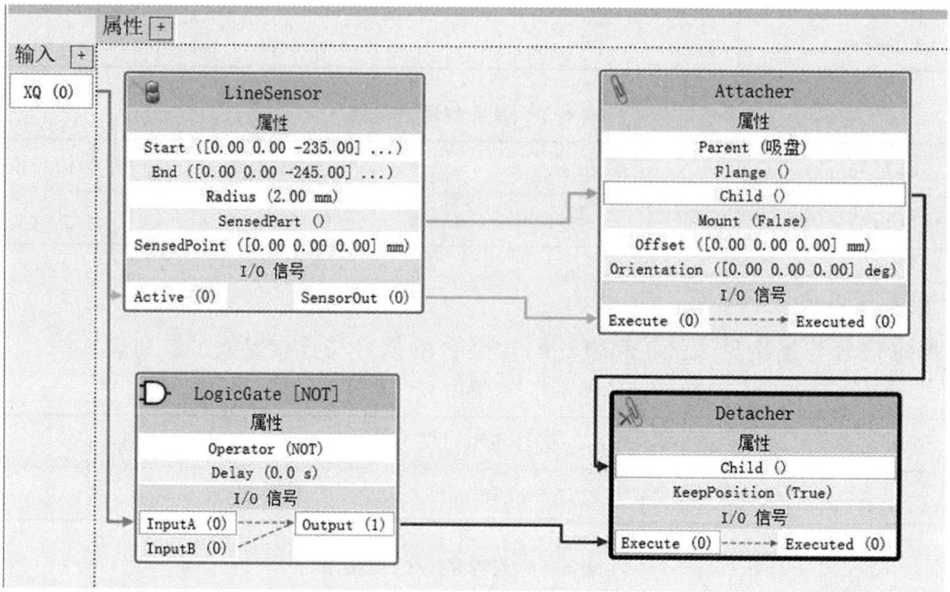

图 6-24 点焊钳信号设计图

焊装台信号设计图如图 6-25 所示。

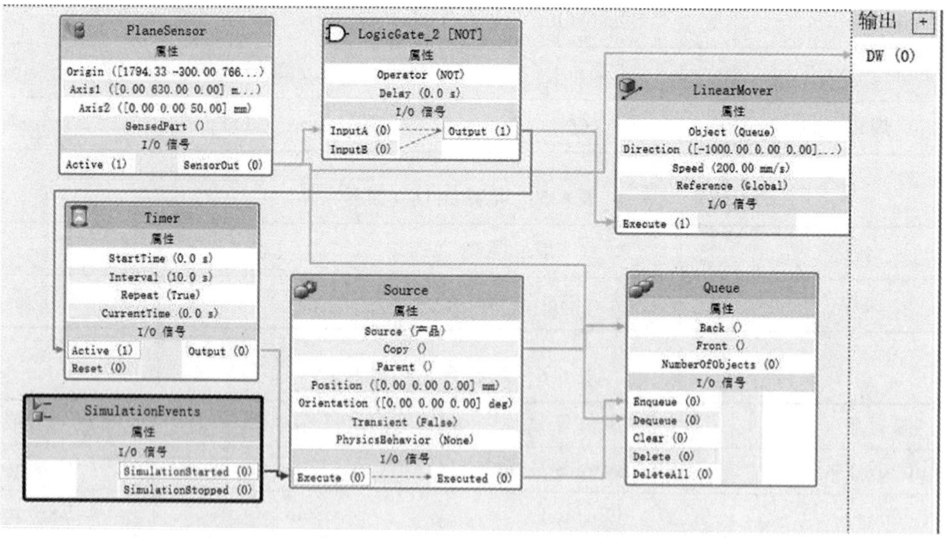

图 6-25 焊装台信号设计图

3. RobotStudio 仿真

1)示教器界面设置

第一步:打开示教器。单击“控制器”,选择“示教器”,双击打开,打开状态如图 6-26 所示。

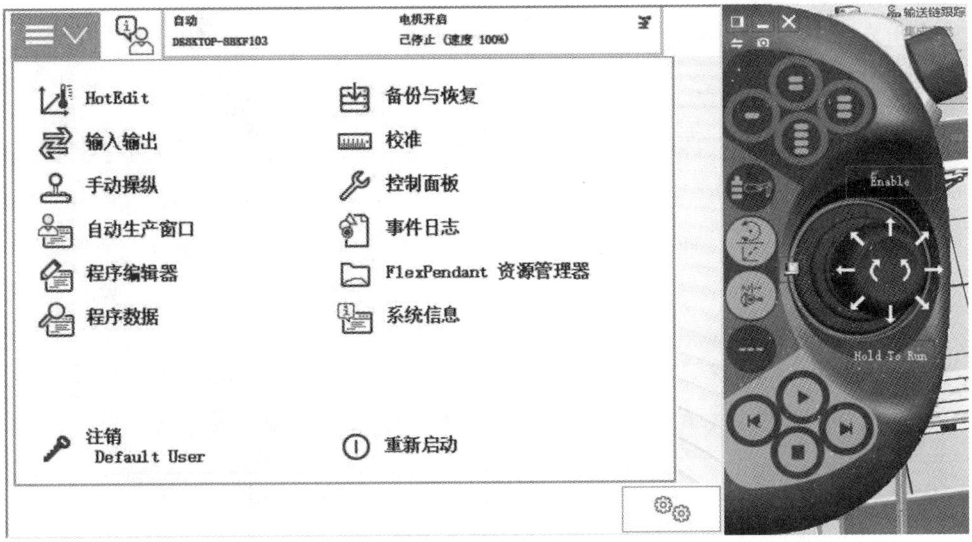

图 6-26 示教器状态图

第二步：选择“程序编辑器”，进入主函数，如图 6-27 所示。

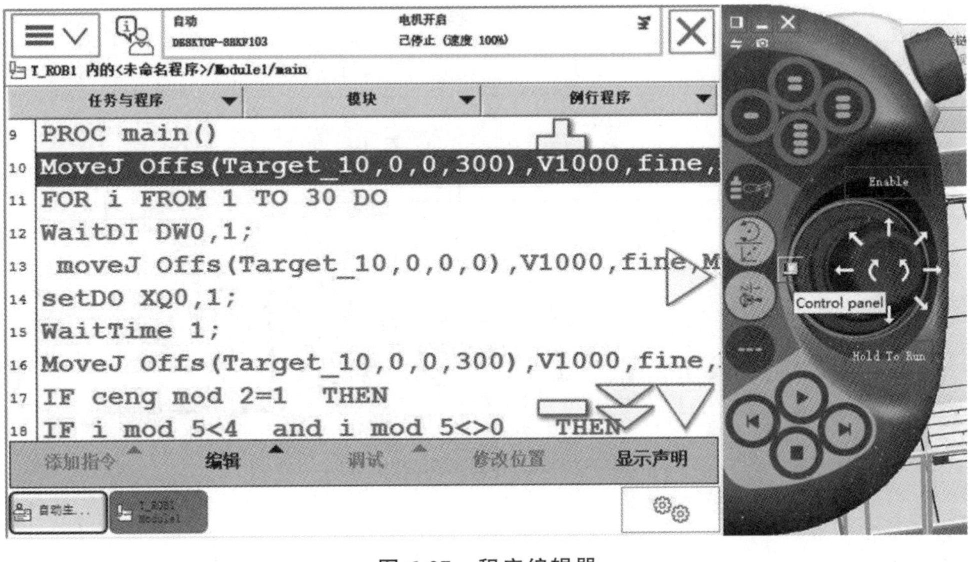

图 6-27 程序编辑器

第三步：单击“Control panel”，将自动模式改为手动模式，如图 6-28 所示。

图 6-28 手动模式

第四步：单击“Enable”使得电机上电，如图 6-29 所示。单击“调试”→“PP 移至 Main”。

第五步：单击运行键，观察机器人的运动轨迹是否合理。

2）机器人工作站仿真

在进行工作站的仿真时，我们要将之前所做的 Smart 组件部分，以及所编写的程序联系起来，使它们形成一个整体，从而表达出完整的点焊效果。

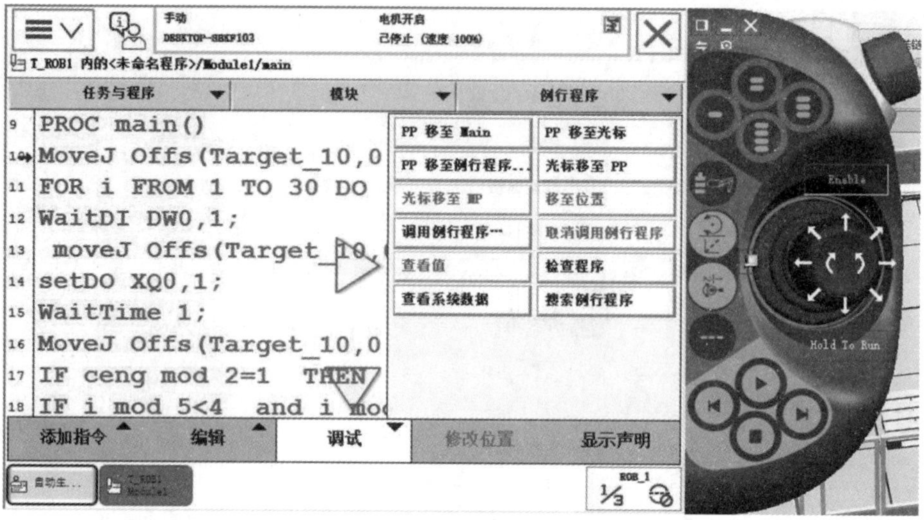

图 6-29 电机上电

单击“仿真”，选择“仿真设定”，选择 I/O 信号连接。具体参数如表 6-7 所示，设计图如图 6-30 所示。

表 6-7 工作站逻辑 I/O 连接

源对象	源信号	目标对象	目标信号或属性
传送带	DW	System2	DW0
System2	XQ0	吸盘	XQ

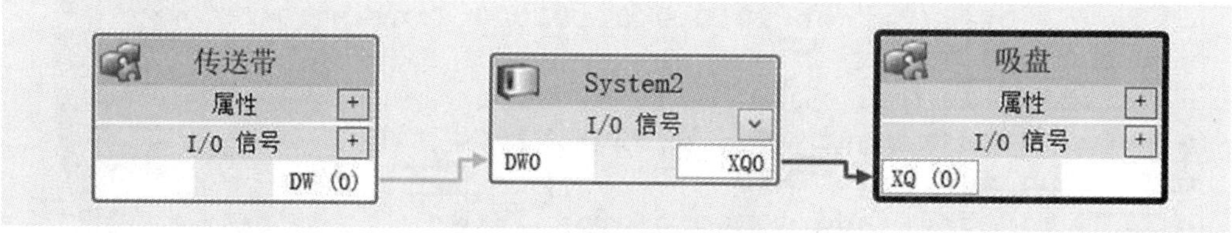

图 6-30 工作站逻辑设计图

3）动画输出

选择“仿真”，单击“播放”，选择“录制视图”，如图 6-31 所示。

录制时观察点焊机器人点焊时的状态，看是否能完整地完成点焊任务。如果不能完成，就修改程序，直到能够实现为止。最终完成的点焊效果图如图 6-32 所示。

【任务实施】

➢ 通过本章的综合设计流程，请将电焊钳改为弧焊枪，实现工业机器人弧焊系统的零部件设计、装配和运动仿真过程。

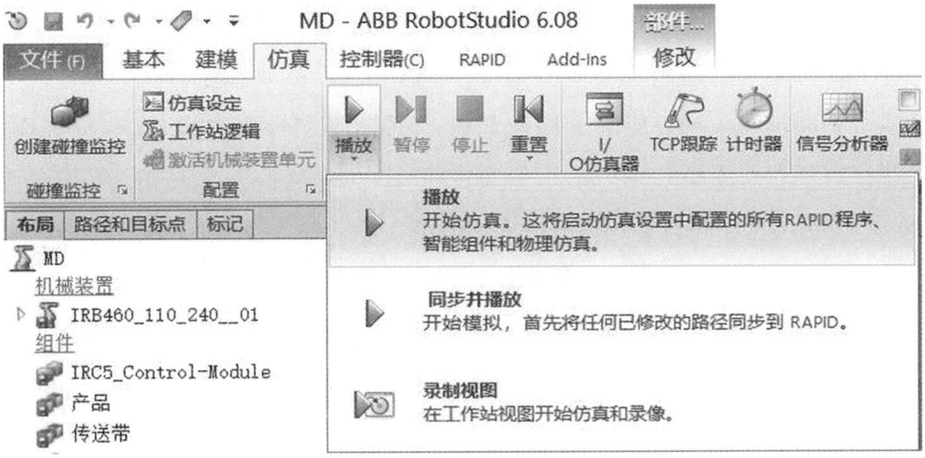

图 6-31 录制过程

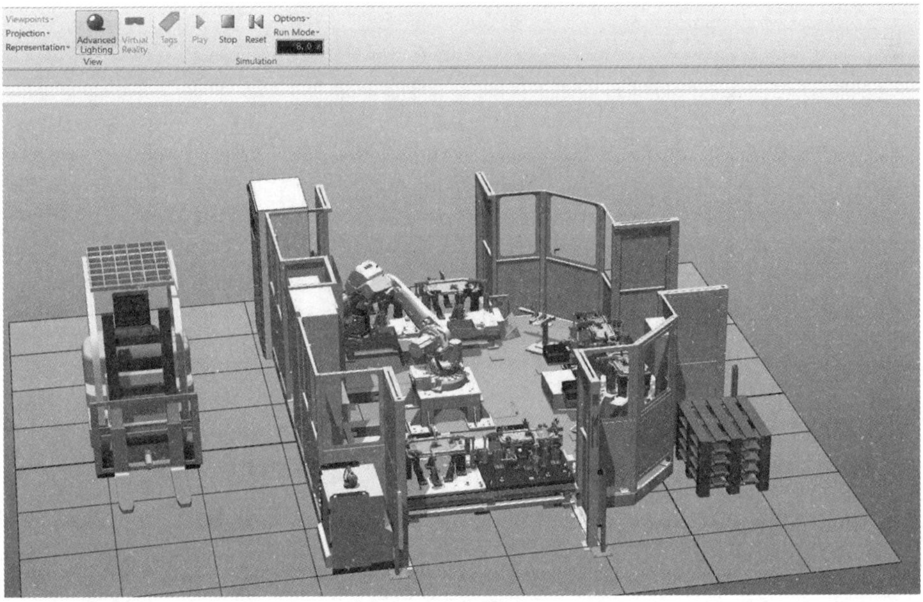

图 6-32 焊装效果图

项目总结

【拓展提升】

(1)工业机器人点焊系统综合设计与其他应用领域设计流程具有相似性，包括但不限于零件建模、文件库导入与导出、部件装配和整体仿真等，学习者可举一反三进行学习；

(2)由于工业机器人应用系统的非标结构设计较多，且可重复使用，应先创建零件库，再创建部件库，从而形成装配体；

(3)通过本案例的全流程设计，对其他应用场景，如工业机器人搬运、码垛、涂胶和装配系统，学习者可根据本章装配和仿真方法，参考完成。

【思考练习】

通过线上查阅机器人与智能制造场景资料，分别完成各零部件设计、非标件库的创建、部件装配和各模块功能仿真验证。

参考文献 CANKAOWENXIAN

[1] 林燕文，陈南江，彭赛金．工业机器人应用系统建模[M]．北京：人民邮电出版社，2019．

[2] 曹胜男，朱冬，祖国建．工业机器人设计与实例详解[M]．北京：化学工业出版社，2019．

[3] 何成平．工业机器人建模[M]．北京：电子工业出版社，2018．

[4] 郜海超．工业机器人应用系统三维建模[M]．北京：化学工业出版社，2017．

[5] 吴芬，张一心．工业机器人三维建模[M]．北京：机械工业出版社，2018．

[6] 郭中远，徐锋，王贵洋，等．基于虚拟现实的移动机器人真实环境三维建模系统[J]．激光与光电子学进展，2023，60(02)：450-456．

[7] 熊伟斌，李洪波，高雪雯，等．一种纸张包装用末端柔性夹爪[P]．湖北省：CN217992668U，2022-12-09．

[8] 赵灵灵，马邦磊．一种智能机器人翻转工装[P]．湖北省：CN217866673U，2022-11-22．

[9] 熊伟斌，刘鸣威，高雪雯，等．一种工业机器人印刷搬运系统[P]．湖北省：CN115321121A，2022-11-11．

[10] 李洪波，王涛，杨爱荣，等．一种用于工业机器人的可调节式底座[P]．湖北省：CN212553834U，2021-02-19．

[11] 李洪波，刘杰，王呈，等．一种用于教学的高效率工业码垛机器人[P]．湖北省：CN212570167U，2021-02-19．

[12] 李洪波，梁洪舟，沈雄武，等．一种工业机器人教学用实训台[P]．湖北省：CN212570168U，2021-02-19．

[13] 李洪波，梁洪舟，汪漫，等．一种用于基础实训教学的工业机器人[P]．湖北省：CN212570169U，2021-02-19．